模具数控加工技术

主　编　陈光军　刘亦智　石文勇
副主编　耿艳旭

哈尔滨工业大学出版社

内容简介

本书共分5章,第1章介绍数控机床的发展和现状,并给出了关于数控机床的数控编程基础;第2章和第3章则是结合现有的数控车床和数控铣床,对其工艺进行介绍,并结合实际工艺给出部分典型零件的编程指令及常用指令,增强了本书的实用性;第4章介绍电火花加工机床及加工技术,重点给出了电火花成型加工和电火花线切加工两种加工技术的应用;第5章介绍除以上加工工艺以外的其他加工技术,让读者对其他模具加工技术能有一定的了解。所有章节中,每种机床技术都按现有的机床和技术要求给出了典型例子,让读者在读完本书以后就能进行一些基本的机床操作,实现书本教学与实际操作的质的结合。

本书可作为机械类和机电类专业的本科、专科学生教材,同时也可作为相关的技术人员的指导用书和参考资料。

图书在版编目(CIP)数据

模具数控加工技术/陈光军,刘亦智,石文勇主编. —哈尔滨:哈尔滨工业大学出版社,2017.1
ISBN 978 - 7 - 5603 - 6389 - 9

Ⅰ.①模… Ⅱ.①陈…②刘…③石… Ⅲ.①模具 - 数控机床 - 加工 Ⅳ.①TG76

中国版本图书馆 CIP 数据核字(2016)第303007 号

策划编辑 杨秀华
责任编辑 李长波
封面设计 恒润设计
出版发行 哈尔滨工业大学出版社
社　　址 哈尔滨市南岗区复华四道街10 号 邮编150006
传　　真 0451 - 86414749
网　　址 http://hitpress.hit.edu.cn
印　　刷 哈尔滨工业大学印刷厂
开　　本 787mm×1092mm 1/16 印张 15.5 字数 355 千字
版　　次 2017 年1 月第1 版 2017 年11 月第1 次印刷
书　　号 ISBN 978 - 7 - 5603 - 6389 - 9
定　　价 36.00 元

前　言

在科技飞速发展的今天,数控加工已经成为机械加工的主要方法之一,数控机床也成为当下机械加工的一种主要机器,它不仅有传统机床的特点,同时增加了数控功能,很大程度上释放了工人的双手,减轻了工人负担,还提高了被加工工件的质量,是未来机械加工行业必不可少的加工设备。

本书是以数控机床的实际加工工艺为基础,以工厂典型数控模具加工为方向,结合实际的数控加工流程,介绍知识的同时也穿插着各种实例,做到了知识来源于实际,应用于实际,将实际操作和书本知识完美结合,也即实现理论和实际应用的结合,从一定程度上增强了学者的上手能力,真正做到即学即用,得心应手。本书共分5章,分别是第1章模具数控加工技术基础,第2章模具数控车削加工,第3章模具数控铣削加工,第4章模具电加工技术和第5章其他模具加工技术。

本书得到了国家自然科学基金项目(51675231)的资助。本书由沈阳建筑大学陈光军、哈尔滨理工大学刘亦智和石文勇任主编,哈尔滨职业技术学院耿艳旭任副主编并参与编写,其中,第2章和第5章由陈光军编写,第4章由刘亦智编写,第1章、第3章和参考文献由石文勇编写。全书由陈光军统稿。

本书在编写过程中参考了国内外相关领域一些专家学者的论著,在此表示感谢。由于编者水平有限,书中疏漏与不妥之处,恳请各位专家、读者批评指正。

编　者

2016 年 11 月

目　　录

第1章　模具数控加工技术基础

1.1　数控机床概述

1.1.1　数控机床的产生

对于大批量生产的产品,如汽车、拖拉机及家用电器的零件,为了提高其产量和质量,广泛采用组合机床、凸轮控制的多刀多工位机床,以及专用的自动生产线和自动化车间进行加工。但是应用这类专用机床和生产设备,生产准备周期长,产品更新及修改加工工艺时产生的费用较高,制约了产品的更新换代。在制造行业中,单件与小批产品占70%~80%,这类产品的零件一般都采用通用机床来加工,通用机床的自动化程度不高,基本上由人工操作,难以提高生产效率和保证产品质量。特别是一些由曲线、曲面组成的复杂零件,只能借助划线和样板用手工操作的方法来加工,或利用靠模和仿形机床来加工,其加工精度和生产效率仍会受到很大的限制。

数控机床可以解决单件小批量、多品种,特别是复杂型面零件加工的自动化,并保证加工质量。1952年,美国PARSONS公司与麻省理工学院(MIT)合作研制了第一台坐标数控铣床,它综合应用了电子计算机、自动控制、伺服驱动、精密检测及新型机械结构等多方面的技术成果,是一种新型的机床,可用于加工复杂曲面零件。该铣床的研制成功是机械制造行业中的一次技术革命,使机械制造业的发展进入了一个新的阶段。从第一台数控机床问世到现在的半个多世纪中,数控技术的发展非常迅速,几乎所有品种的机床都实现了数控化。数控机床的应用领域也从航空工业部门逐步扩大到汽车、造船及建筑等民用机械制造行业。此外,还出现了金属成形类数控机床,如数控折弯机、数控弯管机及数控冲压机等;随后又出现了特种加工数控机床,如数控线(电极)切割机、数控火焰切割机及数控激光切割机床等;其他还有数控绘图机、数控三坐标测量机等;特别是相继出现的自动换刀数控机床(即加工中心,Machining Center)、直接数字控制系统(即计算机群控系统,Direct Numerical Control,DNC)、自适应控制系统(AC – Adaptive Control)、柔性制造系统(Flexible Manufacturing System,FMS)及计算机集成(综合)制造系统(Computer Integrated Manufacturing System,CIMS)等,进一步说明,数控机床已经成为组成现代机械制造生产系统,实现计算机辅助设计(CAD)、计算机辅助制造(CAM)、计算机辅助检验(CAT)及生产管理等全部生产过程自动化的基本设备。

1.1.2 数控机床的组成、控制原理及特点

1. 数控机床的组成

数控机床的组成如图1.1所示。

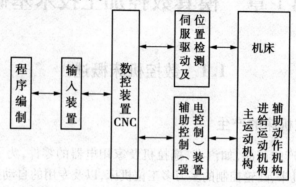

图1.1 数控机床的组成

（1）程序编制及程序载体。数控程序是数控机床自动加工零件的工作指令。在对零件进行工艺分析的基础上,确定零件坐标系在机床坐标系上的相对位置,即零件在机床上的安装位置、刀具与零件相对运动的尺寸参数、零件加工的工艺路线或加工顺序、切削加工的工艺参数及辅助装置的动作等,得到零件的所有运动、尺寸及工艺参数等加工信息,然后用由文字、数组和符号组成的数控代码,按规定的方法和格式,编制零件加工的数控程序单。编制程序的工作可由人工进行,或者在数控机床以外用自动编程计算机系统来完成;对于比较先进的数控机床,可以在其数控装置上直接编程。编好的数控程序,存放在便于输入到数控装置的一种存储载体上,如磁卡、磁盘等,采用哪一种存储载体取决于数控装置的设计类型。

（2）输入装置。输入装置的作用是将程序载体上的数控代码变成相应的电脉冲信号,传送并存入数控装置内。根据程序存储介质的不同,输入装置可以是光电装置如阅读机、录放机或软盘驱动器。有些数控机床不用任何程序存储载体,而是将数控程序单的内容通过数控装置上的键盘,用手工方式（MDI方式）输入,或者将数控程序由编程计算机通过通信方式传送到数控装置。

（3）数控装置及强电控制装置。数控装置是数控机床的核心,它接受输入装置送来的脉冲信号,经过数控装置的系统软件或逻辑电路进行编译、运送和逻辑处理后,输出各种信号和指令控制机床的各个部分,进行规定的、有序的动作。这些控制信号中,最基本的信号是由插补运算决定的各坐标轴（即做进给运动的执行部件）的进给位移量、进给方向和速度指令,经伺服驱动系统驱动执行部件做进给运动。此外还有主运动部件的变速、换向和起停信号,选择和更换刀具的刀具指令信号,切削液的开关,工件和机床部件的松开、夹紧,以及分度工作台转位等辅助指令信号。

强电控制装置是介于数控装置和机床机械、液压部件之间的控制系统。其主要作用是接收数控装置输出的主运动变速、刀具的选择与更换及辅助装置动作等指令信号,经

必要的编译、逻辑判断和功率放大后直接驱动相应的电器、液压、气动和机械部件,完成指令部件规定的动作。行程开关和监控检测等开关信号也要经过强电控制装置送到数控装置进行处理。

（4）伺服驱动系统及位置检测装置。伺服驱动系统由伺服驱动电路和伺服驱动装置（如伺服电动机）组成,并与机床上的执行部件和机械传动部件组成数控机床的进给系统,根据数控装置发来的速度和位移指令控制执行部件的进给速度、方向和位移。每个做进给运动的执行部件都配有一套伺服驱动系统。伺服驱动系统有开环、半闭环和闭环之分。在半闭环和闭环伺服驱动系统中,还需使用位置检测装置,间接或直接测量执行部件的实际进给位移,并与指令位移进行比较,将误差转换、放大后驱动执行部件的进给运动。

（5）机床的机械部件。数控机床的机械部件包括主运动部件、进给运动执行部件、工作台、拖板及其传动部件和床身立柱等支撑部件,以及冷却、润滑、排屑、转位和夹紧等辅助装置。对于加工中心类的数控机床,还有存放刀具的刀库、更换刀具的机械手等部件,如图 1.2 所示为 TH5632 立式加工中心。数控机床机械部件的组成与普通机床相似,但传动机构要求更为简单,在精度、刚度及抗震性等方面要求更高,而且其传动和变速系统要便于实现自动化控制。

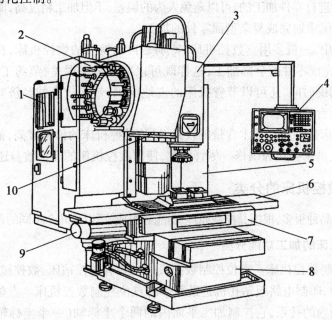

图 1.2　TH5632 立式加工中心

1—数控柜;2—刀库;3—主轴箱;4—操纵台;5—驱动电源柜;6—纵向工作台;
7—滑座;8—床身;9—X 轴进给伺服电动机;10—换刀机械手

2. 数控机床的控制原理

数控机床是一种高度自动化的机床,在加工工艺与加工表面形成方法上,与普通机床是基本相同的,两者最根本的不同点在于实现自动化控制的原理与方法上。数控机床是用数字化的信息来实现自动控制的,将与加工零件有关的信息——工件与刀具相对运动轨迹的尺寸参数(如进给量)、切削加工的工艺参数(如主运动和进给运动的速度、背吃刀量等)及各种辅助操作(主运动变速、刀具更换、切削液开停及工件的夹紧与松开等)等,用规定的文字、数字和符号组成的代码,按一定的格式编写成加工程序单,再将加工程序输入到数控装置中,由数控装置经过分析处理后,发出各种与程序相对应的信号和指令控制机床进行自动加工。该数字控制的原理与过程通过上述数控机床的各个组成部分来完成。

3. 数控机床的特点

数控机床在机械制造业中得到了日益广泛的应用,其特点如下:

(1)能适应不同零件的自动加工。数控机床是按照被加工零件的数控程序进行自动加工的。当改变加工零件时,只要改变数控程序,不必更换凸轮、靠模、样板或钻模等专用工艺装备。因此,它的生产准备周期短,有利于机械产品的更新换代。

(2)生产效率和加工精度高,加工质量稳定。数控机床可以采用较大的切削用量,有效地节省了机动工时。自动变速、自动换刀和其他辅助操作自动化等功能使辅助时间大为缩短,而且不需工序间的检验与测量,所以比普通机床的生产率高3~4倍,甚至更高。同时,由于数控机床本身的精度较高,因此还可以利用软件进行精度校正和补偿;且数控机床是根据数控程序自动进行零件加工的,可以避免人为的误差,不但加工精度高,而且质量稳定。

(3)能高效优质地完成复杂型面零件的加工。

(4)工序集中,一机多用。数控机床,特别是自动换刀的数控机床,在一次装夹的情况下,几乎可以完成零件的全部加工,这样既可以减少装夹误差,节约工序之间的运输、测量和装夹等辅助时间,还可以节省机床的占地面积,带来较高的经济效益。一台数控机床可以代替数台普通机床。

(5)数控机床是一种高技术含量的设备,导致数控机床的价格较高,而且要求具有较高技术水平的人员来操作和维修。尽管如此,使用数控机床的经济效益还是很高的。

1.1.3 数控机床的分类

数控机床的品种很多,根据其控制原理、功能和组成,可以从几个不同的角度进行分类。

1. 按数控机床的加工功能分类

(1)点位控制数控机床。点位控制数控机床主要有数控钻床、数控镗床、数控冲床及三坐标测量机等,印制电路板钻孔机是最简单的点位控制数控机床。点位控制的数控机床用于加工平面内的孔系,它控制加工平面内的两个坐标轴(一个坐标轴就是一个方向的进给运动)带动刀具与工件相对运动,从一个坐标位置(坐标点)快速移动到下一个坐标位置,然后控制第三个坐标轴进行切削加工。该类机床要求坐标位置有较高的定位精度,为了提高生产效率,机床采用设定的最高进给速度进行定位运动,在接近定位点前进行分级或连续降速,以便低速趋近终点,从而减少运动部件的惯性过冲和由此引起的定位误差。在定位移动过程中,数控机床不进行切削加工,对运动轨迹没有任何要求(图1.3)。

(2)直线控制数控机床。直线控制数控机床可控制刀具或工作台以适当的进给速度,沿着平行于坐标轴的方向进行直线移动和切削加工,进给速度根据切削条件可在一定范围内调整。直线控制的简易数控车床,只有两个坐标轴,可用于加工台阶轴。直线控制的数控铣床有三个坐标轴,可用于平面的铣削加工。现代组合机床采用数控进给伺服系统,驱动动力头带着多个轴箱沿轴向进给,进行切削加工,它也可以算作一种直线控制的数控机床。图 1.4 所示为直线控制加工示意图。

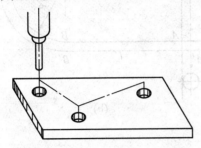 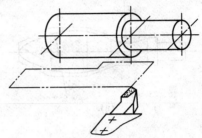

图 1.3　点位控制加工示意图　　　　图 1.4　直线控制加工示意图

(3)轮廓控制数控机床。轮廓控制数控机床分为平面轮廓加工的数控机床和空间轮廓加工的数控机床。平面轮廓加工的数控机床有车削曲面零件的数控车床和铣削曲面轮廓的数控铣床,其加工零件的轮廓形状如图 1.5 所示。零件的轮廓可以由直线、圆弧或任意平面曲线(如抛物线、阿基米德螺旋线等)组成。不管零件轮廓由何种线段组成,加工时通常用小段直线来逼近曲线轮廓,如图 1.5(c)所示。在数控铣床上用圆柱铣刀铣削轮廓面时,数控系统控制刀具中心相对工件在单位时间内,同时在两个坐标轴方向上移动 Δx_i、Δy_i,刀具中对工件的合成位移 ΔL_i,则由轮廓曲线的等距线上的点 I' 移到点 J',从而在工件上加工出一小段直线 IJ,来逼近轮廓曲线上的 IJ 圆弧。连续控制两个相对位移分量 Δx_i、Δy_i,便可加工出多段小直线组成的折线来逼近曲线轮廓。进给分量 Δx_i、Δy_i 由合成进给速度、单位时间、轮廓曲线的数学公式 $y = f(x)$、刀具半径 R 及加工余量 δ 确定的刀具中心对零件轮廓的偏移量($D = R + \delta$)等条件确定,并由数控系统实时计算获得。这样的运算称为插补运算和刀具半径补偿运算。用计算所得的两个位移分量分别指令两个坐标轴同时运动,这种控制方式称为两坐标联动控制。用半径为 R 的圆弧切削刃车刀车削曲面零件时,同样也要进行插补运算与刀具半径补偿运算。用半径 $R = 0$ 的切削刃车刀进行加工时,可根据工件的轮廓直接运算,不需考虑刀具中心偏移的问题,故无须进行刀具半径补偿的运算,只做插补运算。能够进行两坐标联动控制的数控机床,一般也能够进行点位和直线控制。

空间轮廓加工的数控机床根据轮廓形状和刀具形状的不同有以下几种加工方法:

(1)在三坐标控制两坐标联动的机床上,用"行切法"进行加工。也有将这种方法称为两轴半控制的,即 X、Y、Z 三轴中任意两轴做插补运动,第三轴做周期性进给运动,刀具采用球头铣刀,如图 1.6 所示。在 Y 向分为若干段,球头铣刀沿 ZX 平面的曲线进行插补加工,当一段加工完后,进给 Δy,再加工另一相邻曲线,如此依次用平面曲线来逼近整个曲面。其中,Δy 根据表面粗糙度的要求及刀头的半径选取,球头铣刀的球半径应尽可能选得大一些,以减小表面粗糙度 Ra 值,增加刀具刚度和散热性能。但在加工凹面时,球头半径必须小于被加工曲面的最小曲率半径,以免产生切削刃干涉。

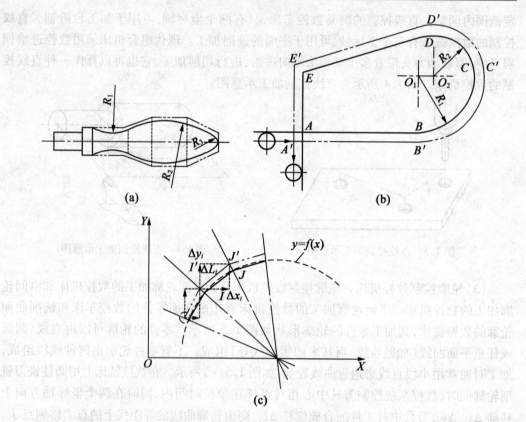

图1.5 数控加工平面轮廓的成形

（2）三坐标联动加工。图1.7所示为内循环滚珠螺母的回珠器示意图,其滚道母线 SS' 为一条空间曲线,它可用空间直线去逼近,可在有空间直线插补功能的三坐标联动机床上加工。但是编程计算较复杂,其加工程序可采用自动编程系统来编制。

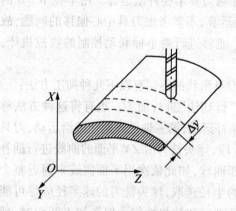

图1.6 行切法加工空间轮廓

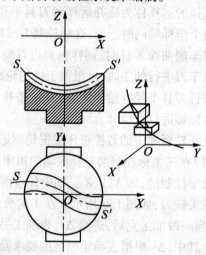

图1.7 三坐标联动加工

(3)四坐标联动加工。如图1.8所示的飞机大梁,其加工表面是直纹扭曲面,若用三坐标联动机床和球头铣刀加工,不但生产率低,而且零件表面的表面粗糙度也很差。可以采用圆柱铣刀周边切削方式,在四坐标机床上加工,除三个移动坐标的联动外,为保证刀具与工件型面在全长上始终贴合,刀具还应绕O_1(或O_2)做摆动联动。此摆动联动导致直线移动坐标要有附加的补偿移动,其附加运动量与摆心的位置有关,也需在编程时进行计算。加工程序要决定四个坐标轴的位移指令,以控制四轴联动加工,因此编程是相当复杂的。

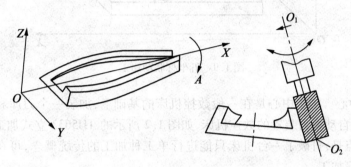

图1.8 四坐标联动加工

(4)五坐标联动加工。所有的空间轮廓几乎都可以用球头铣刀按"行切法"进行加工。对于一些大型的曲面轮廓,零件尺寸和曲面的曲率半径都比较大,改用面铣刀进行加工,可以提高生产率、减少加工的残留量(减小表面粗糙度Ra值),如图1.9所示。用面铣刀加工时,刀具的端面与工件轮廓在切削点处的切平面重合(加工凸面),或者与切平面成某一夹角(加工凹面),亦即刀具轴线与工件轮廓的法线平行或成某一夹角(该夹角可以避免产生切削刃干涉)。加工时,切削点$P(X,Y,Z)$处的坐标与法线n的方向角θ是不断变化的,故刀具刀位点O的坐标与刀具轴线的方向角也要做相应的变化。目前的数控机床在编制加工程序时都是根据零件曲面轮廓的数学模型,计算出每一个切削点对应的刀位点O的坐标与方向角(即刀位数据),通过程序输入到数控系统,以控制刀具。刀位点的坐标位置以由三个直线进给坐标轴来实现,刀具轴线的方向角则可以由任意两个绕坐标轴旋转的转角合成实现。因此,用面铣刀加工空间曲面轮廓时,需控制五个坐标轴(三个直线坐标轴和两个圆周进给坐标轴)进行联动。五轴联动的数控机床是功能最全、控制最复杂的一种数控机床,五轴联动加工的程序编制也是最复杂的,应使用自动编程系统来编制。

上述分类主要是基于数控机床的加工功能。如果从控制轴数和联动轴数的角度来分类,数控机床可分为两轴联动数控机床、三轴控制两轴联动数控机床、三轴联动数控机床及五轴联动数控机床等。

2. 按工艺用途分类

(1)普通数控机床。普通数控机床有数控钻床、数控车床、数控铣床及数控镗床等。它们和传统的通用机床的工艺用途相似,但是它们的生产率和自动化程度比传统机床高,都适合于单件、小批和复杂形状零件的加工。

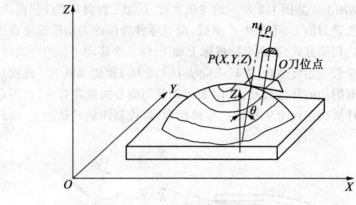

图 1.9　五坐标联动加工

（2）加工中心。加工中心是在一般数控机床的基础上,加装一个刀库和自动换刀装置,构成一种带自动换刀装置的数控机床,如图 1.2 所示的 TH5632 立式加工中心。这类机床的突出特点是,打破了一台机床只能进行单工种加工的传统概念,可在一次装夹定位后完成多工序加工。

（3）多坐标轴数控机床。有些复杂的工件,如螺旋桨、飞机发动机叶片曲面等,用三坐标数控机床无法加工,于是出现了多坐标轴的数控机床。其特点是控制轴数较多,机床结构比较复杂。

3. 按进给伺服系统的类型分类

（1）开环数控机床。开环数控机床采用开环进给伺服系统,图 1.10 所示为典型的开环进给伺服系统。其中,图 1.10（a）所示为由功率步进电动机驱动的开环进给系统,数控装置根据要求的进给速度和进给量,输出一定频率和数量的进给指令脉冲,经驱动电路放大后,每一个进给脉冲驱动功率步进电动机旋转一个步距角,再经减速齿轮、滚珠丝杠螺母副,转换成工作台的一个当量直线位移。对于圆周进给,一般通过减速齿轮、蜗杆副带动转台进给一个当量角位移。由于功率步进电动机的输出转矩有限,不足以驱动较大的工作台等部件,故可采用由小型号的步进电动机与液压扭矩放大器组成的电液脉冲电动机作为驱动装置,它可以输出较大的转矩,能驱动较大的工作台执行进给运动,如图1.10（b）所示,这类机床的速度及精度都较低。图 1.10（a）的方案多用于经济型数控机床或对旧机床的改造,图 1.10（b）的方案已不再采用了。

（2）半闭环数控机床。如图 1.11（a）所示,将位置检测装置安装在驱动电动机的端部,或安装在传动丝杠端部（见图 1.11（a）中的虚线）,间接测量执行部件的实际位置或位移,这种系统就是半闭环进给系统。半闭环系统可以获得比开环系统更高的精度,但它的位移精度比闭环系统低,但比闭环系统更易于实现系统的稳定性。现在大多数数控机床都采用半闭环进给伺服系统。

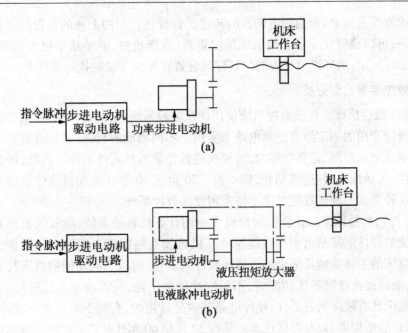

图 1.10　开环进给伺服系统

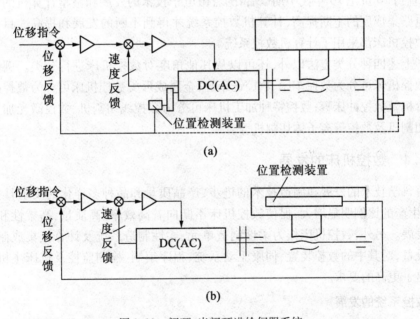

图 1.11　闭环、半闭环进给伺服系统

（3）闭环数控机床。闭环数控机床的进给伺服系统是按闭环原理工作的。图 1.11（b）所示为典型的闭环进给系统。数控装置将位移指令与位置检测装置测得的实际位置反馈信号进行比较，根据其差值及指令进给量的要求，按一定规律进行转换，得到进给伺服系统的新的位移指令。另一方面，利用和伺服电动机同轴刚性连接的测速元器件，实测驱动电动机的转速得到速度反馈信号，将它与速度指令信号进行比较，以其比较的结果即速度误差信号,对伺服电动机的转速进行校正。利用上述的位置控制和速度控制两个回路,可以获得比开环进给系统精度更高、速度更快、驱动功率更大的特性指标。如图 1.11(b)所示,闭环进给系统的位置检测装置在系统末端的执行部件上。

4. 按数控装置类型分类

(1)硬线数控机床。硬线数控机床使用硬线数控系统,它的输入处理、插补运算和控制功能都通过专用的固定组合逻辑电路来实现。不同功能的机床,其组合逻辑电路也不相同。改变或增减控制、运算功能时,需要改变数控装置的硬件电路。因此,硬线数控机床的通用性、灵活性差,制造周期长,成本高。20 世纪 70 年代初期以前的数控机床基本上都属于这种类型。现代数控机床不再采用硬线数控系统。

(2)计算机数控机床。计算机数控机床使用计算机数控系统,即软线数控系统。这种数控系统的硬件电路是由小型或微型计算机再加上通用或专用的大规模集成电路制成。数控机床的主要功能几乎全部由系统软件来实现,所以不同功能的机床其系统软件也就不同,而修改或增减系统功能时,不需变动硬件电路,只需改变系统软件。因此,计算机数控机床具有较高的灵活性,硬件电路基本是通用的,有利于大量生产,提高质量和可靠性,缩短制造周期,以及降低成本。早在 20 世纪 60 年代初期就出现了计算机数控机床,但是直到 20 世纪 70 年代中期以后,随着微电子技术的发展和微型计算机的出现,以及集成电路集成度的不断提高,计算机数控系统才得到不断的发展和提高。目前,几乎所有的数控机床都采用了计算机数控系统。

除了上述四种分类方法以外,还可以从其他角度对数控机床进行分类。例如,金属切削类数控机床可分为数控车床、数控铣床等;金属成形类数控机床可分为数控折弯机、数控弯管机及数控冲床等;数控特种加工机床可分为数控线切割机、数控激光加工机、数控火焰切割机及数控等离子体切割机等。

1.1.4 数控机床的发展

随着科学技术的发展和制造技术的进步,产品质量和品种多样化的要求日益提高,中、小批生产的比例明显增大,促使数控机床不断向着高效率、高质量、高柔性和低成本的方向发展。另外,数控机床作为柔性制造单元、柔性制造系统及计算机集成制造系统的基础设备,对其中的数控装置、伺服驱动系统、程序编制、检测监控及机床主机等组成部分提出了更高的要求。

1. 数控系统的发展

数控系统的发展是数控技术和数控机床发展的关键。电子元器件和计算机技术的发展推动了数控系统的发展。最初的数控系统使用电子管器件,后来使用晶体管和印制电路板,20 世纪 60 年代末期开始使用小规模集成电路器件,这些都是所谓的硬线数控系统。20 世纪 70 年代以来,随着计算机技术的发展,出现了以小型计算机、微处理器为核心的计算机数控系统(CNC)。现在,它已被广泛采用并占据绝对的优势。

(1)数控系统的中央处理器。数控系统的中央处理器(CPU)已由 8 位字长增加至 16 位或 32 位,时钟频率由 2 MHz 提高到 16 MHz、20 MHz 或 32 MHz,最近还出现了 64 位

CPU,并且开始采用精简指令集运算芯片 RISC 作为 CPU,使运算速度得到进一步提高。此外,大规模、超大规模集成电路和多个微处理器的应用,使数控系统的硬件结构标准化、模块化和通用化,使数控功能可根据需要进行组合和扩展。

(2)数控系统配备有多种遥控和智能接口。接口如 RS – 232C 串行接口、Rs – 422 高速远距离串行接口及 DNC 接口等。配备 DNC 接口的数控系统,可以实现几台数控机床之间的数据通信,也可以直接对几台数控机床进行控制。此外,在数控系统中采用 MAP 等高级工业控制网络或 Ethernet(以太网),为解决不同类型、不同厂家生产的数控机床的联网和数控机床进入 FMS 和 CIMS 等制造系统创造了条件。

(3)数控系统具有很好的操作性能。数控系统上设置了很好的人机界面,普遍采用薄膜按键,减少了指示灯和按键数量;大量采用菜单选择操作;彩色 CRT 显示屏,不仅可以显示字符、平面图形,还能显示三维动态立体图形,使操作越来越简便。

(4)数控系统的可靠性大大提高。数控系统大量采用了高集成度芯片、专用芯片及合成集成电路,减少了元器件数量。电子元器件采用表面安装工艺(SMT),出现了三维高密度安装。元器件经过严格筛选,提高了硬件质量,降低了功耗,极大地提高了系统的可靠性,使数控系统的平均无故障时间(MTBF)达到 10 000 ~36 000 h。

(5)开发式体系。20 世纪 80 年代末、90 年代初出现的 CNC 系统的结构硬件、软件和总线规范均是对外开放的,为数控设备制造厂家和用户二次开发具有各自技术特色的系统提供了有力的支持。

2. 进给伺服系统的发展

进给伺服系统是数控机床的重要组成部分,它的电路、电动机及检测装置等的技术水平都有极大的提高。

(1)永磁同步交流伺服电动机逐渐取代了直流伺服电动机,提高了电动机的可靠性,降低了制造成本,基本上无须维修。

(2)伺服驱动电路中的位置、速度和电流控制环节部分实现了数字化,甚至以单片机或高速数字信号处理器为硬件基础进行全数字化控制,与 CNC 系统的计算机有双向通信联系。这样避免了零点漂移,提高了位置与速度控制的精度和稳定性;由于采用软件控制,故系统可以引用多种控制策略,容易改变系统的结构和参数,以适应不同机械负载的要求,有的甚至可以自动辨识负载惯量,并自动调整和优化系统的参数,从而获得最佳的静态和动态控制性能和效果。

(3)采用高速和高分辨率的位置检测装置组成半闭环和闭环位置控制系统。增量式位置检测编码器达到 10 000 脉冲/r,绝对式编码器可以达到 1 000 000 脉冲/r 和 0.01 μm/脉冲的分辨率。分辨率为 0.1 μm/脉冲时,位移速度可达 240 m/min,这极大地提高了位置控制的精度,即机床的定位精度。

(4)进给伺服系统不但可以实现丝杠螺距误差的补偿,而且使热变形误差补偿和空间误差补偿取得了显著的成效。综合误差补偿技术的应用可以将加工误差减小 60% 左右。

3. 数控机床编程技术的发展

(1)数控机床的自动编程系统除语言编程系统外,图形编程也取得了长足的发展,增加了自动编程的手段。实物编程和语言编程也得到了发展。

（2）从脱机编程逐渐发展到在线编程。脱机编程是指由手工或编程计算机系统完成程序编制，然后再通过输入装置输入到数控系统内。现代的 CNC 系统具有很强的运算能力、很高的运算速度和很大的存储容量，可以将自动编程的很多功能植入到数控系统里，使零件的加工程序可以在数控系统的操作面板上在线编制，如 FANUC 公司的 Symbolic FAPT 就是采用这样的编程方法，也可称之为图形人机对话编程。有的数控系统还具有空间曲面插补功能，插补软件可根据存放在数控系统内的空间曲面数学模型，插补加工出曲面轮廓，极大地简化了编程和程序输入，提高了加工的可靠性。

（3）在线编程过程中，数控系统不仅可以处理几何信息，还可以处理工艺信息，数控系统内设有与该机床加工工艺相关的小型工艺数据库或专家系统，系统可以自动选择最佳的工艺参数。

4. 数控机床的工况检测、监控和故障诊断

现代数控机床上装有工件尺寸检测装置，对工件加工尺寸进行定期检测，发现超差则及时发出报警或补偿信号。红外、超声发射等监控装置可对刀具工况进行监控，遇有刀具磨损超标或刀具破损时，系统能及时报警，以便调换刀具，从而保证加工产品的质量。

目前，CNC 系统中已经采用了开机诊断、运行诊断、通信诊断和专家诊断系统等故障自诊断技术，对故障进行自动查找、分类、显示及报警，以便于及时发现和排除系统的故障。

5. 采用功能很强的可编程控制器

对于数控机床辅助功能的控制，以前都采用继电器逻辑硬件电路，而且要由用户设计制造。现代数控机床广泛采用内装型或独立型可编程控制器 PC（Programmable Controller），它有专用的 32 位微处理器，基本指令执行时间是 $0.2\ \mu s/step$，有梯形语言程序 16 000 step 以上，可以采用 C 语言或 Pascal 语言来编制 PC 程序，程序容量为 $68 \sim 256$ KB，在 PC 与 CNC 之间有高速窗口。采用 C 语言编程时，可以在个人计算机的开发环境下工作。利用 PC 的高速处理功能，使 CNC 与 PC 有机地结合起来，而且可以利用梯形图（Ladder）的监控功能，使机床的故障诊断和维修更加方便。

6. 机床的主机

数控机床的主机也有很多新的发展。表现如下：

（1）主运动部件不断实现电气化的高速化。为了提高主运动的速度和调速范围，减少机械传动链，除采用直流调速电动机和交流变频调速电动机驱动主轴部件外，近年来更有采用内装式主轴电动机的机床出现，将主轴部件做在电机转子上，从而大大提高了主轴转速，主轴转速最高可达 $10\ 000 \sim 100\ 000$ r/min，而且仅用 1.8 s 即可从零升到最高转速。

（2）增加加工功能。集中工序可以提高生产率和工件的形位精度。例如，采用自动换刀装置、自动更换工件机构、数控夹具等，开发出铣镗加工中心、车削加工中心等机床；采用转位主轴头架，形成五面加工能力。

（3）采用机电一体化和全封闭式结构。数控机床将过去与主机分离的数控装置、强电控制装置和液压传动油箱等设备全部与主机合为一体,使结构紧凑,减少管线,减小占地面积;零件加工区域完全封闭在可以窥视的罩壳内,并采用自动排屑装置,改善了加工环境和条件;采用气动、液压机构以控制各种辅助运动机构,利用集中的压缩空气动力,以消除液压泵的耗能、发热和噪声等缺陷。

(4)主机的大件采用焊接结构和合理的结构形式,可在减轻机床自重的情况下,获得极高的结构刚度和抗震性。采用无级调速电动机,缩短机械传动链的长度,减小噪声,提高机械效率。采用低摩擦阻力的滚珠丝杠螺母副、静压丝杠螺母副、滚动导轨、静压导轨及贴塑导轨等传动、导向元件,极大地提高了传动刚度,减小了摩擦阻力,从而提高了进给运动的动态响应性能和低速运动的平稳性能。

1.2　数控编程基础

1.2.1　数控机床的坐标系

1.机床坐标系的建立

建立机床坐标系是为了确定刀具或工件在机床中的位置,确定机床运动部件的位置及运动范围。统一规定数控机床坐标系各轴的名称及其正负方向,可以简化数控程序的编制,并使编制的程序对同类型机床有互换性。机床的运动是指刀具和工件之间的相对运动,一律假定工件是静止的,刀具在坐标系内相对于工件运动。关于数控机床坐标系的建立,ISO 标准和我国统一规定采用标准的右手笛卡尔坐标系,并规定增大刀具与工件之间距离的方向为坐标轴正方向。坐标系的三个坐标轴 X、Y、Z 及其正方向用右手定则判断。相应地,用 A、B、C 表示回转轴线与 X、Y、Z 轴重合或平行的回转运动,并用右手螺旋法则判断,其正方向用 $+A$、$+B$、$+C$ 表示。用 $+X'$、$+Y'$、$+Z'$、$+A'$、$+B'$、$+C'$ 表示工件相对于刀具运动的正方向,与 $+X$、$+Y$、$+Z$、$+A$、$+B$、$+C$ 相反。机床坐标系及其方向的确定如图 1.12 所示。

如果数控机床还有其他直线运动,则用附加坐标轴 U、V、W 分别表示平行于 X、Y、Z 三个坐标轴的第二组直线运动,如还有平行于 X、Y、Z 三个坐标轴的第三组直线运动,则附加坐标轴分别指定为 P、Q 及 R 轴。如果在 X、Y、Z 三个坐标轴主要直线运动之外存在不平行于 X、Y、Z 轴的直线运动,也可相应地指定附加坐标轴,用 U、V、W 或 P、Q、R 表示。如果在第一组回转运动 A、B、C 之外还有平行于 A、B、C 的第二组回转运动,则可分别指定为 D、E、F。

(1)Z 轴的确定。机床主轴是传递主要切削力的轴,在加工过程中可以表现为带动工具旋转,也可以表现为带动工件旋转。例如,对于卧式或立式数控车床、数控外圆磨床,主轴带动工件旋转;而对于数控铣床、数控钻床及数控攻丝机等,则是主轴带动刀具旋转。统一规定与机床主轴重合或平行的刀具运动坐标轴为 Z 轴。如果机床没有主轴,如数控悬臂刨床,则 Z 轴垂直于工件在机床工作台上的定位表面,如图 1.13 所示;对于数控立式冲床,虽然可以旋转冲头盘更换冲头,但在冲裁过程中则是冲头做直线往复运动,其 Z 轴方向如图 1.14 所示。

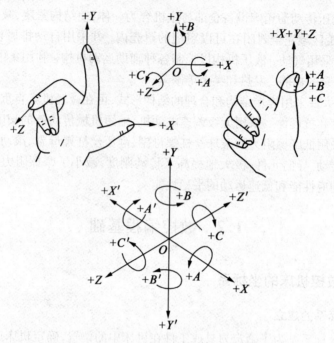

图 1.12　笛卡尔右手直角坐标系与右手螺旋法则

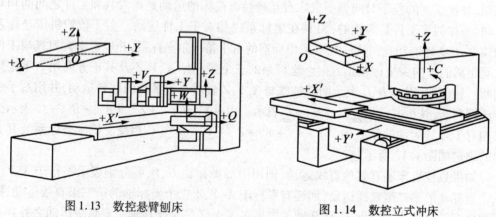

图 1.13　数控悬臂刨床　　　　　　图 1.14　数控立式冲床

　　(2)X轴的确定。X轴是水平的,平行于工件的装夹面。对于加工过程中不产生刀具旋转或工件旋转的机床,X轴平行于主切削方向,坐标轴正方向与切削方向一致,例如数控悬臂刨床。对于加工过程中主轴带动工件旋转的机床,如数控车床、数控磨床等,X坐标轴沿工件的径向,平行于横向滑座或导轨,刀架上的刀具或砂轮离开工件旋转中心的方向为坐标轴正方向;对于刀具旋转的机床,如果Z轴是水平的,如数控卧式镗铣床,则从与Z轴平行的主轴向工件看时,X轴的正向($+X$)指向右方;如果Z轴是垂直的,对于单立柱机床,如立式数控铣床和数控水平转塔立式钻床,则从与Z轴平行的主轴向立柱看时,X轴的正向指向右方;对于龙门式机床,如数控龙门铣床,则从与Z轴平行的主轴向左侧立柱看时,X轴的正向指向右方。根据上面所述内容,请判断图 1.15 所示的各

机床的 X 轴和 Z 轴及其正方向。

　　根据 X、Z 轴及其正方向,利用右手定则即可确定 Y 轴的正方向;根据 X、Y、Z 轴及其正方向,利用右手螺旋法则即可确定轴线平行于 X、Y、Z 轴的旋转运动轴线 A、B、C 的正方向。机床坐标可在机床使用说明书或机床标牌上找到。

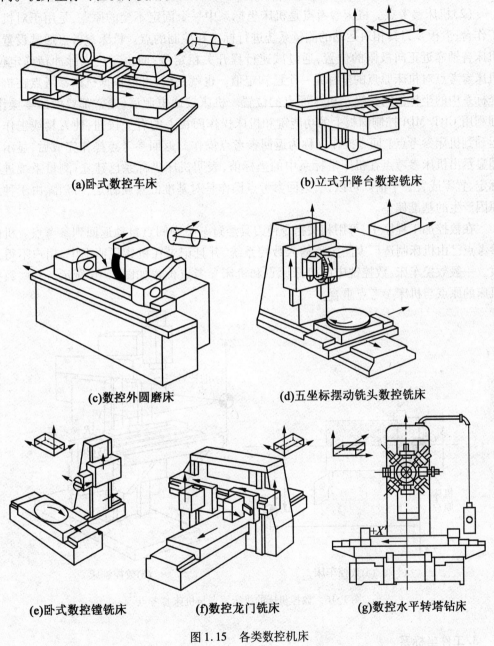

(a)卧式数控车床　　　　　　　　(b)立式升降台数控铣床

(c)数控外圆磨床　　　　　　(d)五坐标摆动铣头数控铣床

(e)卧式数控镗铣床　　　　(f)数控龙门铣床　　　　(g)数控水平转塔钻床

图 1.15　各类数控机床

2. 机床原点及机床参考点

　　(1)机床原点。机床原点又称为机械原点,它是机床坐标系的原点。该点是机床上的一个固定点,其位置是由机床设计和制造单位确定的,通常不允许用户改变。机床原点是工件坐标系、编程坐标系、机床参考点的基准点。数控车床的机床原点一般设在卡盘前端面或后端面的中心。对于数控铣床的机床原点,各生产厂家不一致,有的设在机床工作台的中心,有的设在进给行程的终点。

（2）机床参考点。机床参考点是机床坐标系中一个固定不变的原点,是用于对机床工作台、滑板及刀具相对运动的测量系统进行标定和控制的点。机床参考点通常设置在机床各轴靠近正向极限的位置,通过减速行程开关粗定位,而由零位点脉冲精确定位。机床参考点对机床原点的坐标是一个已知值。也就是说,可以根据机床参考点在机床坐标系中的坐标值间接确定机床原点的位置。机床接通电源后,通常都要做回零操作,即利用 CRT/MDI 控制面板上的功能键和机床操作面板上的有关按钮,使刀具或工作台运动到机床参考点。回零操作又称为返回参考点操作。返回参考点操作完成后,显示屏即显示出机床参考点在机床坐标系中的坐标值,表明机床坐标系已建立;测量系统进行标定、置零或置一个值。可以说,返回参考点操作是对基准的重新标定,可消除由于种种原因产生的基准偏差。

在数控加工程序中,可用相关指令使刀具经过一个中间点自动返回到参考点。机床参考点已由机床制造厂家测定后输入数控系统,并且记录在机床说明书中,用户不得更改。一般数控车床、数控铣床的机床原点和机床参考点位置如图 1.16 所示。有些数控机床的原点与机床参考点重合。

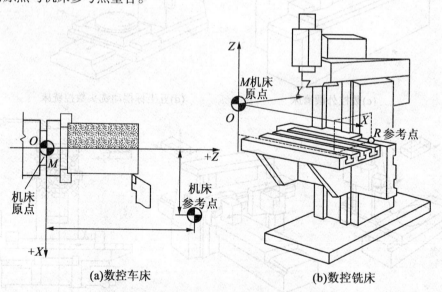

图 1.16　数控机床的机床原点与机床参考点

3. 工件坐标系

为了编程方便,在零件图上设置一个坐标系,该坐标系的原点就是工作原点,也称为工件零点。与机床坐标系不同,工件坐标系是由编程人员根据情况自行选择的。选择工件零点的一般原则如下:

（1）工件零点选在零件图的基准上，以便于编程。

（2）工件零点尽量选在尺寸精度高、表面粗糙度 Ra 值小的工件表面上。

（3）工件零点最好选在工件的对称中心上。

（4）要便于测量和检验。

在数控车床上加工工件时，工件零点一般设在主轴中心线与工件右端面（或左端面）的交点处，如图 1.17（a）所示；在数控铣床上加工工件时，工件零点一般设在进给方向一侧工件外轮廓表面的某个角上或对称中心上，如图 1.17（b）所示。

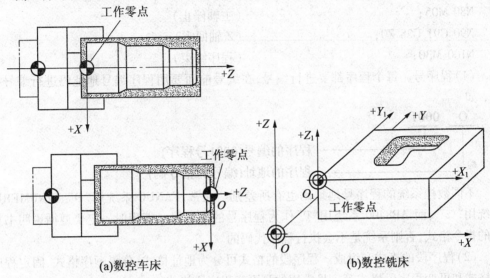

(a)数控车床　　　　　　　　　　(b)数控铣床

图 1.17　工件零点设置

1.2.2　数控程序的格式与编制

数控机床加工是由程序控制的。加工前，必须根据具体加工要求编制数控加工程序，这一过程被称为数控编程。所谓编程，就是把零件的工艺过程、工艺参数、机床的运动及刀具位移量等信息，用数控语言记录在程序单上的全过程。编制好的程序不能直接输入数控机床的数控系统。可以按规定的代码把程序制成穿孔纸带，变成数控系统能读取的信息，送入数控系统；也可以用手动方式，通过操作面板的按键将程序输入数控系统；如果是专用计算机编程或用通用微机进行的计算机辅助编程，只要配有通信软件，所编程序就可以通过通信接口直接传入数控系统。

数控机床的程序格式、纸带代码、坐标指令、加工指令及辅助指令等都已标准化，但机床所配的数控系统不同，其所用的代码、指令也不尽相同，编程时必须按机床说明书中的具体规定执行。

1. 程序的格式

数控加工程序是由一系列机床数控系统能辨识的指令有序结合而构成的，可分为程序号、程序段和程序结束等几个部分。下面为一数控加工程序实例。

O0001;　　　　　　　　　　　　　　　　　　（程序号）

```
N10 T02;                          （刀具选择）
N20 G54 G90 G00 X330.0 Y0;        （工件坐标系设定）
N30 S330 M03;                     （主轴正转,330 r/min）
N40 C43 Z30.0 H01;                （刀具接近工件）
N50 Z0;                           （进刀）
N60 G01 X -330.0 F300;            （切削加工）
N70 G00 Z30.0;                    （退刀）
N80 M05;                          （主轴停止）
N90 G91 G28 Z0;                   （Z轴回零）
N100 M30;                         （程序结束）
```

（1）程序号。每个程序都要进行编号,在编号前面要用程序编号地址码进行编号指令,如

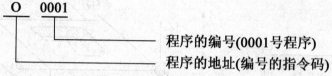

不同数控系统的程序号地址码也有所差别。通常,FANUC系统用"O",SINUMERIC系统用"%",而AB8400系统用"P"作为程序号的地址码。编程时一定要遵循说明书规定的指令格式,否则系统是不会执行程序代码的。

（2）程序段的格式和组成。程序段的格式可分为地址格式、分隔顺序格式、固定程序段格式和可变程序段格式等。最常用的是可变程序段格式。

所谓可变程序段格式,指程序段的长短随字数和字长（位数）都是可变的。程序段是由程序段号（字）、地址、数字及程序段结束符等组成。下面以上例N60程序段为例介绍程序段的格式。

$$N60 \quad G01 \quad X -330.0 \quad F300;$$

式中,N为程序段地址码（字）,用于指令程序段号;G为指令动作方式的准备功能地址（G01为直线插补指令）;X为坐标轴地址,其后面的数字表示刀具在该坐标轴上移动的距离;F为进给速度指令地址,其后面的数字表示进给速度值（F300表示进给速度为300 mm/min）。

"."为小数点符号,";"为程序段结束符。程序段也可以认为由程序字组成。而程序字通常又由地址字数字及符号组成。程序字的组成为

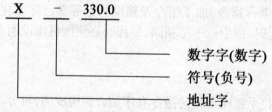

程序段号加上若干个程序字就可组成一个程序段。在程序段中,表示地址的英文字母可分为尺寸字地址和非尺寸字地址两种。表示尺寸字地址的英文字母有X、Y、Z、U、

V、W、P、Q、I、J、K、A、B、C、D、E、R、H 共 18 个字母。表示非尺寸字地址的字母有 N、G、F、S、T、M、L、O 共 8 个字母。关于字母的含义将在后面的章节中介绍,在此不再讲述。

2. 程序编制的内容和步骤

数控编程的方法包括手工编程和自动编程。手工编程的主要内容有:分析零件图,设计零件加工工艺路线,决定数控加工内容,设计数控加工工艺规程(包括确定数控加工工艺路线,数控机床的选择,工序与工步的确定,刀具的选择,切削参数的选择,夹具的选择与设计,编制数控加工工序卡片及机床调整卡片等),编制加工程序单,以及程序的输入与校验等。上述工作全部由编程人员完成。

加工程序主要由计算机完成编制的方法称为自动编程。它主要应用于较复杂零件加工程序的编制。目前,广泛应用的图形交互自动编程系统是利用 CAD 技术建立加工零件的数字化三维模型(或二维表达的图形),通过计算机软件的编辑处理可生成零件的数控加工程序,并可通过通信接口与数控机床之间进行数据传输,实现计算机辅助制造。

3. 绝对坐标编程与增量坐标编程

坐标系内所有几何点或位置的坐标值均以坐标原点标注或计量,这种坐标称为绝对坐标,如图 1.18(a)所示。坐标系内某一位置的坐标尺寸用相对于前一位置的坐标尺寸的增量进行标注或计量,也就是说,后一位置的坐标尺寸是以前一位置为零进行标注的,这种坐标称为增量坐标,如图 1.18(b)所示。编程时要根据零件的精度要求及编程方便与否选用坐标类型。在数控程序中,绝对坐标与增量坐标可单独使用,也可在不同程序段上交叉设置使用。

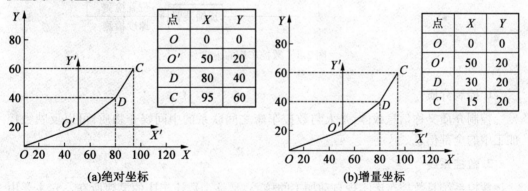

图 1.18　绝对坐标与增量坐标

第 2 章　模具数控车削加工

2.1　数控车床的结构及加工特点

2.1.1　数控车床的结构

数控车床同其他数控机床一样由控制介质、数控系统(包含伺服电动机和反馈装置的伺服系统)、强电控制柜、车床本体和各类辅助装置组成,如图 2.1 所示。

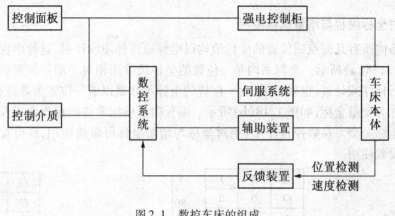

图 2.1　数控车床的组成

1. 控制介质

控制介质又称信息载体,是人与数控车床之间联系的中间媒介物质,可以反映数控加工中的全部信息。

2. 数控系统

数控系统是数控车床实现自动加工的核心,是整个数控车床的灵魂所在。它主要由输入装置、监视器、主控制系统、可编程控制器、各类输入/输出接口等组成。主控制系统主要由 CPU、存储器、控制器等组成。数控系统的主要控制对象是位置、角度、速度等机械量,以及温度、压力、流量等物理量。它根据数控机床加工过程中各个动作要求进行协调,按各检测信号进行逻辑判别,从而控制车床各个部件有条不紊地按顺序工作。

3. 伺服系统

如前所述,伺服系统是数控系统和车床本体之间的电传动联系环节,主要由伺服电动机、驱动控制系统和位置检测与反馈装置等组成。伺服电动机是系统的执行元件,驱动控制系统则是伺服电动机的动力源。数控系统发出的指令信号与位置反馈信号比较后作为位移指令,再经过驱动系统的功率放大后,驱动电动机运转,通过机械传动装置带动工作台或刀架运动。

4. 强电控制柜

强电控制柜主要用来安装机床强电控制的各种电气元器件,除了提供数控、伺服等一类弱电控制系统的输入电源,以及各种短路、过载、欠压等电气保护外,主要在 PLC 的输出接口与机床各类辅助装置的电气执行元件之间起连接作用,控制机床辅助装置的各种交流电动机、液压系统电磁阀或电磁离合器等。此外,它也与机床操作台有关手动按钮连接。强电控制柜由各种中间继电器、接触器、变压器、电源开关、接线端子和各类电气保护元器件等构成。它与一般普通机床的电气类似,但为了提高对弱电控制系统的抗干扰性,要求各类频繁启动或切换的电动机、接触器等电磁感应器件中均必须并接 RC 阻容吸收器,对各种检测信号的输入均要求用屏蔽电缆连接。

5. 辅助装置

辅助装置主要包括自动换刀装置、自动交换工作台机构、工件夹紧放松机构、回转工作台、液压控制系统、润滑装置、切削液装置、排屑装置、过载和保护装置等。

6. 车床本体

数控车床的本体指其机械结构实体。它与传统的普通机床相比较,同样由主传动系统、进给传动机构、工作台、床身以及立柱等部分组成,但数控车床的整体布局、外观造型、传动机构、工具系统及操作机构等方面都发生了很大的变化。为了满足数控技术的要求和充分发挥数控车床的特点,归纳起来包括以下几个方面的变化:

(1)采用高性能主传动及主轴部件,具有传递功率大、刚度高、抗震性好及热变形小等优点。

(2)进给传动采用高效传动件,具有传动链短、结构简单、传动精度高等特点,一般采用滚珠丝杠副、直线滚动导轨副等。

(3)具有完善的刀具自动交换和管理系统。

(4)机床本身具有很高的动、静刚度。

(5)采用全封闭罩壳。由于数控车床是自动完成加工的,为了操作安全等,一般采用移动门结构的全封闭罩壳,对车床的加工部件进行全封闭。

图 2.2 为远东机械工业股份有限公司生产的数控车床。

图 2.2　数控车床

2.1.2　数控车床的加工特点

数控车削是数控加工中用得最多的方法之一,在数控车床中,工件的旋转运动是主运动,车刀做进给运动。其主要加工对象是回转体类的零件,基本的车削加工内容有:车外圆、车端面、切断和车槽、钻中心孔、钻孔、车中心孔、铰孔、镗孔、车螺纹、车锥面、车成型面、滚花和攻螺纹等。针对数控车床的加工特点,可以说,凡是在数控车床上能装夹的工件,都能在数控车床上加工,但数控车床最适合加工以下一些类型的零件。

1. 精度要求高的零件

数控车床刚性好,制造和对刀精度高,能方便和精确地进行人工补偿和自动补偿,所以能加工尺寸精度要求较高的零件。在有些场合可以以车代磨。此外,数控车削的刀具运动是通过高精度插补运算和伺服驱动来实现的,再加上机床的刚性好和制造精度高,所以它能加工对母线直线度、圆度、圆柱度等形状精度要求高的零件。对于圆弧以及其他曲线轮廓,加工出的形状与图纸上所要求的几何形状的接近程度比用仿形车床要高得多。由于数控车床工序集中、装夹次数少,因此对提高位置精度特别有效,不少位置精度要求高的零件,用普通车床加工时,因机床制造精度低,工件装夹次数多而达不到要求,只能在车削后用磨削或其他方法弥补。例如轴承内圈,原来采用三台液压半自动车床和一台液压仿形车床加工,需多次装夹,因而造成较大的壁厚差,常常达不到图纸要求,后改用数控车床加工,一次装夹即可完成滚道和内孔的车削,壁厚差大为减小,且加工质量稳定。

有些性能较高的数控车床具有恒线速度切削功能,加工出的零件表面粗糙度小而且均匀。在普通车床上加工就不能实现这一要求,如车削带有锥度的零件,由于普通车床转速恒定,在直径大的部位切削速度大,表面粗糙度小,反之直径小的部位表面粗糙度大,造成零件表面质量不均匀。使用数控车床的恒线速度切削功能就能很好地解决这一问题。对于表面粗糙度要求不同的零件,数控车床也能实现其加工,表面粗糙度值要求大的部位采用比较大的进给速度,表面粗糙度值要求小的部位则采用较小的进给速度。

2. 轮廓形状比较复杂的零件

数控车床具有直线插补和圆弧插补功能,部分数控车床甚至还具有某些非圆曲线插补功能,故数控车床能车削由任意平面曲线轮廓所组成的回转体类的零件,包括不能用数学方程描述的列表曲线类的零件。有些内型、内腔零件,用普通车床难以控制尺寸,如图 2.3 所示,用数控车床加工很容易就能实现。

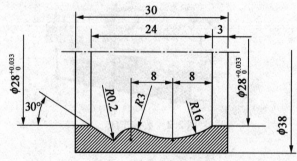

图 2.3　内型、内腔零件

3. 带特殊螺纹的回转体零件

普通车床所能车削的螺纹相当有限,它只能车等导程的直、锥面公、英制螺纹,而且一台车床只能限定加工若干种导程。数控车床不但能车削任何等导程的直、锥面公、英制螺纹,而且还能车削增导程、减导程,以及要求等导程与变导程之间平滑过渡的螺纹。数控车床车螺纹时主轴转向不必像普通车床车螺纹时那样交替变换,它可以一刀接一刀不停地循环,直到完成螺纹加工,因此它加工螺纹的效率很高。数控车床可以配备精密螺纹切削功能,再加上一般采用硬质合金成型刀片,可以使用较高的转速,所以车削出来的螺纹精度高、表面粗糙度小。

4. 淬硬工件

在大型模具加工中,有不少尺寸大而形状复杂的零件,这些零件经热处理后的变形量较大,磨削加工有困难,此时可以用陶瓷车刀在数控车床上对淬硬工件进行车削加工,以车代磨,提高加工效率。

2.2　零件定位及安装

2.2.1　数控车床常用的夹具形式

在数控加工中,为了发挥数控车床的高速度、高精度、高效率等特点,数控车床常使用通用三爪自定心卡盘、四爪卡盘等夹具。如果大批量生产,则使用自动控制的液压、电动及气动夹具。除此之外,还有许多相应的实用夹具,它们主要有两类:用于轴类工件的夹具和用于盘类工件的夹具。

2.2.2　数控车床常用的定位方法

对于轴类零件,通常以零件自身的外圆柱面作为径向定位基准来定位;对于套类零件,则以内孔作为径向定位基准,轴向定位则以轴肩或端面作为定位基准。定位方法按定位元件不同有以下几种:

1. 圆柱芯轴定位

加工套类零件时,常用圆柱芯轴在工件的孔上定位,孔与芯轴常用 H7/h6 或 H7/g6 配合。

2. 小锥度芯轴定位

将圆柱芯轴改成锥度很小的锥体($C = 1/1\ 000 \sim 1/5\ 000$)时,就成了小锥度芯轴。工件在小锥度芯轴上定位,能消除径向间隙,提高芯轴的定心精度。定位时,工件楔紧在芯轴上,靠芯轴与工件间的摩擦力带动工件,不需要再夹紧,且定心精度高;缺点就是工件在轴向不能定位。这种方法用于定位孔精度较高的工件的精加工。

3. 圆锥芯轴定位

当内孔为锥孔时,可用与工件内孔同锥度的芯轴定位。为了便于卸下工件,可以在芯轴上配一个旋出工件的螺母,旋转该螺母时,可顶出工件。

4.螺纹芯轴定位

当工件内孔是螺纹孔时,可用螺纹芯轴定位。除上述芯轴定位之外,还有花键芯轴、张力芯轴定位等。常用的芯轴如图2.4所示。

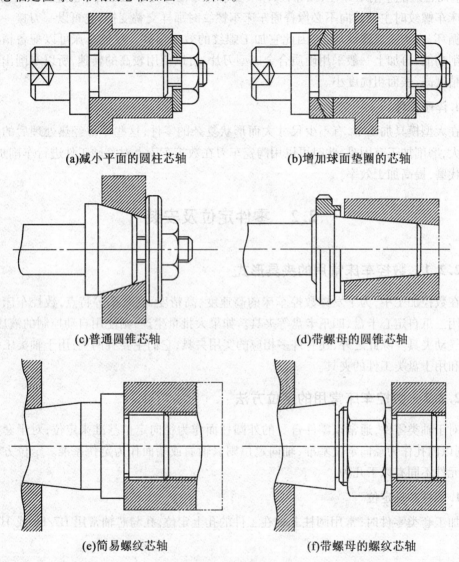

(a)减小平面的圆柱芯轴　　　　　　　　(b)增加球面垫圈的芯轴

(c)普通圆锥芯轴　　　　　　　　　　　(d)带螺母的圆锥芯轴

(e)简易螺纹芯轴　　　　　　　　　　　(f)带螺母的螺纹芯轴

图2.4　常用的芯轴

2.3　数控车削加工工艺

一名合格的数控编程人员,同时也应该是一名合格的数控工艺分析人员。工艺制订得是否合理,关系到数控程序的编制、数控加工的效率和零件加工的精度。因此,在数控车削程序编制之前,应遵循一定的工艺原则并结合数控车床的特点认真而详细地制订好零件的数控车削加工工艺。

在数控车床上加工零件时,应按工序集中的原则划分工序,在一次装夹下尽可能完成大部分甚至全部表面的加工。零件定位时,根据结构形状不同,通常选择外圆或端面装夹,并力求使设计基准、工艺基准和编程基准统一。

数控车削加工工艺的主要内容有:分析零件图纸、确定工件在车床上的装夹方式、各表面的加工顺序和刀具进给路线以及刀具、夹具和切削用量的选择等。

2.3.1　零件图纸工艺分析

分析零件图纸是工艺制订中的首要工作,一般有以下几个方面的内容。

1. 零件的结构工艺性分析

零件的结构工艺性分析主要是指零件的结构对加工方法的适应性,即零件的结构是否便于加工成型。在数控车床上加工零件时,应根据数控车削的特点,仔细审视零件结构的合理性。如图 2.5 (a) 所示的零件,由于三个槽的尺寸不一样,给加工带来一定的麻烦。一般用三把刀分别加工不同的槽,这样增加了换刀时间;另一种方法是用 3 mm 刀宽的切槽刀来加工,则加工另外两处槽要多次进、退刀,增加了程序段的长度。对于这样的结构,如没有特殊要求,可改为图 2.5(b) 所示的结构,三个槽尺寸统一,只需要一把刀就能完成加工。这样既减少了刀具数量,又节省了换刀时间,少占了刀架刀位。

在分析零件结构工艺时,如发现问题,应及时向设计人员或有关部门反映,提出修改意见。

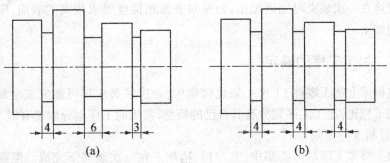

图 2.5　结构工艺性示例

2. 零件轮廓几何要素分析

不管是手工编程,还是自动编程,都要对零件轮廓几何要素进行明确的定义。分析零件轮廓几何要素,就是分析给定图纸上零件几何要素的条件是否充分。由于零件设计人员在设计过程中考虑不周或被忽略,常常出现参数不全或不清楚,可能会在零件图纸上出现加工轮廓几何条件被遗漏的情况,有时还会出现一些矛盾的尺寸或过多的尺寸(即所谓的封闭尺寸链),如圆弧与直线、圆弧与圆弧是相切、相交或相离。

如图 2.6 所示为一手柄,图中零件看起来几何尺寸比较完整,但仔细分析一下,就会发现其中的问题,首先手柄左端的圆柱部分,根据所给尺寸,没办法确定其直径值;其次,

两圆弧 *R25* 及 *R75* 间的切点也没办法计算。为此,必须增加一些尺寸,才能使几何条件足够充分。究竟怎样增加尺寸,编程人员必须与设计人员商量,共同解决。

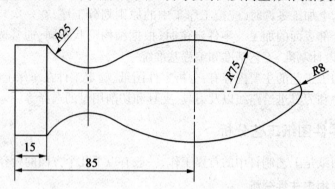

图 2.6　零件轮廓几何要素分析

3. 精度及技术要求分析

零件工艺性分析的一个重要内容就是对零件的精度及技术要求进行分析,只有在分析零件尺寸精度和表面粗糙度的基础上才能对加工方法、装夹方式、刀具及切削用量进行正确而合理的选择。

精度及技术要求分析的主要内容:一是分析精度及各项技术要求是否齐全、是否合理;二是分析本工序的数控车削加工精度能否达到图纸要求,若达不到而需采取其他措施弥补,则本工序应给后续工序留一定的加工余量;三是找出图纸上有位置精度要求的表面,这些表面应该在一次装夹时完成加工;四是对表面粗糙度要求较高的表面,应确定用恒线速度切削加工。

2.3.2　加工工序的确定

在数控机床上加工零件,工序一般比较集中,一次装夹应尽可能完成全部工序。与普通机床加工相比,加工工序划分有其自己的特点,常用的工序划分原则有以下两种:

(1)保证精度的原则。

数控加工要求工序尽可能集中,常常粗、精加工在一次装夹下完成。但要注意热变形和切削力变形对工件的形状、位置精度、尺寸精度和表面粗糙度的影响。对轴类或盘类零件,应将各处先粗加工,留少量余量精加工,来保证表面质量要求。

(2)提高生产效率的原则。

数控加工中,为了减少换刀次数,节省换刀时间,应将需用同一把刀加工的加工部位全部完成后,再换另一把刀来加工其他部位。同时应尽量减少空行程,用同一把刀加工工件的多个部位时,应以最短的路线到达各加工部位。

实际生产中,数控加工工序要根据具体零件的结构特点、技术要求等情况综合考虑。

2.3.3　加工顺序的确定

在选定加工方法、划分工序后,接下来就是合理安排工序的顺序。零件的加工工序通常包括切削加工工序、热处理工序和辅助工序,合理安排好切削加工、热处理和辅助工序的顺序,并解决好工序间的衔接问题,可以提高零件的加工质量、生产效率,降低加工成本。在数控车床上加工零件,应按工序集中的原则划分工序,安排零件车削加工顺序一般遵循下列原则。

1. 先粗后精

按照粗车→半精车→精车的顺序进行,逐步提高零件的加工精度。粗车将在较短的时间内将工件表面上的大部分加工余量切掉,这样既提高了金属切除率,又满足了精车余量均匀性要求。若粗车后所留余量的均匀性满足不了精加工的要求,则要安排半精车,以便使精加工的余量小而均匀。精车时,刀具沿着零件的轮廓一次走刀完成,以保证零件的加工精度。

如图 2.7 所示,首先进行粗加工,将虚线包围部分切除,然后进行半精加工和精加工。

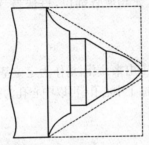

图 2.7　先粗后精示例

2. 先近后远

这里所说的远与近,是按加工部位相对于换刀点的距离大小而言的。通常在粗加工时,离换刀点近的部位先加工,离换刀点远的部位后加工,以便缩短刀具移动距离,减少空行程时间,并且有利于保持坯件或半成品件的刚性,改善其切削条件。

例如,当加工如图 2.8 所示零件时由于余量较大,粗车时,可按先车端面,再按 $\phi 40$ mm→$\phi 35$ mm→$\phi 29$ mm→$\phi 23$ mm 的顺序加工;精车时,如果按 $\phi 40$ mm→$\phi 35$ mm→$\phi 29$ mm→$\phi 23$ mm 的顺序安排车削,不仅会增加刀具返回换刀点所需的空行程时间,而且还可能使台阶的外直角处产生毛刺,应该按 $\phi 23$ mm→$\phi 29$ mm→$\phi 35$ mm→$\phi 40$ mm 的顺序加工。如果余量不大则可以直接按直径由小到大的顺序一次加工完成,符合先近后远的原则,即离刀具近的部位先加工,离刀具远的部位后加工。

3. 内外交叉

对既有内表面(内型、内腔)又有外表面的零件,安排加工顺序时,应先粗加工内、外表面,然后精加工内、外表面。

加工内、外表面时,通常先加工内型和内腔,然后加工外表面。原因是控制内表面的尺寸和形状较困难,刀具刚性相应较差,刀尖(刃)的耐用度易受切削热的影响而降低,以及在加工中清除切屑较困难等。

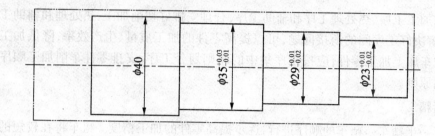

图 2.8　按先近后远原则加工 *

4. 刀具集中

刀具集中是指用一把刀加工完相应各部位,再换另一把刀加工相应的其他部位,以减少空行程和换刀时间。

5. 基面先行

用作精基准的表面应优先加工出来,原因是作为定位基准的表面越精确,装夹误差就越小。例如加工轴类零件时,总是先加工中心孔,再以中心孔为精基准加工外圆表面和端面。

2.3.4　进给路线的确定

进给路线是指刀具从起刀点开始运动,直至返回该点并结束加工程序所经过的路径,包括切削加工的路径及刀具引入、切出等非切削空行程。

1. 刀具引入、切出

在数控车床上进行加工时,尤其是精车时,要妥当考虑刀具的引入、切出路线,尽量使刀尖沿轮廓的切线方向引入、切出,以免因切削力突然变化而造成弹性变形,致使光滑连接轮廓上产生表面划伤、形状突变或滞留刀痕等问题。

2. 确定最短的空行程路线

确定最短的空行程路线,除了依靠大量的实践经验外,还应善于分析,必要时可辅以一些简单计算。在手工编制较复杂轮廓的加工程序时,编程者(特别是初学者)有时将每一刀加工完后的刀具通过执行"回零"(即返回换刀点)指令,使其返回到换刀点位置,然后再执行后续程序。这样会增加走刀路线的距离,从而大大降低生产效率。因此,在不换刀的前提下,执行退刀动作时,应不用"回零"指令。安排走刀路线时,应尽量缩短前一刀终点与后一刀起点间的距离,方可满足走刀路线为最短的要求。数控车床换刀点的位置以换刀时不碰到工件为原则。

3. 确定最短的切削进给路线

切削进给路线短,可有效地提高生产效率,降低刀具的磨损量。在安排粗加工或半精加工的切削进给路线时,应同时兼顾到被加工零件的刚性及加工的工艺性等要求,不

---

* 书中代表长度等量的数,如无特别标注,单位均为 mm

要顾此失彼。

图 2.9 为粗车时几种不同切削进给路线的安排示意图。其中,图 2.9(a)表示利用数控系统具有的封闭式复合循环功能而控制车刀沿着工件轮廓进行进给的路线;图 2.9(b)为"三角形"进给路线;图 2.9(c)为"矩形"进给路线。

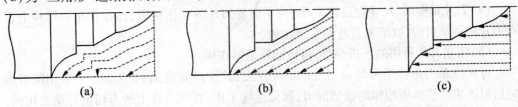

| (a) | (b) | (c) |

图 2.9　不同切削进给路线的安排示意图

对以上三种切削进给路线,经分析和判断后,可知矩形循环进给路线的走刀长度总和为最短,即在同等条件下,其切削所需时间(不含空行程)为最短,对刀具的磨损小。另外,矩形循环加工的程序段格式较简单,所以在制订加工方案时,建议采用"矩形"进给路线。

2.3.5　刀具的选择

刀具的选择是数控加工工艺中最重要的内容之一,它不仅影响数控机床的加工效率,而且直接影响数控加工的质量。与普通机床加工相比,数控机床加工过程中对刀具的要求更高。不仅要求精度高、强度大、刚度好、耐用度高,而且要求尺寸稳定、安装调整方便。

车刀是应用最广的一种车削刀具,也是学习、分析各类刀具的基础。车刀用于各种车床上,加工外圆、内孔、端面、螺纹、车槽等。车刀按结构可分为整体车刀、焊接车刀、机夹车刀、可转位车刀和成型车刀。其中可转位车刀的应用日益广泛,在车刀中所占比例逐渐增大。

所谓焊接车刀,就是在碳钢刀杆上按刀具几何角度的要求开出刀槽,用焊料将硬质合金刀片焊接在刀槽内,并按所选择的几何参数刃磨后使用的车刀。

机夹车刀是采用普通刀片,用机械夹固的方法将刀片夹持在刀杆上使用的车刀,如图 2.10 所示。此类刀具有如下特点:

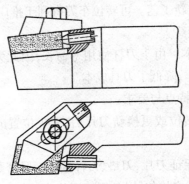

图 2.10　机夹车刀

(1)刀片不经过高温焊接,避免了因焊接而引起的刀片硬度下降、产生裂纹等缺陷,提高了刀具的耐用度。

（2）由于刀具耐用度提高，使用时间较长，换刀时间缩短，提高了生产效率。

（3）刀杆可重复使用，既节省了钢材又提高了刀片的利用率，刀片可由制造厂家回收再制，提高了经济效益，降低了刀具成本。

（4）刀片重磨后，尺寸会逐渐变小，为了恢复刀片的工作位置，往往在车刀结构上设有刀片的调整机构，以增加刀片的重磨次数。

（5）压紧刀片所用的压板端部，可以起断屑器作用。

可转位车刀是使用可转位刀片的机夹车刀，其结构如图 2.11 所示。一条切削刃用钝后可迅速转位换成相邻的新切削刃，即可继续工作，直到刀片上所有切削刃均已用钝，刀片才报废回收。更换新刀片后，车刀又可继续工作。

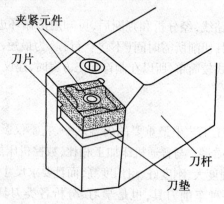

图 2.11　可转位车刀结构

与焊接车刀相比，可转位车刀具有下述优点：

（1）刀具寿命高。由于刀片避免了由焊接和刃磨高温引起的缺陷，刀具几何参数完全由刀片和刀杆槽保证，切削性能稳定，从而提高了刀具寿命。

（2）生产效率高。由于机床操作工人不再磨刀，因此可大大减少停机换刀等辅助时间。

（3）有利于推广新技术、新工艺。可转位车刀有利于推广使用涂层、陶瓷等新型刀具材料。

（4）有利于降低刀具成本。由于刀杆使用寿命长，因此大大减少了刀杆的消耗和库存量，简化了刀具的管理工作，降低了刀具成本。

可转位车刀刀片的夹紧特点与要求：

（1）定位精度高。刀片转位或更换新刀片后，刀尖位置的变化应在工件精度允许的范围内。

（2）刀片夹紧可靠。应保证刀片、刀垫、刀杆接触面紧密贴合，经得起冲击和振动，但夹紧力也不宜过大，应力分布应均匀，以免压碎刀片。

（3）排屑流畅。刀片前面最好无障碍，保证切屑排出流畅，并容易观察。

（4）使用方便。转换刀刃和更换新刀片方便、迅速。对小尺寸刀具结构要紧凑。在满足以上要求的同时,应尽可能使结构简单,制造和使用方便。

2.3.6　切削用量的选择

数控车削加工时,切削用量包括:背吃刀量 a_p(即吃刀深度)、主轴转速 n 或切削速度 v(恒线速度切削时用)、进给速度 F 或进给量 f。选用这些参数时,应考虑机床给定的允许范围。

1. 切削用量的选用原则

切削用量选择得是否合理,对于能否充分发挥机床的潜力与刀具切削性能,实现优质、高产、低成本和安全操作具有很重要的作用。切削条件的三要素,即切削速度、进给量和切削深度直接引起刀具的损伤。伴随着切削速度的提高,刀尖温度会上升,会产生机械的、化学的、热的磨损。切削速度提高20%,刀具寿命会减少1/2。进给条件与刀具后面磨损关系在极小的范围内产生。但进给量大,切削温度上升,后面磨损大。它比切削速度对刀具的影响小。切削深度对刀具的影响虽然没有切削速度和进给量那么大,但在微小切削深度切削时,被切削材料产生硬化层,同样会影响刀具的寿命。

切削用量选用的原则是:

(1)粗车时,首先考虑选择尽可能大的背吃刀量 a_p,其次选择较大的进给量 f,最后确定一个合理的切削速度 v,一般 v 较低。增大背吃刀量可使走刀次数减少,提高切削效率,增大进给量有利于断屑。

(2)精车时,主要考虑的是加工精度和表面粗糙度要求,加工余量不会很大而且比较均匀,选择精车的切削用量时,应着重考虑如何保证加工质量,并在此基础上提高生产效率。因此,精车时应选用较小的背吃刀量(但不能太小)和进给量,并选用性能高的刀具材料和合理的几何参数,以尽可能提高切削速度。

2. 切削用量的选用

(1)主轴转速或切削速度。

主轴转速的选择应根据零件上被加工部位的直径、被加工零件和刀具的材料及加工性质等条件所允许的切削速度来确定。切削速度一般可查表或计算得到,当然也有很多情况下,根据编程人员的经验来选取。需要注意的是车削螺纹时,车床的主轴转速将受到螺纹的螺距(或导程)大小、驱动电动机的升降频率特性及螺纹插补运算速度等多种因素影响,故对于不同的数控系统,推荐有不同的主轴转速选择范围。采用交流变频调速的数控车床低速时,输出力矩较小,因而切削速度不能太低。主轴转速与切削速度的关系如下:

$$n = \frac{1\,000v}{\pi d}$$

式中,n 为主轴转速,r/min;v 为切削速度,m/min;d 为被加工部位的直径。

在选用切削速度时,可参考表2.1。

表 2.1　选用切削速度的参考表

零件材料	刀具材料	a_p			
		0.13~0.38	0.38~2.40	2.40~4.70	4.70~9.50
		$f/(\text{mm} \cdot \text{r}^{-1})$			
		0.05~0.13	0.13~0.38	0.38~0.76	0.76~1.30
		$v/(\text{m} \cdot \text{min}^{-1})$			
低碳钢	高速钢	—	70~90	45~60	20~40
	硬质合金	215~365	165~215	120~165	90~120
中碳钢	高速钢	—	45~60	30~40	15~20
	硬质合金	130~165	100~130	75~100	55~75
灰铸铁	高速钢	—	35~45	25~35	20~25
	硬质合金	135~185	105~135	75~105	60~75
黄铜 青铜	高速钢	—	85~105	70~85	45~70
	硬质合金	215~245	185~215	150~185	120~150
铝合金	高速钢	105~150	70~105	45~70	30~45
	硬质合金	215~300	135~215	90~135	60~90

除了参考表 2.1 中数据外,还应考虑以下一些因素:

①工件材料强度、硬度较高时,应选用较低的切削速度;加工奥氏体不锈钢、钛合金和高温合金等难加工材料时,只能取较低的切削速度。

②刀具材料的切削性能越好,切削速度也选得越高,如硬质合金钢的切削速度比高速钢刀具的切削速度可高好几倍,涂层刀具的切削速度比未涂层刀具的切削速度要高,陶瓷、金刚石和 CBN 刀具可采用更高的切削速度。

③精加工时,选用的切削速度应尽量避开积屑瘤和鳞刺产生的区域;断续切削时,为了减少冲击和热应力,宜适当降低切削速度。在易发生振动的情况下,切削速度应避开自激振动的临界速度;加工大型工件、细长的和薄壁工件或带外皮的工件,应适当地降低切削速度。

(2)背吃刀量。

切削加工一般分为粗加工、半精加工和精加工。粗加工(表面粗糙度 Ra 值为 50~12.5 μm)时,在机床功率和刀具允许情况下,一次走刀应尽可能切除全部余量在中等功率机床上,背吃刀量可达 8~10 mm;半精加工(表面粗糙度 Ra 值为 6.3~3.2 μm)时,背吃刀量取 0.5~2 mm;精加工(表面粗糙度 Ra 值为 1.6~0.8 μm)时,背吃刀量取 0.05~0.4 mm。

（3）进给量 f 或进给速度 F。

粗加工时,工件表面质量要求不高,但切削力很大,合理进给量的大小主要受机床进给机构强度、刀具强度与刚性、工件装夹刚度等因素的限制。精加工时,合理进给量的大小则主要受工件加工精度和表面粗糙度的限制。生产实际中多采用查表法确定进给量,可查阅相关手册。

2.4　数控车削常用的编程指令及应用

2.4.1　数控车床的常用功能

1. G 功能

数控车床常用的功能指令有 G 功能(准备功能)、M 功能(辅助功能)、F 功能(进给功能)、S 功能(主轴转速功能)、T 功能(刀具功能)。为使编制的程序具有通用性,ISO 组织和我国对某些指令做了统一的规定。表 2.2 为 JB 3208—83 标准规定的 FANUC 0i 系统常用 G 功能代码。

从表 2.2 中可以看出,该标准规定的 G 功能还有许多没有指定,也就是说,这一标准还有许多需要完善的地方。对于许多数控设备生产厂家来讲,除了标准规定的 G 功能外,还有很多 G 功能没有指定,这给编程者提供了很大的发挥空间。这样,编程人员在编程过程中就不得不熟悉多种数控系统的 G 功能。但是,只要掌握一种系统的 G 功能指令的用法,其他的也就容易掌握了。以 FANUC 0i 系统为主,介绍其指令的用法,该系统的 G 功能代码见表 2.2。

表 2.2　FANUC 0i 系统常用 G 代码

G 代码			组	功能	G 代码			组	功能
A	B	C			A	B	C		
G00	G00	G00		*快速点定位	G70	G70	G72		精加工循环
G01	G01	G01	01	直线插补	G71	G71	G73		外径/内径粗车复合循环
G02	G02	G02		顺时针圆弧插补	G72	G72	G74		端面粗车复合循环
G03	G03	G03		逆时针圆弧插补	G73	G73	G75	00	轮廓粗车复合循环
G04	G04	G04		暂停	G74	G74	G76		排屑钻端面孔(沟槽加工)
G10	G10	G10	00	可编程数据输入	G75	G75	G77		外径/内径钻孔循环
G11	G11	G11		可编程数据输入方式取消	G76	G76	G78		多头螺纹复合循环

续表 2.2

G 代码			组	功能	G 代码			组	功能
A	B	C			A	B	C		
G20	G20	G70	06	英制输入	G80	G80	G80		固定钻循环取消
G21	G21	G71		*公制输入	G83	G83	G83		钻孔循环
G27	G27	G27	00	返回参考点检查	G84	G84	G84		攻丝循环
G28	G28	G28		返回参考点位置	G85	G85	G85	10	正面镗循环
G32	G33	G33	01	螺纹切削	G87	G87	G87		侧钻循环
G34	G34	G34		变螺距螺纹切削	G88	G88	G88		侧攻丝循环
G36	G36	G36	00	自动刀具补偿 X	G89	G89	G89		侧镗循环
G37	G37	G37		自动刀具补偿 Z	G90	G77	G20		外径/内径自动车削循环
G40	G40	G40	07	*取消刀尖半径补偿	G92	G78	G21	01	螺纹自动车削循环
G41	G41	G41		刀尖半径左补偿	G94	G79	G24		端面自动车削循环
G42	G42	G42		刀尖半径右补偿	G95	G96	G96		恒线速度控制
G50	G92	G92		坐标系、主轴最大速度设定	G97	G97	G97	02	恒线速度取消
G52	G52	G52	00	局部坐标系设定	G98	G94	G94		每分钟进给
G53	G53	G53		机床坐标系设定	G99	G95	G95	05	*每转进给
G54 ~ G59			14	选择工件坐标系 1～6	—	G90	G90		绝对值编程
G65	G65	G65	00	调用宏程序	—	91	G91	03	增量值编程

表 2.2 中的指令说明如下:

(1)表中的指令分为 A、B、C 三种类型,其中 A 类指令常用于数控车床,B、C 两类指令常用于数控铣床或加工中心,故本章介绍的是 A 类 G 功能。

(2)指令分为若干组别,其中 00 组为非模态指令,其他组别为模态指令。所谓模态指令,是指这些 G 代码不只在当前的程序段中起作用,而且在以后的程序段中一直起作用,直到有其他指令取代它为止。非模态指令则是指某个指令只是在出现这个指令的程序段内有效。

(3)同一组的指令能互相取代,后出现的指令取代前面的指令。因此,同一组的指令如果出现在同一程序段中,最后出现的那一个才是有效指令。一般来讲,同一组的指令出现在同一程序段中是没有必要的。例如:"G01 G00 X120 F100;"表示刀具将快速定位到 X 坐标为 120 的位置,而不是以 100 mm/min 速度走直线到 X 坐标为 120 的位置。

(4)表中带"*"号的功能是指数控车床开机上电或按了 RESET 键后,即处于这样的功能状态。这些预设的功能状态,是由系统内部的参数设定的,一般都设定成表 2.2 的状态。

2. M 功能

M 功能也称辅助功能,主要是命令数控车床的一些辅助设备实现相应的动作,数控车床常用的 M 功能如下：

（1）M00—程序停止。

数控程序中，当程序运行过程中执行到 M00 指令时，整个程序停止运行，主轴停止，切削液关闭。若要使程序继续执行，只需要按一下数控机床操作面板上的循环（CYCLE START）启动键即可。这一指令一般用于程序调试、首件试切削时检查工件加工质量及精度等需要让主轴暂停的场合，也可用于经济型数控车床转换主轴转速时的暂停。

（2）M01—条件程序停止。

M01 指令和 M00 指令类似，所不同的是：M01 指令使程序停止执行是有条件的，它必须和数控车床操作面板上的选择性停止键（OPT STOP）一起使用。若按下该键，指示灯亮，则执行到 M01 时，功能与 M00 相同；若不按该键，指示灯熄灭，则执行到 M01 时，程序也不会停止，而是继续往下执行。

（3）M02—程序结束。

该指令往往用于一个程序的最后一个程序段，表示程序结束。该指令自动将主轴停止、切削液关闭，程序指针（可以认为是光标）停留在程序的末尾，不会自动回到程序的开头。

（4）M03—主轴正转。

程序执行至 M03 指令，主轴正方向旋转（由尾座向主轴看时，逆时针方向旋转）。一般转塔式刀座，大多采用刀顶面朝下安装车刀，故用该指令。

（5）M04—主轴反转。

程序执行至 M04 指令，主轴反方向旋转（由尾座向主轴看时，顺时针方向旋转）。

（6）M05—主轴停止。

程序执行至 M05 指令，主轴停止，M05 指令一般用于以下一些情况：

①程序结束前（常可省略，因为 M02 和 M30 指令都包含 M05）。

②数控车床主轴换挡时，若数控车床主轴有高速挡和低速挡，则在换挡之前，必须使用 M05 指令，使主轴停止，以免损坏换挡机构。

③主轴正、反转之间的转换，也必须使用 M05 指令，使主轴停止后，再用转向指令进行转向，以免伺服电动机受损。

（7）M08—冷却液开。

程序执行至 M08 指令时，启动冷却泵，但必须配合执行操作面板上的 CLNT AUTO 键，使它的指示灯处于"ON"（灯亮）的状态，否则无效。

（8）M09—冷却液关。

M09 指令用于将冷却液关闭，当程序运行至该指令时，冷却泵关闭，停止喷冷却液，这一指令常可省略，因为 M02、M30 指令都具有停止冷却泵的功能。

（9）M30—程序结束并返回程序头。

M30 指令功能与 M02 指令功能一样，也是用于整个程序结束。它与 M02 指令的区别是：M30 指令使程序结束后，程序指针自动回到程序的开头，以方便下一程序的执行，其他方面的功能与 M02 指令功能一样。

（10）M98—调用子程序。

程序运行至 M98 指令时，将跳转到该指令所指定的子程序中执行。

指令格式:M98 P ____ L ____;

式中,P 为指定子程序的程序号;L 为调用子程序的次数,如果只有一次,则可省略。

(11)M99—子程序结束返回/重复执行。

M99 指令用于子程序结束,也就是子程序的最后一个程序段。当子程序运行至 M99 指令时,系统计算子程序的执行次数,如果没有达到主程序编程指定的次数,则程序指针回到子程序的开头继续执行子程序,如果达到主程序编程指定的次数,则返回主程序中 M98 指令的下一程序段继续执行。

M99 也可用于主程序的最后一个程序段,此时程序执行指针会跳转到主程序的第一个程序段继续执行,不会停止,也就是说程序会一直执行下去,除非按下 RESET 键,程序才会中断执行。

使用 M 功能指令时,一个程序段中只允许出现一个 M 指令,若出现两个,则后出现的那一个有效,前面的 M 功能指令被忽略。

例如:"G97 S2000 M03 M08;"程序段在执行时,冷却液会打开,但主轴不会正转。

3. F、S、T 功能

(1)F 功能。

F 功能也称进给功能,一般 F 后面的数据直接指定进给速度,但是速度的单位有两种:一种是单位时间内刀具移动的距离;另一种是工件每旋转一圈,刀具移动的距离。

具体是何种单位,由 G98 和 G99 指令决定,前者指定 F 的单位为 mm/min,后者指定 F 的单位为 mm/r,两者都是模态指令,可以相互取代,如果某一程序没有指定 G98 或 G99 中的任何指令,则系统会默认一个,具体默认的是哪一个指令,由数控系统的参数决定,常用单位为 mm/min。

(2)S 功能。

S 功能也称主轴转速功能,它主要用于指定主轴转速。

指令格式:S ____;

式中,S 后的数字即为主轴转速,单位为 r/min,例如:"M03 S1200;"表示程序命令机床,使其主轴以 1 200 r/min 的转速转动。

在具有恒线速度功能的机床上,S 功能指令还有如下作用:

①最高转速限制。

指令格式:G50 S ____;

式中,S 后面的数字表示的是最高限制转速,单位为 r/min。

例如:"G50 S3000;"表示最高限制转速为 3 000 r/min。该指令能防止因主轴转速过高、离心力太大而产生危险及影响机床寿命。

②恒线速度控制。

格式:G96 S ____;

式中,S 后面的数字表示的是恒定的线速度,单位为 m/min。

例如:"G96 S150;"表示切削点线速度控制在 150 m/min。对图 2.12 中所示的零件,为保持 A、B、C 各点的线速度在 150 m/min,则各点在加工时的主轴转速分别为

$A \quad n = 1\ 000 \times 150 (\pi \times 40) = 1\ 194$ r/min

$B \quad n = 1\,000 \times 150 / (\pi \times 50) = 955 \ \text{r/min}$

$C \quad n = 1\,000 \times 150 / (\pi \times 70) = 682 \ \text{r/min}$

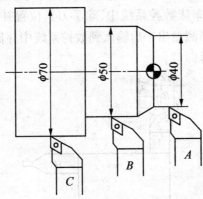

图 2.12　恒线速度时的转速计算

③恒线速度控制取消。

指令格式：G97 S____；

式中，S 后面的数字表示恒线速度控制取消后的主轴转速，如 S 未指定，将保留 G96 的最终值。

例如："G97 S3000；"表示恒线速度控制取消后主轴转速为 3 000 r/min。

（3）T 功能。

T 功能也称刀具功能，在数控车床上加工时，需尽可能采用工序集中的方法安排工艺。因此，往往在一次装夹下需要完成粗车、精车、车螺纹、切槽等多道工序。这时，需要给加工中用到的每一把刀分配一个刀具号（由刀具在刀座上的位置决定），通过程序来指定所需要的刀具，机床就选择相应的刀具。

格式：T X X X X

T 后面接四位数字，前两位数字为刀具号，后两位数字为补偿号。如果前两位数字为00，表示不换刀；后两位数字为00，表示取消刀具补偿。

例如：

T0414，表示换成 4 号刀，14 号补偿；

T0005，表示不换刀，采用 5 号补偿；

T0100，表示换成 1 号刀，取消刀具补偿。

一般来讲，用多少号刀，其补偿值就放在多少号补偿中。什么是补偿呢？如图 2.13 所示，以最简单的四方刀架为例。

设刀架上装有两把刀，1 号刀具刀位点在 A 处，当 2 号刀换到 1 号刀的位置时，其刀位点处于 B 的位置，一般来讲，A、B 两点的位置是不重合的。换刀后，刀架并没有移动（如果没有补偿），也就是说，此时数控系统显示的坐标没有发生变化，实际上并不需要它发生变化。这时，需要将 B 点移到与 A 点重合的位置，同时保持系统坐标不变。如何做到这一点呢？数控系统是通过补偿来实现的，事先将 A、B 两点间的坐标差 ΔX、ΔZ 测量出来,输入到数控系统中保存起来,当 2 号刀换到 1 号刀的位置上后,数控系统发出指令,让刀架移动 ΔX、ΔZ 的距离,使 B 点与 A 点重合,同时保持系统的坐标数值不变。这种补偿称为刀具位置补偿,车床数控系统中,除了刀具位置补偿外,还有刀具半径补偿,这些补偿值由机床操作人员测量出来后输入到数控系统中存储起来,然后根据数控程序在换刀时调用相应的补偿号即可。

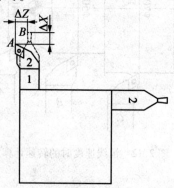

图 2.13　刀具位置补偿示意图

2.4.2　常用指令及编程

1. G50—工件坐标系设定指令

在编程前,一般首先确定工件原点,在 FANUC 0i 数控车床系统中,设定工件坐标系常用的指令是 G50。从理论上来讲,车削工件的工件原点可以设定在任何位置,但为了编程计算方便,编程原点常设定在工件的右端面或左端面与工件中心线的交点处。

指令格式:G50 X_____ Z_____;

式中,X、Z 为当前刀尖(即刀位点)起始点相对于工件原点的 X 轴方向和 Z 轴方向的坐标,X 值常用直径值来表示。如图 2.14 所示,假设刀尖点相对于工件原点的 X 轴方向尺寸和 Z 轴方向尺寸分别为 30(直径值)和 50,则此时工件坐标系设定指令为 G50 X30 Z50。

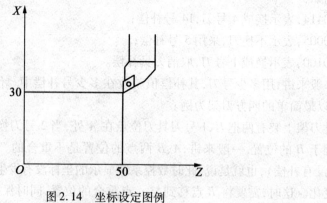

图 2.14　坐标设定图例

执行上述程序段后,数控系统会将这两个值存储在它的位置寄存器中,并且显示在显示器上,这样就相当于在数控系统中建立了一个以工件原点为坐标原点的工件坐标系,也称为编程坐标系。

显然,如果当前刀具位置不同,所设定的工件坐标系也不同,即工件原点也不同。因此,数控机床操作人员在程序运行前,必须通过调整机床,将当前刀具移到确定的位置,这一过程就是对刀。对刀要求不一定十分精确,如果有误差,可通过调整刀具补偿值来达到精度要求。

2. G90、G91—绝对值编程与增量值编程指令

绝对值编程是指程序中每一点的坐标都从工件坐标系的坐标原点开始计算,而增量坐标值是指后一点的坐标相对于前一点来计算,即后一点的绝对坐标值减去前一点的绝对坐标值得到的增量。相应地,用绝对坐标值或增量坐标值进行编程的方法分别称为绝对值编程或增量值编程。

数控车床的绝对值编程与增量值编程指令通常有两种形式。

(1)用 G90 和 G91 指定绝对值编程与增量值编程。

这两个指令在 FANUC 系统 B、C 两类指令中用到,A 类指令中的 G90 另有用途。其指令格式为 G90/G91。其中,G90 指定绝对值编程,G91 指定增量值编程。

(2)用尺寸字地址符指定绝对值编程与增量值编程。用这种方法指定绝对值编程与增量值编程时比较方便,如果尺寸字地址符为 X、Z,则其后的坐标为绝对坐标,如果尺寸字地址符为 U、W,则其后的坐标为增量坐标。

如图 2.15 所示,刀具从 A 点走到 B 点,编程如下。

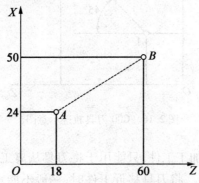

图 2.15　绝对值编程或增量值编程

绝对值编程:

G00 X50 Z60;

或　G90 G00 X50 Z60;

增量值编程:

G00 U26 W42;

或　G91 G00 U26 W42;

如果采用尺寸字地址符指定绝对值编程与增量值编程方式,还可以将绝对值编程与

增量值编程两种方式混合起来,称为混合编程。如图 2.15 中,采用混合编程如下:

G00 X50 W42;

或　G00 U26 Z60;

3. G00——快速点定位指令

指令格式:G00 X(U)＿＿ Z(W)＿＿;

式中,X(U)、Z(W)为移动终点,即目标点的坐标;X、Z 为绝对坐标;U、W 为增量坐标。

功能:指令刀具以机床给定的较快速度从当前位置移动到 X(U)、Z(W)指定的位置。

说明:

(1)G00 指令命令刀具移动时,以点位控制方式快速移动到目标点,其速度由数控系统的参数给定,往往比加工时的速度快得多。

(2)G00 只是命令刀具快速移动,并无轨迹要求,在移动时,多数情况下运动轨迹为一条折线,刀具在 X、Z 轴两个方向上以同样的速度同时移动,距离较短的那个轴先走完,然后再走剩下的一段。如图 2.16 所示,刀具使用 G00 命令从 A 点走到 B 点,真正的走刀轨迹为 A—C—B 折线,使用这一指令时一定要注意这一点,否则刀具和工件及夹具容易发生碰撞。

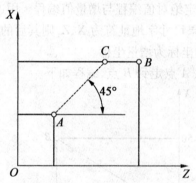

图 2.16　G00 刀具轨迹示意图

(3)G00 指令不能用于加工工件,只能用于将刀具从离工件较远的位置移到离工件较近的位置或从工件上移开。将刀具移近工件时,一般不能直接移到工件上,以免撞坏刀具,而是移到离工件表面 1~2 mm 的位置,以便下一步加工。

4. G01——直线插补指令

指令格式:G01 X(U)＿＿ Z(W)＿＿ F＿＿;

式中,X(U)、Z(W)为加工目标点的坐标,X、Z 为绝对坐标,U、W 为增量坐标;F 为加工时的进给速度或进给量。

功能:指令刀具以程序给定的速度从当前位置沿直线加工到目标位置,X、Z 为绝对坐标,U、W 为增量坐标,以后不再说明。

说明:

（1）G01 指令用于零件轮廓形状为直线时的加工,加工速度、背吃刀量等切削参数由编程人员根据加工工艺给定。

（2）给定加工速度 F 的单位有两种,如前所述。利用前面学习到的几个指令,进行一些简单形状的零件加工。

【例 2.1】　如图 2.17 所示的工件,不要求分粗、精加工,给定的原材料为 $\phi 62 \times 80$,$45^{\#}$钢,要求采用两把刀完成切削外圆与切断的工作,试编制其加工程序。

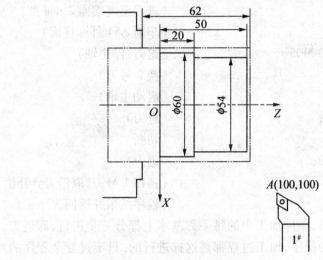

图 2.17　G01 指令举例

解　给定的工件形状比较单一,加工余量也不大,但编程过程与复杂零件几乎是一样的。

（1）工艺分析。

零件形状不复杂,原材料长度也足够,直接将工件装夹在卡盘上即可,这里假设工件伸出卡盘的长度为 62 mm。

加工过程如下:

①车端面,用 1 号刀。

②车 $\phi 62$ 外圆,为便于切断,车削长度取 55 mm,此时余量为 $\phi 62 - \phi 60 = \phi 2$ mm,单边只有 1 mm,因此一刀即可车削完成。

③车 $\phi 54$,余量为 $\phi 60 - \phi 54 = \phi 6$ mm,单边 3 mm,在不考虑精度的情况下可一刀车削完成,以上两步外圆车削也用 1 号刀。

④切断,用 2 号刀。

（2）程序。

基准刀为 1 号刀,起始位置在 $A(100,100)$ 处,坐标设置在如图 2.17 所示的位置,即工件的左端面。

O0000

N10 G50 X100 Z100;　　　　　　　　　　　　　（设定工件坐标系）

N20 M03 S650 T0101；   （启动主轴,选1号刀,1号补偿）

N30 G00 X64 Z50；   （进刀至离外圆柱面2 mm处）

N40 G01 X0 F50；   （车削端面）

N50 G00 X60；   （退刀）

N60 G01 Z-5 F100；   （车削 ϕ60 外圆柱面）

N70 G00 X62 Z52；   （退刀）

N80 X54；   （进刀至离端面2 mm处）

N90 G01 Z20；   （车削 ϕ54 外圆柱面）

N100 G00 X100 Z100 M05；   （退刀,停主轴）

N110 T0202；   （换2号刀）

N120 M03 S200；   （启动主轴）

N130 G00 X62 Z-3；   （进刀）

N140 G01 X0 F50；   （切断）

N150 G00 X100 Z100；   （退刀）

N160 T0100；   （换回1号刀,取消刀具补偿）

N170 M30；   （程序结束并返回程序头）

从以上程序可以看出,零件加工中的每一刀基本上都分三步进行,即进刀、加工、退刀。实际上不管多复杂的程序,加工过程都是这样进行的,只不过复杂程序的加工往往需要多个程序段才能完成。

G01 指令除了加工外圆之外,还可以进行切槽、倒角、加工锥度、车削内孔零件等,下面分别予以介绍。

①切槽。

如图2.18 所示,此例中的零件比上例中的零件多一道3 mm 宽的槽,则只需要在切断之前,在程序段 N120 与 N130 之间安排如下的程序,即可完成切槽加工。

N122 G00 X62 Z20；   （进刀）

N124 G01 X50 F50；   （切槽）

N126 G04 P200；   （暂停）

N128 G00 X62；   （退刀）

②倒角。

如图2.19 所示,车削一倒角,刀具从 A—B—C 进行加工,B 点距离端面2 mm,C 点距离外圆柱面1 mm(单边),则 $B(26,32)$,$C(36,27)$。这一段程序如下:

N130 G00 X26 Z32；   （A 至 B）

N132 G01 X36 Z27；   （B 至 C）

N134 G00 X50 Z50；   （C 至 A）

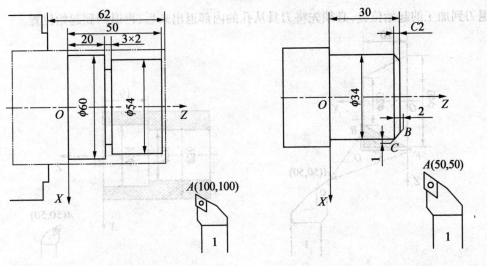

图 2.18　切槽　　　　　　　　　　图 2.19　加工倒角示意图

（3）锥度车削。

锥度车削需进行一定量的计算，过程并不复杂，只需用初等几何知识即可算出。如图 2.20 所示的锥度零件，需要加工，计算过程如下：

锥度端直径为 40 mm，小端直径为 20 mm，两者之差为 20 mm，单边为 10 mm。分两次车削完成，每次单边 5 mm。起始切削位置 B、E 距离端面 2 mm，车削结束位置距离外圆柱面 1 mm。根据三角形关系，可计算出 $DB = 6.5$ mm，$BE = 5.5$ mm，$DC = 13$ mm，$CF = 11$ mm。进一步计算出各点坐标为 $B(29,22)$、$C(42,9)$、$D(42,22)$、$E(18,22)$、$F(42,-2)$，这里 X 均为直径量。程序如下：

N10 G00 X29 Z22；　　　　　　　　　（A 至 B）
N20 G01 X42 Z9 F200；　　　　　　　（B 至 C）
N30 G00 Z22；　　　　　　　　　　　（C 至 D）
N40 X18；　　　　　　　　　　　　　（D 至 E）
N50 G01 X42 Z - 2；　　　　　　　　（E 至 F）
N60 G00 X50 Z50；　　　　　　　　　（F 至 A）

（4）内孔车削。

如图 2.21 所示工件，给定材料外径 φ36，内径 φ20，编写车削内孔 φ24 的程序。

选用镗孔刀进行车削，由于余量只有 4 mm，故一刀车削完成，零件编程坐标系如图 2.21 所示，程序如下：

N10 G00 X24 Z2；
N20 G01 Z - 19；
N30 G00 X20 Z3；
N40 X50 Z50；

与车削外圆柱面不同的是，车削完内孔退刀时，由于刀具还处于孔的内部，不能直接退刀到加工的起始位置,必须先将刀具从孔的内部退出来后,再退回到起始位置。

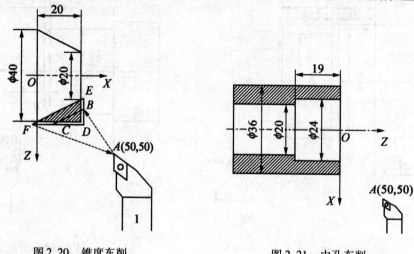

图 2.20　锥度车削　　　　　　　　　　图 2.21　内孔车削

5. G02/G03——圆弧插补指令

指令格式:G02/G03 X(U)＿＿ Z(W)＿＿ I＿＿ K＿＿ F＿＿;

或　G02/G03 X(U)＿＿ Z(W)＿＿ R＿＿ F＿＿;

式中,X(U)、Z(W)为圆弧终点的坐标值,增量值编程时,坐标为圆弧终点相对圆弧起点的坐标增量;I、K 为圆心相对于圆弧起点的坐标增量;I 为 X 轴方向的增量;K 为 Z 轴方向的增量;R 为圆弧半径;F 为进给速度或进给量。

说明:

(1)G02 为顺时针方向的圆弧插补,G03 为逆时针方向的圆弧插补。

一般数控车床的圆弧,都是 *XOZ* 坐标面内的圆弧。判断是顺时针方向的圆弧插补还是逆时针方向的圆弧插补,应从与该坐标平面构成笛卡尔坐标系的 *Y* 轴的正方向沿负方向看,如果圆弧起点到终点为顺时针方向,这样的圆弧加工时用 G02 指令,反之,如果圆弧起点到终点为逆时针方向,则用 G03 指令。如图 2.22(a)所示为前刀座数控车床的圆弧插补,图 2.22(b)为后刀座数控车床的圆弧插补。

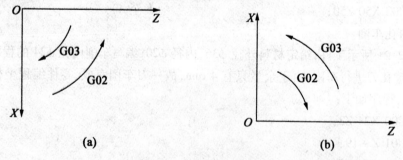

　　　　　(a)　　　　　　　　　　　　　　(b)

图 2.22　圆弧方向的判别

(2)圆弧插补有两种编程方式:一种是用 *I* 和 *K* 来表示圆心位置,另一种是用 *R* 来表示圆弧半径。

　　用 I 和 K 表示圆心位置时,是指圆心相对于圆弧起点的坐标增量,即圆心绝对坐标与圆弧起点的绝对坐标之差,这两个值始终这样计算,与绝对编程和增量编程无关,其中,I 值与 X 值一样,也有直径编程和半径编程的区别,一般用直径编程。如图 2.23 所示。

　　对数控车床来讲,用 R 来表示圆弧半径的编程方法比较简单,在编程过程中不需要计算太多,所以经常用这种方法。R 后面的数值有正负之分,以区别圆心位置。如图 2.24 所示,当圆弧所对的圆心角 $\alpha \leqslant 180°$ 时,圆弧半径取正值,反之,R 取负值。图中从 A 点到 B 点的圆弧有两段,半径相同,若需要表示的圆心位置在 O_1 时,半径值取正值,若需要表示的圆心位置在 O_2 时,半径值取负值。在数控车床中,多数取正值。

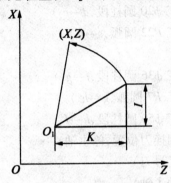

图 2.23　圆心位置的表示

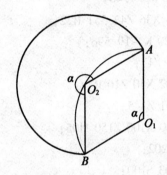

图 2.24　用圆弧半径来表示圆心半径

　　(3)F 指的是沿圆弧加工的切线方向的速度或进给量。

　　【例 2.2】　如图 2.25 所示,编制一个精车外圆、圆弧面、切断的程序,精加工余量为 0.5 mm,假设工件足够夹紧,刀具起始位置在 $a(100,150)$ 处。

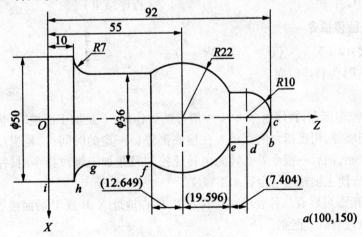

图 2.25　圆弧加工

　　解　该零件只需要进行精加工和切断,因此两把刀即可完成加工,1 号刀为精车刀,2

号刀为切断刀。车削之前必须计算相关点的尺寸,如图 2.25 所示括号中的尺寸为计算所得,计算过程从略。精车时,走刀路线为 $a \to b \to c \to d \to e \to f \to g \to h \to i \to a$。

程序如下:

O3002	
N10 G50 X100 Z150;	(设定坐标系)
N20 M03 S1500;	(启动主轴)
N30 T0101 M08;	(建立刀具补偿,开冷却液)
N40 G00 X20 Z92;	(进刀至 b)
N50 G01 X0 F50;	(慢速进刀至圆弧起点,$b \to c$)
N60 G03 X20 Z82 R10 F30;	(加工圆弧 $R10$,$c \to d$)
N70 G01 W - 7.404;	(加工 $\phi20$ 圆柱段,$d \to e$)
N80 G03 X36 Z42.351 R22;	(加工 $R22$ 圆弧,$e \to f$)
(或 I - 20 K - 19.596;)	
N90 G01 Z17;	(加工 $\phi36$ 圆柱段,$f \to g$)
N100 G02 X50 Z10 R7;	(加工 $R7$ 圆弧,$g \to h$)
N110 G01 Z - 5;	(加工 $\phi50$ 圆柱段,$h \to I$)
N120 G00 X100 Z150 M05;	(返回换刀位置,停主轴)
N130 T0202;	(换 2 号刀)
N140 M03 S100;	(启动主轴)
N150 G00 X52 Z - 5;	(进刀至切断位置)
N160 G01 X0 F20;	(切断)
N170 G00 X100 Z150;	(返回)
N180 T0100;	(换 1 号刀,取消刀具补偿)
N190 M30;	(程序结束)

6. G04—暂停指令

指令格式:G04 X ____(U ____ 或 P ____);

式中,X(U 或 P)为暂停时间。

说明:

(1)在数控车床上,暂停指令 G04 一般有两种作用:一是加工凹槽时,为避免在槽的底部留下切削痕迹,用该指令使切槽刀在槽底部停留一定的时间;二是当前一指令处于恒切削速度控制,而后一指令需要转为恒转速控制且是加工螺纹指令时,往往在中间加一段暂停指令,使主轴转速稳定后加工螺纹。

(2)暂停指令可以有三种表示时间的方法,即在地址 X、U 或 P 后面接表示暂停时间的值。这些地址有以下区别:

①U 地址只用于数控车床,其他两个地址既可用于数控车床,也可用于其他数控机床。

②暂停时间的单位可以是 s 或 ms,一般 P 后面只可用整数时间,单位是 ms,X 后面

的数既可用整数,也可带小数点,视具体的数控系统而定。当数值为整数时,其单位为ms,如果数值带有小数点,则单位为 s,地址 U 和 X 一样,只不过它只用于数控车床。

③X、U、P 三个地址,只要是跟在 G04 后面,都不会发生轴的运动,因为 G04 确定了它们的含义只能是表示时间。

如以下指令表示的暂停时间都是 2 s 或 2 000 ms。

G04 X2.0;

G04 X2000;

G04 P2000;

G04 U2.0;

(3)暂停时间的长短,一般很少超过一秒钟,以加工凹槽为例,车刀在槽底部停留的最短时间为主轴旋转一周所用的时间,设此时主轴转速为 500 r/min,则暂停最短时间为 $T = 60/500 = 0.12(\text{s})$。实际编程时,暂停时间只要比这一时间大即可,通常机床制造厂家会推荐比较合适的时间来完成这样的加工。

(4)暂停时,数控车床的主轴不会停止运动,但刀具会停止运动。

7. 刀尖半径补偿指令

(1)刀尖半径补偿的含义。

在数控加工过程中,为了提高刀尖的强度,降低加工表面的粗糙度,将刀尖制成圆弧过渡。如图 2.26 所示,刀尖半径通常有 0.2 mm、0.4 mm、0.6 mm、0.8 mm、1.0 mm 等。如果为圆弧形刀尖,在对刀时就会成一个假想的刀尖,如图中的 P 点。在编程过程中,实际上是按假想刀尖的轨迹来走刀的。即在刀具运动过程中,实际上是图中的 P 点在沿着工件轮廓运动。这样的刀尖运动,在车削外圆、端面、内孔时,不会影响其尺寸,但是,如果加工锥面、圆弧面时就会产生少切或过切,如图 2.27 所示。

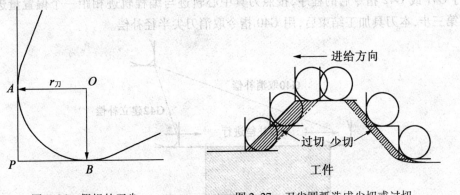

图 2.26　假想的刀尖　　　　图 2.27　刀尖圆弧造成少切或过切

为了避免少切或过切,在数控车床的数控系统中引入半径补偿。所谓半径补偿是指事先将刀尖半径值输入到数控系统,在编程时指明所需要的半径补偿方式。数控系统在刀具运动过程中,根据操作人员输入的半径值及加工过程中所需要的补偿,进行刀具运动轨迹的修正,使之加工出所需要的轮廓。

这样,数控编程人员在编程时,按轮廓形状进行编程,不需要计算刀尖圆弧对加工的影响,提高了编程效率,减小了编程出错的概率。

(2)刀尖半径补偿指令 G41、G42、G40。

G41、G42、G40 为刀尖半径补偿指令,G41 为刀尖半径左补偿,G42 为刀尖半径右补偿,G40 为取消刀尖半径补偿。判断是用刀尖半径左补偿还是用刀尖半径右补偿的方法如下:将工件与刀尖置于数控机床坐标系平面内,观察者站在与坐标平面垂直的第三个坐标的正方向位置,顺着刀尖运动方向看,如果刀具处于工件左侧,则用刀尖半径左补偿,即 G41;如果刀具位于工件的右侧,则用刀尖半径右补偿,即 G42,如图 2.28 所示。

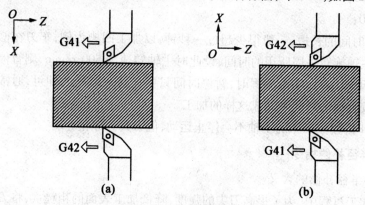

图 2.28 刀尖半径补偿

(3)刀尖半径补偿的建立与取消。

刀尖半径补偿的过程分为三步:第一步是建立刀尖半径补偿,在加工开始的第一个程序段之前,一般用 G00、G01 指令进行补偿,如图 2.29 所示;第二步是刀尖补偿的进行,执行 G41 或 G42 指令后的程序,按照刀具中心轨迹与编程轨迹相距一个偏置量进行运动;第三步,本刀具加工结束后,用 G40 指令取消刀尖半径补偿。

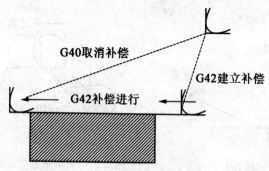

图 2.29 补偿的建立与取消

使用刀尖半径补偿指令时必须注意:

①G41、G42 为模态指令。

②G41(或 G42)必须与 G40 成对使用,也就是说,当一个程序段用了 G41(或 G42)

之后,在没有取消它之前,不能有其他的程序段再用 G41(或 G42)。

③建立或取消补偿的程序段,用 G01(或 G00)功能及对应坐标参数进行编程。

④G41(或 G42)与 G40 之间的程序段不得出现任何转移加工,如镜像、子程序加工等。

(4)车刀的形状和位置的确定。

数控车床的车刀形状和位置多种多样,刀尖圆弧半径补偿时,还需要考虑刀尖位置。不同形状的刀具,刀尖位置也不同。因此,在数控车削加工时,如果进行刀尖半径补偿,必须将刀尖位置信息输入到计算机中。

假想刀尖位置有 0~9 共 10 种可以选择,如图 2.30 所示,如果按刀尖圆弧中心编程,则选用 0 或 9。

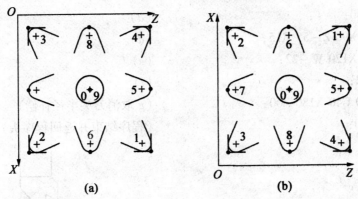

图 2.30　车削的形状和位置

(5)刀尖半径的输入。

数控车床刀尖半径与刀具位置补偿放在同一个补偿号中,由数控车床的操作人员输入到数控系统中,这些补偿统称为刀具参数偏置量。同一把刀具的位置补偿和半径补偿应该存放在同一补偿号中,如图 2.31 所示。

OFFSET			O0004	M0050
NO.	XAXIS	ZAXIS	RADIUS	TIP
1	—	—	—	—
2	—	—	—	—
3	0.524	4.387	0.4	3
4	—	—	—	—
5	—	—	—	—
6	—	—	—	—
7	—	—	—	—

图 2.31　数控车床刀具偏置量参数设置

图 2.31 中，NO. 对应的即为刀具补偿号，XAXIS、ZAXIS 即为刀具位置补偿值，RADIUS 为刀尖半径值，TIP 为刀具位置号。

【例 2.3】 刀具按如图 2.32 所示的 $a \to b \to c \to d \to e \to f \to g$ 走刀路线进行精加工，要求切削速度为 180 m/min，进给量为 0.1 mm/r，试建立刀尖半径补偿程序。程序如下：

O00016

N10 G50 X180 Z100 T0300；　　　　　（坐标系设定，选 3 号刀）

N20 G96 S180；　　　　　　　　　　（采用恒线速度切削）

N30 G00 G42 X40 Z2 M08；　　　　　（a 建立刀尖半径补偿）

N40 G01 Z-30 F0.1；　　　　　　　　（b）

N50 X60；　　　　　　　　　　　　　（c）

N60 Z-40；　　　　　　　　　　　　（d）

N70 G02 X90 Z-55 R15；　　　　　　（d）

N80 G01 X120 W-22；　　　　　　　（e）

N90 X122；　　　　　　　　　　　　（f）

N100 G00 G40 X180 Z00；　　　　　（g 取消刀尖半径补偿）

N110 M30；　　　　　　　　　　　　（程序结束并返回程序头）

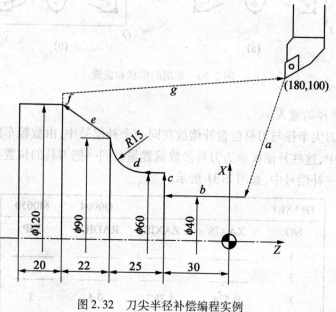

图 2.32　刀尖半径补偿编程实例

8. 与参考点有关的指令

所谓"参考点"是沿着坐标轴的一个固定点，其固定位置由 X 轴方向与 Z 轴方向的机械挡块及电动机零点（即机床原点）位置来确定，机械挡块一般设定在 X、Z 轴正向最大位置。定位到参考点的过程称为返回参考点。由手动操作返回参考点的过程称为"手动返回参考点"。而根据规定的 G 代码自动返回零点的过程称为"自动返回参考点"。

当进行返回参考点的操作时,装在纵向和横向拖板上的行程开关碰到挡块后,向数控系统发出信号,由系统控制拖板停止运动,完成返回参考点的操作。

(1)G27—返回参考点检查指令。

指令格式:G27 X(U)＿＿＿ Z(W)＿＿＿;

式中,X(U)、Z(W)为参考点在编程坐标系中的坐标;X、Z 为绝对坐标;U、W 为增量坐标。

数控机床通常是长时间连续工作的,为了提高加工的可靠性,保证零件的加工精度,可用 G27 指令来检查工件原点的正确性。该指令的用法如下:当执行完一次循环,在程序结束前,执行 G27 指令,则刀具将以快速定位移动方式自动返回机床的参考点。如果刀具能够到达参考点位置,则说明工件原点的位置是正确的,操作面板上的参考点返回指示灯会亮;若刀具不能到达参考点位置,则说明工件原点的位置不正确,且在某一轴上有误差时,该轴对应的指示灯不亮,且系统自动停止程序的运行,发出报警提示。

使用这一指令时,若先前使用 G41 或 G42 指令建立了刀尖半径补偿,则必须用 G40 取消后才能使用,否则会出现不正确的报警。

(2)G28—自动返回参考点指令。

指令格式:G28 X(U)＿＿＿ Z(W)＿＿＿;

式中,X(U)、Z(W)为中间点的坐标位置。

说明:

这一指令与 G27 指令不同,不需要指定参考点的坐标,有时为了安全起见,指定一个刀具返回参考点时经过的中间位置坐标。G28 的功能是使刀具以快速定位移动的方式,经过指定的中间位置,返回参考点。

(3)G29—从参考点返回指令。

指令格式:G29 X＿＿＿ Z＿＿＿;

式中,X、Z 为刀具返回目标点时的坐标。

说明:

G29 指令的功能是命令刀具经过中间点到达目标点指定的位置,这一指令所指的中间点是指 G28 指令中所规定的中间点。因此,在使用这一指令之前,必须保证前面已经用过 G28 指令,否则 G29 指令不知道中间点的位置,会发生错误。

如图 2.33 所示,设刀具当前位置在 $A(50,40)$,中间点 $B(100,100)$,参考点 $C(1\ 000,1\ 500)$。

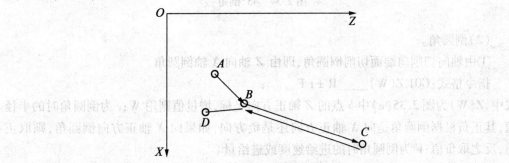

图2.33　参考点有关指令

若要使刀具从 A 点返回 C 点,并检查当前位置是否有较大误差,则可用指令:G27 X1000 Z1500;

若要使刀具从 A 点经过 B 点返回 C 点,则可用指令:G28 X100 Z100;

若刀具返回到参考点后,要移动到 $D(120,25)$,则可用指令:G29 X120 Z25。

9. 自动倒角、倒圆角指令

G01 指令除了用于加工直线,还可以进行自动倒角或倒圆角的加工,用这样的指令可以简化编程。

(1)45°倒角。

①由轴向切削向端面切削倒角,即由 Z 轴向 X 轴倒角。

指令格式:G01 Z(W)____ I ± i F____;

式中,Z(W)为图 2.34(a)中 b 点的 Z 轴方向坐标,增量值则用 W;i 为 X 轴方向的倒角长度,其正负根据倒角是向 X 轴正方向还是负方向,如果向 X 轴正方向倒角,则取正值,反之取负值;F 为倒角时的进给速度或进给量。

②由端面切削向轴向切削倒角,即由 X 轴向 Z 轴倒角。

指令格式:G01 X(U)____ K ± k F____;

式中,X(U)为图 2.34(b)中 b 点的 X 轴方向坐标,增量值则用 U;k 为 Z 轴方向的倒角长度,其正负根据倒角是向 Z 轴正方向还是负方向,如果向 Z 轴正方向倒角,则取正值,反之取负值;F 为倒角时的进给速度或进给量。

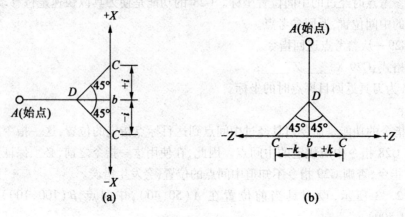

图 2.34　45°倒角

(2)倒圆角。

①由轴向切削向端面切削倒圆角,即由 Z 轴向 X 轴倒圆角。

指令格式:G01 Z(W)____ R ± r F____;

式中,Z(W)为图 2.35(a)中 b 点的 Z 轴正方向坐标,增量值则用 W;r 为倒圆角时的半径值,其正负根据倒圆角是向 X 轴正方向还是负方向,如果向 X 轴正方向倒圆角,则取正值,反之取负值;F 为倒圆角时的进给速度或进给量。

②由端面切削向轴向切削倒圆角,即由 X 轴向 Z 轴倒圆角。

指令格式:G01 X(U)＿＿＿ R±r F＿＿＿;

式中,X(U)为图2.35(b)中b点的X轴正方向坐标,增量值则用 U;r为倒圆角时的半径值,其正负根据倒圆角是向Z轴正方向还是负方向,如果向Z轴正方向倒圆角,则取正值,反之取负值;F为倒圆角时的进给速度或进给量。

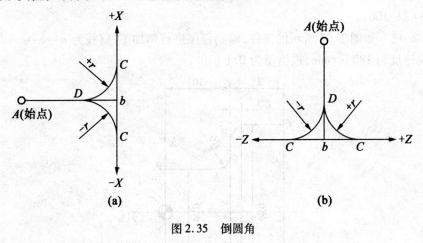

图 2.35　倒圆角

(3)任意角度倒角。

如果所倒角度不是45°,而是任意角度,则用 G01 指令也可以完成。

指令格式:G01 X(U)＿＿＿ Z(W)＿＿＿ C＿＿＿ F＿＿＿;

式中,X(U)、Z(W)为假设没有倒角时的拐角点的坐标;C为从假设没有倒角的拐角点距倒角始点或与终点之间的距离;F为加工时的进给速度或进给量。

如图 2.36 (a)所示,从始点到终点的程序如下:

G01 X50 C10;

X100 Z−100;

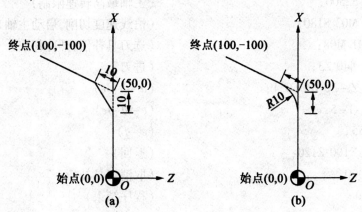

图 2.36　任意角度倒角和倒圆角

(4)任意角度倒圆角。

指令格式:G01 X(U)＿＿＿ Z(W)＿＿＿ R＿＿＿ F＿＿＿;

式中,X(U)、Z(W)为假设没有倒圆角时的拐角点的坐标;R为倒圆角时的半径;F为加工时的进给速度或进给量。

如图2.36(b)所示,从始点到终点的程序如下:

G01 X50 R10 F0.2;

X100 Z-100;

【例2.4】 如图2.37所示的工件,编制程序进行精加工,路线为 $a \rightarrow b \rightarrow c \rightarrow d \rightarrow e \rightarrow f$,加工时线速度为180 m/min,进给量为0.1 mm/r。

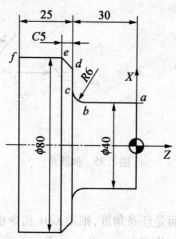

图2.37 倒角与倒圆角实例

刀具起始位置为(100,120),编程坐标系原点放在工件的右端面。程序如下:

O3008

N10 G50 X100 Z120 T0100;	(建立坐标系选1号刀)
N20 G50 S2500;	(主轴最高转速限制)
N30 G96 M03 S180;	(恒线速度切削,启动主轴)
N40 T0101 M08;	(选刀具补偿,开冷却液)
N50 G00 X40 Z3;	(进刀)
N60 G01 Z-30 R6 F0.1;	($a \rightarrow b \rightarrow e$)
N70 X80 C-5;	($c \rightarrow d \rightarrow e$)
N80 Z-55;	($e \rightarrow f$)
N90 G00 X100 Z120;	(返回)
N100 T0000	(取消刀具补偿)
N110 M30	(程序结束)

10. G32—螺纹切削指令

(1)螺纹加工概述。

螺纹加工是数控车床的基本功能之一,加工类型包括:内(外)圆柱螺纹和圆锥螺纹、单线螺纹和多线螺纹、恒螺距螺纹和变螺距螺纹。数控车床加工螺纹的指令主要有三种:单一螺纹加工指令、单循环螺纹加工指令、复合循环螺纹加工指令。因为螺纹加工时,刀具的走刀速度与主轴的转速要保持严格的关系,所以数控车床要实现螺纹加工,必须在主轴上安装测量系统。不同的数控系统,螺纹加工指令也不尽相同,在实际使用时应按机床的要求进行编程。

在数控车床上加工螺纹,有两种进刀方法:直进法和斜进法。以普通螺纹为例,如图 2.38 所示,直进法是从螺纹牙沟槽的中间部位进刀,每次切削时,螺纹车刀两侧的切削刃都受切削力,一般螺距小于 3 mm 时,可用直进法加工。用斜进法加工时,从螺纹牙沟槽的一侧进刀,除第一刀外,每次切削只有一侧的切削刃受切削力,有助于减轻负载,一般螺距大于 3 mm 时,可用斜进法进行加工。

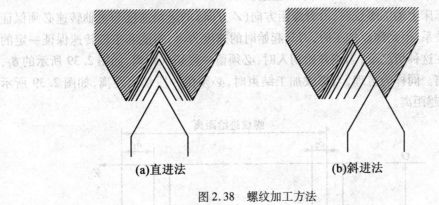

(a)直进法　　　　　**(b)斜进法**

图 2.38　螺纹加工方法

螺纹加工时,不可能一次就将螺纹牙沟槽加工成要求的形状,总是采取多次切削,在切削时应遵循"后一刀的切削深度不应超过前一刀的切削深度"的原则。也就是说,切削深度逐次减小目的是使每次切削面积接近相等。多线螺纹加工时,先加工好一条螺纹,然后再向进给移动一个螺距,加工第二条螺纹,直到全部加工完为止。

(2)螺纹加工过程中的相关计算。

螺纹加工之前,需要对一些相关尺寸进行计算,以确保车削螺纹的程序段中的有关参考量。

车削螺纹时,车刀总的切削深度是螺纹的牙型高度,即螺纹牙顶到螺纹牙底间沿径向的距离。对普通螺纹,设螺距为 P,根据 GB/T 196—1981 规定,螺纹牙型理论高度 $H = \sqrt{3}/2P = 0.866P$,实际加工时,由于螺纹车刀刀尖半径的影响,实际切削深度有变化。根据 GB/T 197—1981 规定,螺纹车刀可以在牙底最小削平高度 $H/8$ 处削平或倒圆角,则实际牙型高度可按下式计算:

$$h = H - 2(H/8) = 0.649\,5P$$

式中,H 为螺纹三角形高度;P 为螺距,mm。

外螺纹加工中,径向起点(编程大径)的确定决定于螺纹的大径。例如要加工 M30 × 2-6g 的外螺纹,由 GB/T 2516—1981 知,螺纹大径的上偏差 $e_s = -0.038$ mm,下偏差 $e_i = -0.381$ mm,公差 $T_{d2} = 0.28$ mm,则螺纹大径尺寸介于 $\phi29.682 \sim 29.962$,所以螺纹大径应在此范围内选取,并在加工螺纹前,由外圆车削保证。螺纹小径在编程确定时,应

考虑螺纹中径公差的要求,可以由有关公式计算得出。设牙底由单一弧形构成,圆弧半径为 R,则编程小径可用下式计算:

$$d_1 = d - 1.75H + 2R + e_s - T_{d2}/2$$

式中,d 为螺纹小径,mm;D 为螺纹公称直径,mm;H 为螺纹原始三角形高度,mm;R 为牙底圆弧半径,一般取 $R = (1/8 \sim 1/6)H$,mm;e_s 为螺纹中径上偏差,mm;T_{d2} 为螺纹中径公差,mm。

如上例中,取 $R = (1/8)H$,则编程小径为

$$d_1 = 30 - 1.75 \times 0.866 \times 2 + 2 \times 0.2 - 0.038 - 0.28/2 = 27.191(\text{mm})$$

(3)螺纹加工过程中的引入距离和超越距离。

在数控车床上加工螺纹时,沿着螺距方向(Z 方向)的进给速度与主轴转速必须保证严格的比例关系,但是螺纹加工时,刀具起始时的速度为零,不能和主轴转速保证一定的比例关系。在这种情况下,当刚开始切入时,必须留一段切入距离,如图 2.39 所示的 δ_1,称为引入距离。同样的道理,当螺纹加工结束时,必须留一段切出距离,如图 2.39 所示的 δ_2,称为超越距离。

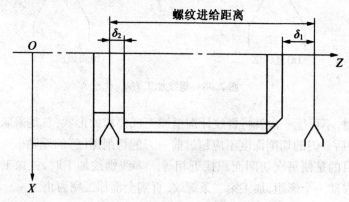

图 2.39　螺纹切削时的引入距离和超越距离

引入距离 δ_1、超越距离 δ_2 的数值与所加工螺纹的导程、数控机床主轴转速和伺服系统的特性有关。具体取值由实际的数控系统及数控机床来决定,如有的数控机床的规定如下:

$$\delta_1 \geqslant n \times P/400$$

$$\delta_2 \geqslant n \times P/1\ 800$$

式中,n 为主轴转速,r/min;P 为螺纹导程,mm。

以上公式规定了这一系统最小的 δ_1 和 δ_2,实际取值时,比计算值略大即可。

(4)螺纹加工指令 G32。

指令格式:G32 X(U)＿＿＿ Z(W)＿＿＿ F＿＿＿;

式中,X(U)、Z(W)为螺纹切削终点的坐标值;F 为螺纹导程,mm/r。

说明:

①G32 指令为单行程螺纹切削指令,即每使用一次,切削一刀。

②在加工过程中,要将引入距离 δ_1 和超越距离 δ_2 编入到螺纹切削中,如图 2.40 所示,如果螺纹切削收尾处没有退刀槽,一般按 45°方向退出。

③X 坐标省略或与前一程序段相同时为圆柱螺纹,否则为锥螺纹。

④图 2.40 中,锥螺纹斜角 α 小于 45°时,螺纹导程以 Z 轴方向指定,45°~90°时,以 X 轴方向指定。一般很少使用这种方式。

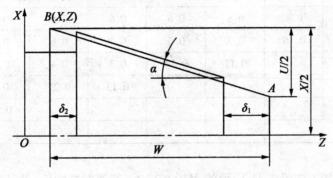

图 2.40　螺纹切削 G32

⑤螺纹切削时,一般使用恒转速度切削($G97$ 指令)方式,不使用恒线速度切削($G96$ 指令)方式,否则,随着切削点的直径减小(增大),转速会增大(减小),这样会使 F 指定的导程发生变化(因为 F 和转速会保证严格的比例关系),从而发生乱牙。

⑥螺纹切削时,为保证螺纹加工质量,一般采用多次切削方式,其走刀次数及每一刀的切削次数可参考表2.3。

表 2.3　普通螺纹切削深度及走刀次数参考表

公制螺纹							
螺距/mm	1	1.5	2	2.5	3	3.5	4
牙深(半径量)	0.649	0.974	1.229	1.624	1.949	2.273	2.598
切削次数及吃刀量(直径量)	1 次	0.7	0.8	0.9	1.0	1.2	1.5	1.5
	2 次	0.4	0.6	0.6	0.7	0.4	0.7	0.8
	3 次	0.2	0.4	0.6	0.6	0.6	0.6	0.6
	4 次		0.16	0.4	0.4	0.4	0.6	0.6
	5 次			0.1	0.4	0.4	0.4	0.4
	6 次				0.15	0.4	0.4	0.4
	7 次					0.2	0.2	0.4
	8 次						0.15	0.30
	9 次							0.2

续表2.3

牙/in		24	18	16	14	12	10	8
牙深(半径量)		0.678	0.904	1.016	1.162	1.355	1.626	2.033
切削次数及吃刀量（直径量）	1 次	0.8	0.8	0.8	0.8	10.9	1.0	1.2
	2 次	0.4	0.6	0.6	0.6	0.6	0.7	0.7
	3 次	0.16	0.3	0.5	0.5	0.6	0.6	0.6
	4 次		0.11	0.14	0.3	0.4	0.4	0.5
	5 次				0.13	0.21	0.4	0..5
	6 次						0.16	0.4
	7 次							0.17

英制螺纹

【例2.5】 加工如图2.41所示的 M30×2 - 6g 普通圆柱螺纹,外径已经车削完成,设螺纹牙底半径 $R = 0.2$ mm,车螺纹时的主轴转速 $n = 1\,500$ r/min,用 G32 指令编程。

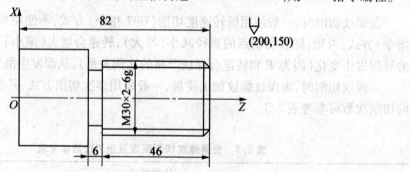

图2.41 G32 螺纹加工举例

解 螺纹计算

由 GB/T 197—1981 查出 $T_{d2} = 0.28$ mm,$e_s = - 0.038$ mm,螺纹的大径尺寸介于 $\phi 29.682 \sim 29.962$ mm,取 $\phi 29.8$ mm。

螺纹的小径

$$d_1 = d - 1.75H + 2R + e_s - T_{d2}2 = 111$$
$$= 30 - 1.75 \times 0.866 \times 2 + 2 \times 0.2 - 0.038 - 0.28/2$$
$$= 27.191(\text{mm})$$

取编程小径为 $\phi 27.2$ mm。

引入距离 $\delta_1 = n \times P/400 = 1\,500 \times 2/400 = 7.5$,取 $\delta_1 = 8$ mm。

超越距离 $\delta_2 = n \times P/1\,800 = 1\,500 \times 2/1\,800 = 1.67$,取 $\delta_2 = 2$ mm。

设起刀点位置(200,150),螺纹刀为1号刀。

程序如下:

O3080

N10 G50 X200 Z150 T0100;	（坐标系设定,选用 1 号刀）
N20 M03 S1500;	（启动主轴,转速为 1 500 r/min）
N30 T0101;	（建立刀具补偿）
N40 G00 X28.9 Z90;	（进刀）
N50 G32 Z34 F2;	（切削螺纹第一刀）
N60 G00 X32;	（退刀）
N70 Z90;	（返回）
N80 X28.3;	（进刀）
N90 G32 Z34;	（切削螺纹第二刀）
N100 G00 X32;	（退刀）
N110 Z90;	（返回）
N120 X27.7;	（进刀）
N130 G32 Z34;	（切削螺纹第三刀）
N140 G00 X32;	（退刀）
N150 Z90;	（返回）
N160 X27.3;	（进刀）
N170 G32 Z34;	（切削螺纹第四刀）
N180 G00 X32;	（退刀）
N190 Z90;	（返回）
N200 X27.2;	（进刀）
N210 G32 Z34;	（切削螺纹第五刀）
N220 G00 X32;	（退刀）
N230 X200 Z150 T0000;	（返回起始位置,取消刀具补偿）
N240 M30;	（程序结束并返回程序头）

2.4.3　循环指令及编程

前面所介绍的 G00、G01、G02、G03、G32 等指令,每个指令只是命令刀具完成一个加工动作。为了提高编程效率,缩短程序长度,减少程序所占内存,各类数控系统均采用循环指令,将多个动作集中用一条指令完成。下面介绍 FANUC 数控系统用于车床的循环指令。

1. 单循环指令

单循环指令完成四步动作,即"进刀—加工—退刀—返回",刀具的循环起始位置也是循环的终点。

（1）G90—内径/外径自动车削循环指令。

指令格式:G90 X(U)＿＿＿ Z(W)＿＿＿ R＿＿＿ F＿＿＿;

式中,X(U)、Z(W)为切削循环终点的坐标;R 为圆锥面切削起始点与终点的半径之差;F 为切削速度。

说明：

①内径/外径自动车削循环如图2.42所示,图中,A 点为循环起点同时也是循环的终点,B 点是切削终点。整个循环过程 1 为进刀,2 为切削,3 为退刀,4 为返回,第二步的切削速度为格式中 F 指定的速度,其他三步的速度则采用快速移动的速度。

②格式中的坐标值是图中 B 点的坐标值。

③R 为锥面切削的起点与终点(即 B 点)的半径之差,如果切削普通的直圆柱,如图2.42(a)所示,则省略 R,有些数控系统中,将半径 R 写成 I。

④如果被加工部位的总切削深度比较厚,可以多次使用这个指令进行加工。

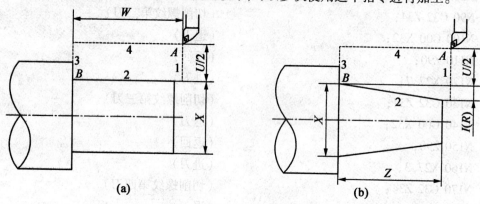

(a)   (b)

图 2.42   内径/外径自动车削循环

【例2.6】   如图 2.43 所示的工件,试分别用 G90 指令编程加工圆柱和锥度,设刀具起始点位于(200,180)。

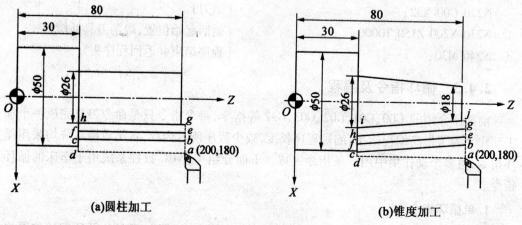

(a)圆柱加工   (b)锥度加工

图 2.43   内径/外径自动车削循环举例

解   圆柱加工：

总切削深度 = $(50 - 26)/2 = 12$(mm),分三次切削完成,每次 4 mm。

程序如下：

O1008   (程序名)

N10 G50 X200 Z180 T0100; （坐标系设定,选用 1 号刀）

N20 M03 S1500; （启动主轴）

N30 T0101; （建立刀具补偿）

N40 G00 X52 Z80; （进刀至循环起点）

N50 G90 X42 Z30 F200; （加工第一刀 $a \to b \to c \to d \to a$）

N60 X34; （加工第二刀 $a \to e \to f \to d \to a$）

N70 X26; （加工第三刀 $a \to g \to h \to d \to a$）

N80 G00 X200 Z180 T0000; （返回起始位置,取消刀具补偿）

N90 M30; （程序结束并返回程序头）

锥度加工:

零件存在锥度,总的切削深度为 $(50-18)/2 = 16(\text{mm})$,分四刀加工,每刀切削深度为 4 mm,其中每一刀的切削深度逐渐减小。这样,切削终点分别在图中 c、f、h、i 处,其 X 坐标分别是 50、42、34、26。在计算 R 值时,考虑到循环起始位置距工件端面有一段距离(这里取 2 mm),所以不能以工件小端直径来计算,而是需要用初等数学知识进行计算,这里 $R = (8/50) \times (50+2) = 8.32(\text{mm})$,切削是从小端开始的,所以 R 在编程时应取负值。

程序如下:

O3020

N10 G50 X200 Z180 T0100; （建立坐标系）

N20 M03 S1500; （启动主轴）

N30 T0101; （建立刀具补偿）

N40 G00 X52 Z82; （进刀至循环起点）

N50 G90 X50 Z30 R-8.32 F200; （加工第一刀 $a \to b \to c \to d \to a$）

N60 X42; （加工第二刀 $a \to e \to f \to d \to a$）

N70 X34; （加工第三刀 $a \to g \to h \to d \to a$）

N80 X26; （加工第四刀 $a \to j \to i \to d \to a$）

N90 G00 X200 Z180 T0000; （返回起始位置,取消刀具补偿）

N100 M30; （程序结束并返回程序头）

(2)G94—端面自动车削循环指令。

指令格式:G94 X(U)____ Z(W)____ R____ F____;

式中,X(U)、Z(W)为切削循环终点的坐标;R 为端面切削起始点与终点在 Z 轴方向的坐标增量;F 为切削速度。

说明:

①G94 指令与 G90 指令的不同之处在于,G94 是 Z 轴方向进刀,X 轴方向切削,循环过程如图 2.44 所示,经过"1 进刀—2 加工—3 退刀—4 返回"四个步骤完成一个循环,循环起点也是循环终点。

②格式中 X(U)、Z(W)坐标是指图中 B 点坐标。

③R 值如图 2.44(b)所示,如果没有锥度,则 R 省略,有的系统中 R 写成 K。

④如果被加工部位的总切削深度比较厚,也必须分多刀加工。

⑤G90 一般用于被加工部位的 Z 轴方向的量比 X 轴方向的量大的场合,而 G94 指令则相反。

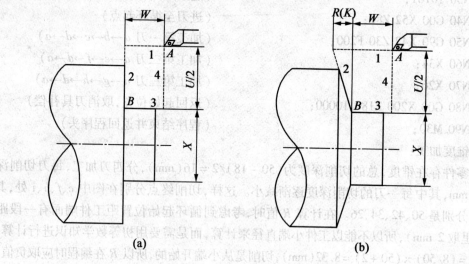

图 2.44　端面切削循环指令

【例 2.7】　如图 2.45 所示的零件,试用 G94 指令完成端面的加工。

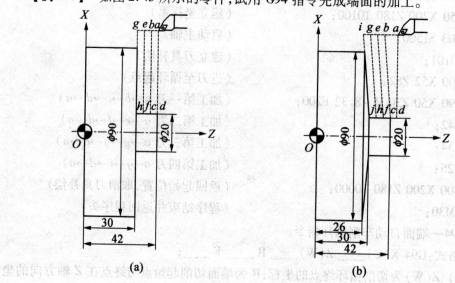

图 2.45　端面切削循环

对于图 2.45(a),要加工的量,X 轴方向为 35 mm(半径值),Z 轴方向为 12 mm,X 轴方向比较大,采用 G94 指令效率比较高,Z 轴方向的加工量为 12 mm,分三刀加工完毕,每刀 4 mm。

程序如下:
O3032

N10 G50 X100 Z200 T0100；　　　　　　　　（设定坐标系，选用 1 号刀）

N20 M03 S1000；　　　　　　　　　　　　　（启动主轴）

N30 T0101；　　　　　　　　　　　　　　　（建立刀具补偿）

N40 G00 X94 Z42；　　　　　　　　　　　　（进刀）

N50 G94 X20 Z38 F200；　　　　　　　　　　（循环加工第一刀）

N60 Z34；　　　　　　　　　　　　　　　　（循环加工第二刀）

N70 Z30；　　　　　　　　　　　　　　　　（循环加工第三刀）

N80 G00 X100 Z200 T0000；　　　　　　　　（返回，取消刀具补偿）

N90 M30；　　　　　　　　　　　　　　　　（程序结束并返回程序头）

对于图 2.45(b)，由于有锥度，Z 轴方向的切削量增大，分四刀切削，刀具离工件外圆面 2 mm，在计算锥度时要将这一距离考虑进去，得到 R(或 K)值为 -4.229。

O3013

N10 G50 X100 Z200 T0100；　　　　　　　　（设定坐标系，选用 1 号刀）

N20 M03 S1000；　　　　　　　　　　　　　（启动主轴）

N30 T0101；　　　　　　　　　　　　　　　（建立刀具补偿）

N40 G00 X94 Z44；　　　　　　　　　　　　（进刀）

N50 G94 X20 Z42 R -4.229；　　　　　　　　（循环加工第一刀）

N60 Z38；　　　　　　　　　　　　　　　　（循环加工第二刀）

N70 Z34；　　　　　　　　　　　　　　　　（循环加工第三刀）

N80 Z30；　　　　　　　　　　　　　　　　（循环加工第四刀）

N90 G00 X100 Z200 T0000；　　　　　　　　（返回，取消刀具补偿）

N100 M30；　　　　　　　　　　　　　　　　（程序结束并返回程序头）

(3)G92—螺纹自动车削循环指令。

指令格式：G92 X(U)＿＿＿＿ Z(W)＿＿＿＿ I＿＿＿＿ F＿＿＿＿；

式中，X(U)、Z(W)为螺纹切削终点的坐标值；I 为螺纹起始点与终点的半径差，如果为圆柱螺纹则省略此值，有的系统也用 R；F 为螺纹的导程，即加工时的每转进给量。

说明：

①用 G92 指令加工螺纹时，循环过程如图 2.46 所示，一个指令完成四步动作"1 进刀—2 加工—3 退刀—4 返回"，除加工外，其他三步的速度为快速进给的速度。

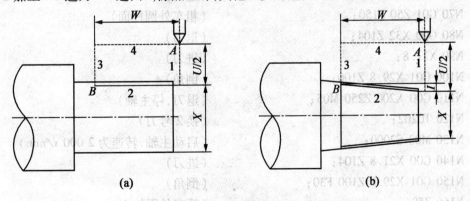

图 2.46　螺纹加工循环指令 G92

②用 G92 指令加工螺纹时的计算方法同 G32 指令。

③格式中的 X(U)、Z(W) 为图中 B 点坐标。

【例2.8】 如图2.47所示,给定材料为外径 $\phi35 \times 104$ mm,编写螺纹部分的加工程序。

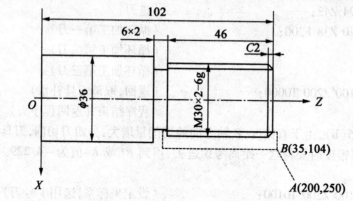

图 2.47 螺纹自动车削循环举例

解 螺纹计算与前面 G32 指令实例一样,螺纹大径为 29.8 mm,螺纹小径 $d_1 = \phi27.2$ mm,若转速 $n = 400$ r/min,则:

引入距离 $\delta_1 \geq n \times P/400 = 400 \times 2/400 = 2$(mm),取,$\delta_1 = 3$ mm。

超越距离 $\delta_2 \geq n \times P/1\,800 = 400 \times 2/1\,800 = 0.444$(mm),取 $\delta_2 = 2$ mm。

在螺纹加工之前进行粗、精车并倒角、切槽。1 号刀为粗车刀,2 号刀为精车刀,3 号刀为切槽刀,刀宽为 4 mm,4 号刀为螺纹刀。

程序如下:

O2003

N10 G50 X200 Z250 T0100;	（设定坐标系,选用 1 号刀）
N20 M03 S1000;	（启动主轴,转速为 1 000 r/min）
N30 T0101;	（建立刀具补偿）
N40 G00 X38 Z102;	（进刀）
N50 G01 X0 F30;	（加工端面）
N60 G00 X29.8;	（退刀）
N70 G01 Z50 F150;	（粗车外圆柱面）
N80 G00 X32 Z104;	（退刀）
N90 X21.8;	（进刀）
N100 G01 X29.8 Z100;	（倒角）
N110 G00 X200 Z250 M05;	（退刀,停主轴）
N120 T0202;	（换 2 号刀）
N130 M03 S2000;	（启动主轴,转速为 2 000 r/min）
N140 G00 X21.8 Z104;	（进刀）
N150 G01 X29.8 Z100 F30;	（倒角）
N160 Z50;	（精车外圆柱面）

N170 G00 X200 Z250 M05;　　　　　　　（退刀,停主轴）

N180 T0303;　　　　　　　　　　　　　（换 3 号刀）

N190 M03 S600;　　　　　　　　　　　（启动主轴,转速为 600 r/min）

N200 G00 X38 Z52;　　　　　　　　　（进刀）

N210 G01 X28 F30;　　　　　　　　　（切槽第一刀）

N220 M04 P1000;　　　　　　　　　　（暂停 1 s）

N230 G00 X38;　　　　　　　　　　　（退刀）

N240 Z50;　　　　　　　　　　　　　（进刀）

N250 G01 X28;　　　　　　　　　　　（切槽第二刀）

N260 M04 P1000;　　　　　　　　　　（暂停 1 s）

N270 G00 X38 ;　　　　　　　　　　　（退刀）

N280 X200 Z250 M05;　　　　　　　　（返回,停主轴）

N290 T0404;　　　　　　　　　　　　（换 4 号刀）

N300 M03 S400;　　　　　　　　　　　（启动主轴,转速为 400 r/min）

N310 G00 X32 Z105;　　　　　　　　　（进刀）

N320 G92 X28.9 Z54 F2;　　　　　　　（加工螺纹第一刀）

N330 X28.3;　　　　　　　　　　　　（加工螺纹第二刀）

N340 X27.7;　　　　　　　　　　　　（加工螺纹第三刀）

N350 X27.3;　　　　　　　　　　　　（加工螺纹第四刀）

N360 X27.2;　　　　　　　　　　　　（加工螺纹第五刀）

N370 X27.2;　　　　　　　　　　　　（去毛刺）

N380 G00 X200 Z250;　　　　　　　　（退刀,返回）

N390 T0100;　　　　　　　　　　　　（换 1 号刀,取消刀具补偿）

N400 M30;　　　　　　　　　　　　　（程序结束并返回程序头）

2. 复合循环指令

单一循环每一个指令命令刀具完成四个动作,虽然能够提高编程的效率,但对于切削量比较大或轮廓形状比较复杂的零件,这样一些指令还是不能显著地减轻编程人员的负担。为此,许多数控系统都提供了更为复杂的复合循环。不同数控系统,其复合循环格式也不一样,但基本的加工思想是一样的,即根据一段程序来确定零件形状(称为精加形状程序),然后由数控系统进行计算,从而进行粗加工。这里介绍 FANUC 数控系统用于车床的复合循环。

FANUC 数控系统的复合循环有两种编程格式,一种是用两个程序段完成粗加工,另一种是用一个程序段完成粗加工,具体用哪一种格式,取决于所采用的数控系统。

(1)G7—内径/外径粗车复合循环。

格式一:G71 U(Δd) R(e);

G71 P(ns) Q(nf) U(Δu) W(Δw) F(f) S(s) T(t);

格式二:G71 P(ns) Q(nf) U(Δu) W(Δw) D(Δd) F(f) S(s) T(t);

式中,Δd 为粗车时每一刀切削时的背吃刀量,即 X 轴方向的进刀,以半径值表示,一定为正值;e 为粗车时每一刀切削完成后在 X 轴方向的退刀量;ns 为精加工形状程序的第一个程序段段号;nf 为精加工形状程序的最后一个程序段段号;Δu 为粗车时,X 轴方向的切除余量(半径值);Δw 为粗车时,Z 轴方向的切除余量;f 为粗车时的进给速度或进给量;s 为粗车时的主轴转速;t 为粗车加工时调用的刀具。

说明:

①G71 循环过程如图 2.48 所示,刀具起始点位于 A,循环开始时由 A 至 B 为留精车余量,然后,从 B 点开始,进刀 Δd 的深度至 C,然后切削,碰到给定零件轮廓后,沿 45°方向退出,当 X 轴方向的退刀量等于给定量 e 时,沿水平方向退出至 Z 轴方向坐标与 B 相等的位置,然后再进刀切削第二刀……如此循环,加工到最后一刀时刀具沿着留精车余量后的轮廓切削至终点,最后返回到起始点 A。

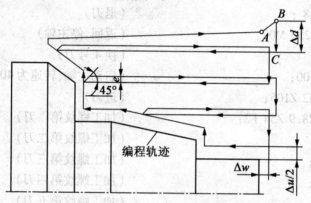

图 2.48 G71 内径/外径粗车复合循环

②G71 循环中,F 指定的速度是指切削的速度,其他过程如进刀、退刀、返回等的速度均为快速进给的速度。

③有的 FANUC 数控系统中,由 ns 指定的程序段只能编写成"G00 X(U)____;"或"G01 X(U)____;",不能有 Z 轴方向的移动,这样的循环称为 I 类循环。而有的数控系统中没有这个限制,称为 II 类循环。同样,对于零件轮廓,I 类循环要求零件轮廓形状只能逐渐递增(或递减),也就是说形状轮廓不能有凹坑,而 II 类循环允许有一个坐标轴方向出现增减方向的改变。

④格式中的 S、T 功能如在 G71 指令所在的程序段中已经设定,则可省略。格式二中没有每次切削后的退刀量,此值由数控系统设定。

⑤ns 与 nf 之间的程序段中设定的 F、S 功能在粗车时无效。

【例2.9】 需要加工的工件如图 2.49 所示,材料为 φ42×70 mm 的铁棒,要求用两把刀具分别进行粗、精加工,试编程。

设定如图 2.49 所示的坐标系,粗车刀作为基准刀,位置为(50,100),粗车时吃刀深度 2 mm,留精加工余量 X 轴方向为 0.5 mm,Z 轴方向为 0.02 mm。

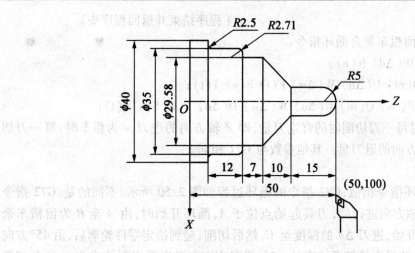

图 2.49　G71 内径/外径粗车复合循环举例

程序如下:

O0101

N10 G50 X50 Z100 T0100;　　　　　　（设定坐标,选用 1 号刀）

N20 M03 S1000;　　　　　　　　　　（启动主轴,转速为 1 000 r/min）

N30 T0101;　　　　　　　　　　　　（建立刀具补偿）

N40 G00 X44 Z52;　　　　　　　　　（进刀至粗车起始点）

N50 G71 U2 R1;　　　　　　　　　　（粗车,每刀 2 mm,退距离 1 mm）

N60 G71 P70 Q160 U0.5 W0.02 F200;（余量 $X = 0.5$ mm, $Z = 0.02$ mm）

N70 G00 X0;　　　　　　　　　　　　（进刀至精加工形状起始点）

N80 G01 Z50 F50;　　　　　　　　　（车削至圆弧顶点）

N90 G03 X10 Z45 R5;　　　　　　　　（车削圆弧 R5）

N100 G01 Z35;　　　　　　　　　　　（加工外圆柱段 $\phi 10$）

N110 X29.58 Z25;　　　　　　　　　　（加工圆锥）

N120 W – 7;　　　　　　　　　　　　（加工圆柱段 $\phi 29.58$）

N130 G03 X35 W – 2.71 R2.71;　　　　（加工圆角 R2.71）

N140 G01 Z8.5;　　　　　　　　　　（加工圆柱段 $\phi 35$）

N150 G02 X40 Z6 R2.5;　　　　　　　（加工圆弧 R2.5）

N160 G01 Z0;　　　　　　　　　　　（加工圆柱段 $\phi 40$）

N170 G00 X50 Z100 M05;　　　　　　（退刀返回,停主轴）

N180 T0202 M08;　　　　　　　　　　（换 2 号刀,开冷却液）

N190 M03 S2500;　　　　　　　　　　（启动主轴）

N200 G00 X44 Z52;　　　　　　　　　（进刀,准备精车）

N210 G70 P70 Q160;　　　　　　　　（精车外形,该指令见后面介绍）

N220 G00 X50 Z100;　　　　　　　　（返回）

N230 T0100;　　　　　　　　　　　　（换回 1 号刀,取消刀具补偿）

N240 M30;　　　　　　　　　（程序结束并返回程序头）

（2）G72—端面粗车复合循环指令。

格式一：G72 W(Δd) R(e)；

G72 P(ns) Q(nf) U(Δu) W(Δw) F(f) S(s) T(t)；

格式二：G72 P(ns) Q(nf) U(Δu) W(Δw) D(Δd) F(f) S(s)T(t)；

式中，Δd 为粗车时每一刀切削时的背吃刀量，即 Z 轴方向的进刀；e 为粗车时，每一刀切削完成后在 Z 轴方向的退刀量。其他参数与 G71 相同。

说明：

①与 G71 循环指令相似，G72 指令的循环过程如图 2.50 所示，不同的是，G72 指令的进刀是沿着 Z 轴方向进行的，刀具起始点位于 A，循环开始时，由 A 至 B 为留精车余量，然后，从 B 点开始，进刀 Δd 的深度至 C，然后切削，碰到给定零件轮廓后，沿 45°方向退出，当 Z 轴方向的退刀量等于给定量 e 时，沿竖直方向退出至 X 轴方向坐标与 B 相等的位置，然后再进刀切削第二刀……如此循环，加工到最后一刀时刀具沿着留精车余量后的轮廓切削至终点，最后返回起始点 A。

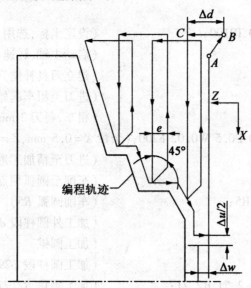

图 2.50　G72 端面粗车复合循环

②与 G71 相同，G72 循环中，F 指定的速度是指切削的速度，其他过程如进刀、退刀、返回等的速度均为快速进给的速度。

③Ⅰ类循环中，由 ns 指定的程序段只能编写成："G00 Z(W)_____;"或"G01 Z(W)_____;"，不能有 X 轴方向的移动，Ⅱ类循环没有这个限制。同样，对于零件轮廓，Ⅰ类循环要求零件轮廓形状只能逐渐递增（或递减），也就是说形状轮廓不能有凹坑，而Ⅱ类循环允许有一个坐标轴方向出现增减方向的改变。

④格式中的 S、T 功能如在 G71 指令所在的程序段中已经设定，则可省略。格式二中没有每次切削后的退刀量，此值由数控系统设定。

⑤ns 与 nf 之间的程序段中设定的 F、S 功能在粗车时无效。

⑥当零件沿轴线方向的加工余量大于径向方向的加工余量时,用 G71 指令粗车效率比较高,反之,用 G72 指令粗车效率较高。当然,由于切削方向不同,两个指令所使用的刀具一般都不一样。

【例 2.10】　编制如图 2.51 所示零件的加工程序:要求循环起始点在 $A(6,3)$,切削深度为 1.2 mm,退刀量为 1 mm,X 轴方向精加工余量为 0.2 mm,Z 轴方向精加工余量为 0.5 mm,其中 $\phi20$ mm 的孔在给毛坯时已经加工好。

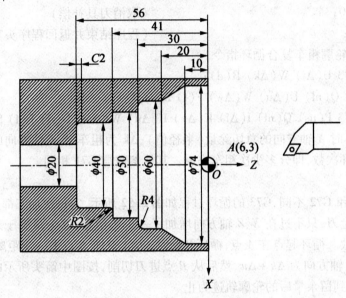

图 2.51　G72 端面粗车复合循环

用同一把刀具进行粗、精加工,程序如下:

OO0101

N10 G50 X100 Z200 T0100;	（设定坐标系）
N20 M03 S1500;	（启动主轴）
N30 T0101;	（建立刀具补偿）
N40 G00 X6 Z3;	（进刀至粗车起点）
N50 G72 W1.2 R1;	（粗车）
N60 G72 P70 Q180 U0.2 W0.5 F100;	（余量 X = 0.2 mm,Z = 0.5 mm）
N70 G00 Z − 56;	（进刀至精加工形状起点）
N80 G01 X36 F30;	（车削 $\phi40$ 内孔端面）
N90 X40 W2;	（倒角）
N100 Z − 43;	（车削 $\phi40$ 内孔）
N110 G03 X44 Z − 41 R2;	（倒圆角 $R2$）
N120 G01 X50;	（车削 $\phi50$ 内孔端面）
N130 Z − 30;	（车削 $\phi50$ 内孔）

N140 X52；　　　　　　　　　　　　（车削 φ60 内孔端面）

N150 G02 X60 Z－26 R4；　　　　　　（车削圆角 *R*4）

N160 G01 Z－20；　　　　　　　　　（车削 φ60 内孔）

N170 X74 Z－10；　　　　　　　　　（车削锥孔）

N180 Z2；　　　　　　　　　　　　（车削 φ74 内孔）

N190 G70 P70 Q180；　　　　　　　　（精车）

N200 G00 X100 Z200；　　　　　　　（退刀，返回）

N210 T0000；　　　　　　　　　　　（取消刀具补偿）

N220 M30；　　　　　　　　　　　　（程序结束并返回程序头）

（3）G73—轮廓粗车复合循环指令。

格式一：G73 U(Δi) W(Δk) R(d)；

　　　　G73 P(ns) Q(nf) U(Δu) W(Δw) F(f) S(s) T(t)；

格式二：G73 P(ns) Q(nf) I(Δi) K(Δk) U(Δu) W(Δw) D(d) F(f) S(s) T(t)；

式中，Δi 为粗车时 *X* 轴方向的总切除量（半径值）；Δk 为粗车时 *Z* 轴方向的总切除量；d 为粗车时的循环次数，即分多少次粗车完成。其他参数与 G71 相同。

说明：

①与 G71 和 G72 不同，G73 的循环过程如图 2.52 所示，它每次加工都是按照相同的形状轨迹进行走刀，只不过在 *X*、*Z* 轴方向增加了一个进给量，这个量等于总切削量除以粗加工循环次数。循环起点在 *A* 点，循环开始时，从 *A* 点向 *B* 点退一定距离，*X* 轴方向为 (Δi + Δu)/2，*Z* 轴方向为 Δk + Δw，然后从 *B* 点进刀切削，按图中箭头所示的过程进行循环加工，直到达到留余量后的轮廓轨迹为止。

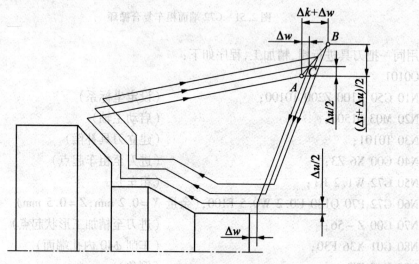

图 2.52　G73 轮廓粗车复合循环

②从 G73 的加工过程来看，它特别适合毛坯已经具备所要加工工件形状的零件的加工，如铸造件、锻造件等。

③对于格式一，两个程序段都有地址 U、W，在使用时要注意区别它们各自代表的含

意。

【例 2.11】　车削如图 2.53 所示铸造件,已知 X 轴方向的余量为 6 mm(半径值),Z 轴方向的余量为 4 mm,刀尖半径为 0.4 mm,试编程加工。

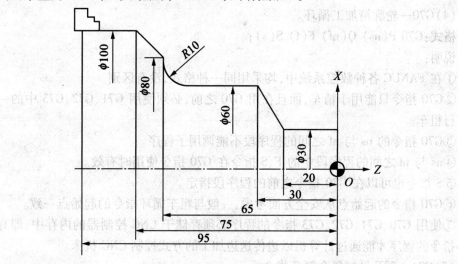

图 2.53　G73 轮廓粗车复合循环举例

本例为铸造件,适合用 G73 指令加工,余量为 6 mm,分三次加工,在车削时要使用半径补偿,留精车余量 X = 0.2 mm,Z = 0.05 mm。用两把刀,1 号刀粗车,2 号刀精车。

```
O0102
N10 G50 X150 Z250 T0100;                （设定坐标系,选用 1 号刀）
N20 M03 S300;                           （启动主轴）
N30 G00 X112 Z6;                        （进刀至循环始点）
N40 G73 U6 W6 R3;                       （粗车）
N50 G73 P60 Q120 U0.2 W0.05 F100;（余量 X = 0.2 mm,Z = 0.05 mm）
N60 G00 X30 Z2;                         （进刀至精车形状程序起点）
N70 G01 G42 Z-20 F30;                   （车削 φ30,建立刀尖半径补偿）
N80 X60 Z-30;                           （车削锥度）
N90 Z-55;                               （车削 φ60）
N100 G02 X80 Z-65 R10;                  （车圆弧 R10）
N110 G01 X100 Z-75;                     （车锥度）
N120 G40 X105;                          （退出,取消刀尖半径补偿）
N130 G00 X150 Z250 M05;                 （返回,停主轴）
N140 T0202;                             （换 2 号刀）
N150 G50 S2000;                         （主轴最高转速限制）
N160 G96 M03 S800;                      （恒线速度切削,主轴启动）
N170 G00 X112 Z6;                       （定位到精车起点）
N180 G70 P60 Q120;                      （精车）
```

N190 G00 G97 X150 Z250;　　　　　　　　（退刀,取消恒线速度切削方式）

N200 T0100;　　　　　　　　　　　　　　（换回 1 号刀,取消刀尖半径补偿）

N210 M30;　　　　　　　　　　　　　　　（程序结束并返回程序头）

（4）G70——轮廓精加工循环。

格式:G70 P(ns) Q(nf) F(f) S(s);

说明:

①在 FANUC 各种数控系统中,均采用同一种格式,没有区别。

②G70 指令只能用于精车,而且在用 G70 之前,必须使用 G71、G72、G73 中的一个指令进行粗车。

③G70 指令的 ns 与 nf 之间的程序段不能调用子程序。

④ns 与 nf 之间的程序段中的 F、S 指令在 G70 指令使用时有效。

⑤S 指令也可以在 G70 指令之前的程序段指定。

⑥G70 指令的起始点从安全方面考虑,一般与粗车循环指令的起始点一致。

⑦使用 G70、G71、G72、G73 指令的程序必须存储于 CNC 控制器的内存中,即有复合循环指令的程序才能通过计算机以边传送边加工的方式控制 CNC 机床。

（5）G74——深孔钻削复合循环指令。

格式一:G74 R(e);

G74 X(U)＿＿＿ Z(W)＿＿＿ P(Δu) Q(Δw) R(Δd) F(f) S(s);

格式二:G74 X(U)＿＿＿ Z(W)＿＿＿ I(Δu) K(Δw) D(Δd) F(f) S(s);

式中,e 为 Z 轴方向切削每次的退刀间隙;X(U)、Z(W)为切削终点坐标值;Δu 为 X 轴方向每次切削的深度(无符号);Δw 为 Z 轴方向每次切削的深度(无符号);Δd 为每次切削完成后的 X 轴方向退刀量。

说明:

①G74 的名称虽然是深孔钻削复合循环,但是从真正意义上来讲,它既能进行 Z 轴方向的孔加工,又能进行端面切槽。在上述格式中省略 X(U)、I(或 P)及 D(或格式一中第二个程序段的 R)值,则程序变成只沿 Z 轴方向进行加工,即钻孔加工,G74 最常见的也是这种加工方式。

②G74 循环过程如图 2.54 所示,刀具定位在 A 点,沿 Z 轴方向进行加工,每次加工 Δw 后,退 e 的距离,然后再加工 Δw,依次循环至 Z 轴方向坐标给定的值,返回 A 点,再向 X 轴方向进 Δu,重复以上动作至 Z 轴方向坐标给定的值……最后加工至给定坐标位置(图中 C 点),再分别沿 Z 轴方向和 X 轴方向返回 A 点。

③在格式二中,退刀间隙 e 由系统设定。

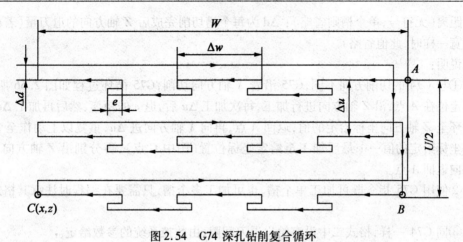

图 2.54　G74 深孔钻削复合循环

【例 2.12】　用 G74 指令加工如图 2.55 所示的孔。

O0000

N10 G50 X100 Z200 T0100；	（设定坐标系,选用 1 号刀）
N20 G97 S1200 M03；	（恒转速切削,启动主轴,转速 1 200 r/min）
N30 T0101；	（建立刀具补偿）
N40 G00 X0 Z2；	（进刀至孔加工起始点位置）
N50 G74 Z−50.77 K4 F20；	（加工孔）
N60 G00 X100 Z200；	（返回）
N70 T0000；	（取消刀具补偿）
N80 M30；	（程序结束并返回程序头）

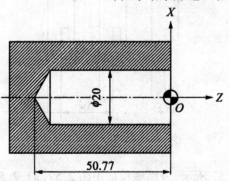

图 2.55　G74 深孔钻削复合循环举例

(6)G75—沟槽切削循环指令。

格式一:G75 R(e)；

G75 X(U)____ Z(W)____ P(Δu) Q(Δw) R(Δd) F(f) S(s)；

格式二:G75 X(U)____ Z(W)____ I(Δu) K(Δw) D(Δd) F(f) S(s)；

式中,e 为 X 轴方向切削每次的退刀间隙；X(U) 为需要切削的最终凹槽直径；Z(W) 为最后一个凹槽的 Z 轴方向位置；Δu 为 X 轴方向每次切削的深度(无符号)；Δw 为各槽之间的距离(无符号,单个槽则省略);Δd 为每个槽切削完成后 Z 轴方向的退刀量(若槽宽同刀宽一样时,此值省略)。

说明:

①与 G74 的切削方向不同,G75 沿着 X 轴方向切削,G75 循环过程如图 2.56 所示,刀具定位在 A 点,沿 Z 轴方向进行加工,每次加工 Δu 后,退 e 的距离,然后再加工 Δu,依次循环至 Z 轴方向坐标给定的值,返回 A 点,再向 X 轴方向进 Δu,重复以上动作至 Z 轴方向坐标给定的值……最后加工至给定坐标位置(图中 C 点),再分别沿 Z 轴方向和 X 轴方向返回 A 点。

②使用 G75 指令既可加工单个槽,也可加工多个槽,只需要在编程时注意其格式即可。

③同 G74 一样,格式二中没有给出退刀间隙,由数控系统的参数给定。

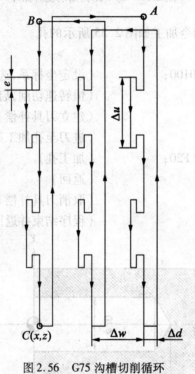

图 2.56 G75 沟槽切削循环

【例 2.13】 如图 2.57 所示,分别编程加工图 2.57(a)、2.57(b)的槽。

设切槽刀宽 4 mm,程序如下:

图 2.57(a)

O0000

N10 G00 X100 Z150 T0100;　　　　　　　　(建立坐标系,选用 1 号刀)

N20 M03 S350;　　　　　　　　　　　　　(启动主轴)

N30 T0101;　　　　　　　　　　　　　　(建立刀具补偿)

N40 G00 X52 Z − 26;　　　　　　　　　　(进刀至槽加工的起始点)

N50 G75 X30 I3 F20；　　　　　　　　（加工槽）

N60 G00 X100 Z150；　　　　　　　　（返回）

N70 T0000；　　　　　　　　　　　　（取消刀具补偿）

N80 M30；　　　　　　　　　　　　　（程序结束并返回程序头）

图 2.57(b)

O0001

N10 G00 X100 Z150 T0100；　　　　　　（建立坐标系,选用 1 号刀）

N20 M03 S350；　　　　　　　　　　　（启动主轴）

N30 T0101；　　　　　　　　　　　　（建立刀具补偿）

N40 G00 X52 Z-26；　　　　　　　　（进刀至精加工的起始点）

N50 G75 X30 Z-56 I3 K10 F20；　　　（加工槽）

N60 G00 X100 Z150；　　　　　　　　（返回）

N70 T0000；　　　　　　　　　　　　（取消刀具补偿）

N80 M30；　　　　　　　　　　　　　（程序结束并返回程序头）

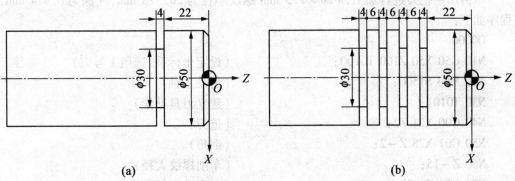

图 2.57　G75 沟槽切削循环举例

(7)G76—螺纹车削复合循环。

格式一:G76 P(m) (r) (a) Q(Δd_{min}) R(d)；

G76 X(U)＿＿＿ Z(W)＿＿＿ R(i) P(k) Q(Δd) F(l)；

格式二:G76 X(U)＿＿＿ Z(W)＿＿＿ I(i) K(k) D(Δd) F(l) A(a) P(p)；

格式一中,m 为精加工次数(01~99)；r 为螺纹加工退尾时的导程数(00~99),不使用小数点,实际退尾量 = r×0.1×F,其中 F 为导程;a 为螺纹角度(从 0°、29°、30°、55°、60°、80°六个值中选取)；Δd_{min} 为螺纹加工时的最小切削深度,为半径值,始终取正值;d 为螺纹加工时的精加工余量；X(U)、Z(W)为螺纹终点坐标值;i 为螺纹加工时螺纹加工起始点与终点的半径差,直螺纹可省略;k 为螺纹牙型高,始终取正值;Δd 为螺纹加工第一刀的切削深度,为半径值,始终取正值;l 为螺纹导程。

格式二中,p 为横切方法(四种里面的一种),取正值。其他与格式一同。

【例 2.14】　如图 2.58 所示,零件粗车已经完成,试编写其精车及螺纹加工程序,螺纹加工部分用螺纹切削复合循环 G76 指令编写。

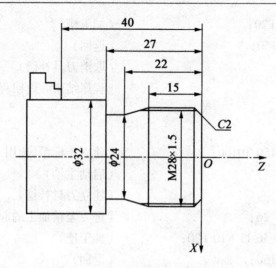

图 2.58 螺纹切削复合循环举例

本例用两把刀进行加工,M28×1.5 mm 螺纹小径为 26.376 mm,牙深为 0.974 mm,程序如下:

```
O0000
N10 G50 X50 Z100 T0100;          （设定坐标系,选用 1 号刀）
N20 M03 S1500;                   （启动主轴）
N30 T0101;                       （建立刀具补偿）
N40 G00 X21 Z2;                  （进刀）
N50 G01 X28 Z-2;                 （倒角）
N60 Z-15;                        （车削螺纹大径）
N70 X24 Z-22;                    （车削锥度部分）
N80 Z-27;                        （车削槽）
N90 G00 X30;                     （退刀）
N100 X50 Z100 M05;               （返回）
N110 T0202 M08;                  （换 2 号刀,开冷却液）
N120 M03 S400;                   （启动主轴）
N130 G00 X32 23;                 （进刀至螺纹切削起始点）
N140 G76 P031060 Q0.02 R0.01;    （螺纹加工）
N150 G76 X26.376 Z-22 P0.974 Q400 F1.5;
```
$$（k=0.974, \Delta d=400 \text{ um}, L=1.5 \text{ mm}）$$
```
N160 G00 X50 Z100 M09;           （返回,关冷却液）
N170 T0100;                      （换回 1 号刀,取消刀具补偿）
N180 M30;                        （程序结束并返回程序头）
```

2.4.4 子程序

在数控编程过程中,通常会遇到零件的结构有相同部分,这样程序中也有重复程序段。

如果能把相同部分单独编写一个程序,在需要用的时候进行调用,就会使整个程序变得简洁。这种单独编写的程序称为子程序,调用子程序的程序称为主程序。

1. 子程序的功能

使用子程序可以减少不必要的重复,从而达到简化编程的目的,将子程序存储于数控系统内,主程序如果需要某一子程序,可以通过调用来完成。一个子程序还可以调用另一个子程序,称为子程序的嵌套,具体能嵌套多少级,不同的数控系统有不同的规定。

2. 子程序调用的格式

在主程序中,调用子程序的指令是一个程序段,其格式由具体的数控系统而定。

FANUC 系统子程序调用的格式如下:

M98 P×××× L××××:

说明:

M98 为子程序调用功能,地址 P、L 后面接四位数字,P 后面的数字表示子程序的程序号,L 后面的数字为重复调用次数,若调用次数为一次,则省略 L。

3. 子程序的结束与返回

子程序的结束与主程序不同,最后一个程序段用 M99 结束。子程序调用结束后,一般情况下,返回主程序调用程序段的下一程序段。

如图 2.57(b)所示,零件共有四个相同的槽,可以用子程序来加工。当然,这还不足以说明子程序的优点。在 G75 沟槽切削循环举例中,用 G75 指令完成四个槽的加工也不费多大的力,如果进一步思考会发现,G75 加工槽有个特点,就是每个沟槽的间距要相等,如果不相等用 G75 就无能为力了,如图 2.59 所示。

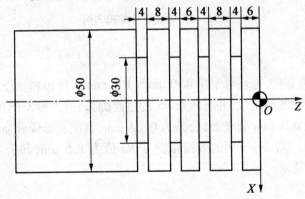

图 2.59 子程序的应用

2.5 典型零件的编程与加工举例

2.5.1 轴类零件

如图 2.60 所示的零件给定材料 45# 钢，$\phi 30 \text{ mm} \times 100 \text{ mm}$，单件小批量生产，未注倒角 $C1$，未注公差按 GB 1803—M，试编制零件的加工程序。

零件各处的计算数据如图 2.60 所示。

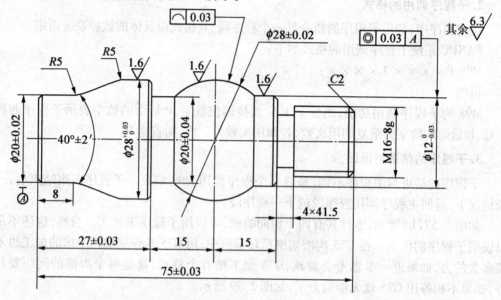

图 2.60 轴类零件编程实例

1. 工艺分析

图 2.60 是轴类零件，毛坯可采用 $\phi 30 \text{ mm} \times 100 \text{ mm}$ 圆柱棒料。设计工艺结构：由圆柱面、圆锥面、球面和螺纹组成，并有两处 $R5$ 的过渡圆弧、退刀槽及倒角等；加工精度：尺寸精度最高的两处 $\phi 28 \text{ mm}$ 圆柱面，公差为 0.03 mm，其次是球面和 $\phi 20 \text{ mm}$ 的圆柱面，公差都为 0.04 mm。大部分表面的表面粗糙度 Ra 值为 1.6 μm，其余为 6.3。有线轮廓度和同轴度公差的要求。

2. 安装方案

左端外圆一次定位夹紧，右端打中孔、顶尖支撑。

3. 工序工艺过程

安装后车左端面→钻中心孔后顶尖支撑粗车轮廓→精车轮廓→车螺纹→切断工件。

其中，粗车：

(1) 用右偏刀车削整个外圆柱及 $\phi 28 \text{ mm}$ 球面的右半部分和 $\phi 15.737 \text{ mm}$ 螺纹外径。

(2) 用切槽刀（刀宽 4 mm，左刀尖为刀位点）车削 $\phi 28 \text{ mm}$ 球面左半部分及 $\phi 20 \text{ mm}$

槽,切削 φ20.689 mm 圆柱及锥体部分,倒所有角。

精车走刀路线为 a→b→c→d→f→e→g→h→j→k→m→n→p→q,各节点位置及尺寸数值如图 2.61 所示。

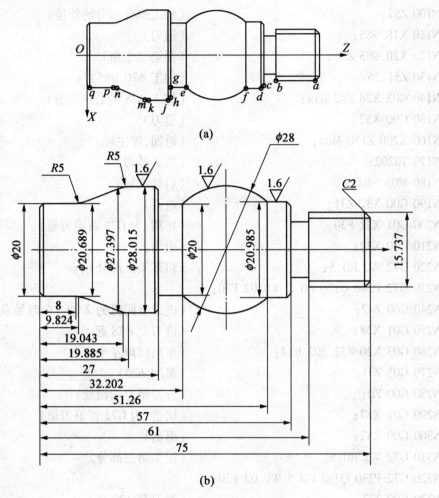

(a)

(b)

图 2.61 各节点位置及尺寸数值

4. 程序设计

编程原点在工件左端面。

O0102

N10 G50 X200 Z150 T0100;	(建立坐标系,选用 1 号刀)
N20 M03 S1500 T0101;	(启动主轴,建立刀具补偿)
N30 G00 X32 Z75;	(进刀至端面)
N40 G01 X0 F50;	(切削端面)
N50 G00 X32 Z2 M00;	(退刀,暂停,钻中心孔,加顶尖)
N60 G71 U2 R1;	(粗车第一部分)

N70 G71 P80 Q150 U0.5 W0.02 F200;

N80 G00 X7.737;　　　　　　　　　　（进刀至端面全角处）

N90 G01 X15.737 Z73 F50;　　　　　　（倒角）

N100 Z57;　　　　　　　　　　　　　（加工螺纹部分的外径）

N110 X18.985;　　　　　　　　　　　（退刀）

N120 X20.985 Z56;　　　　　　　　　（倒第二个角）

N130 Z51.26;　　　　　　　　　　　（加工 ϕ20.985）

N140 G03 X28 Z42 R14;　　　　　　　（加工 ϕ28 的右半部分）

N150 G00 X32;　　　　　　　　　　　（退刀）

N160 X200 Z150 M05;　　　　　　　　（返回,停主轴）

N170 T0202;　　　　　　　　　　　　（换 2 号刀）

N180 M03 S500;　　　　　　　　　　（启动主轴）

N190 G00 X32 Z31;　　　　　　　　　（进刀）

N200 G01 X21 F30;　　　　　　　　　（切槽,为 G72 留退刀量）

N210 G00 X32;　　　　　　　　　　　（退出）

N220 G72 W2 R0.5;　　　　　　　　　（粗车第二部分）

N230 G72 P240 Q270 U0.5 W0.02 F30;

N240 G00 Z42;　　　　　　　　　　　（进刀至圆弧的 Z 轴方向起始点）

N250 G01 X28;　　　　　　　　　　　（进刀至 ϕ28 起点）

N260 G03 X20 Z32.202 R14;　　　　　（车削圆球左半部分）

N270 G01 Z31;　　　　　　　　　　　（车削 ϕ20）

N280 G00 Z0;　　　　　　　　　　　（进刀至左端面处）

N290 G01 X17;　　　　　　　　　　　（切槽,为 G72 留退刀量）

N300 G00 X32;　　　　　　　　　　　（退出）

N310 G72 W2 R0.5;　　　　　　　　　（粗车第三部分）

N320 G72 P330 Q390 U0.5 W0.02 F30;

N330 G00 Z27;　　　　　　　　　　　（进刀至 ϕ28 处）

N340 G01 X28.015;　　　　　　　　　（切削至 ϕ28.015）

N350 Z19.885;　　　　　　　　　　　（切削至第一个 R5 的起点）

N360 G03 X27.397 Z19.043 R5;　　　　（切削第一个 R5）

N370 G01 X20.689 Z9.824;　　　　　　（切削锥体部分）

N380 G02 X20 Z8 R5;　　　　　　　　（切削第二个 R5）

N390 G01 Z0;　　　　　　　　　　　（切削 ϕ20）

N400 G00 X30.015 Z29;　　　　　　　（进刀至 ϕ28 倒角处）

N410 G01 X24.015 Z32;　　　　　　　（倒角）

N420 G00 X32;　　　　　　　　　　　（退刀）

N430 Z2;　　　　　　　　　　　　　（进刀至 ϕ20 倒角处）

N440 X22;　　　　　　　　　　　　　（X 轴方向进刀）

```
N450 G01 X18 Z0;                        (倒角)
N460 G00 X32;                           (退刀)
N470 Z41;                               (至螺纹切槽处)
N480 G01 X12.737 F30;                   (切螺纹退刀槽)
N490 G00 X20;                           (退刀)
N500 X200 Z150 M05;                     (返回,停主轴)
N510 T0303;                             (换 3 号刀)
N520 G00 Z77;                           (Z 轴方向进刀)
N530 X7.737;                            (X 轴方向进刀)
N540 G01 X15.737 Z73 F30;               (倒角)
N550 Z57;                               (精车螺纹大径)
N560 X18.985 F100;                      (退刀)
N570 G01 X20.985 Z56 F30;               (倒角)
N580 G03 X20 Z32.202 R14;               (精车 φ28 球体)
N590 G01 Z27;                           (精车 φ20 圆柱)
N600 X26.015 F100;                      (退刀)
N610 X28.015 Z26 F30;                   (倒角)
N620 Z19.885;                           (精车 φ28.015)
N630 G03 X19.043 Z27.397 R5;            (精车第一个 R5)
N640 G01 X20.689 Z9.824;                (精车锥体)
N650 G02 X20 Z8 R5;                     (精车第二个 R5)
N660 G01 Z0;                            (精车 φ20)
N670 G00 X32;                           (退刀)
N680 X200 Z150 M05;                     (返回)
N690 T0404 M08;                         (换 4 号刀)
N700 M03 S300;                          (启动主轴)
N710 G00 Z77;                           (Z 轴方向进刀)
N720 X20;                               (X 轴方向进刀)
N730 G76 P031060 Q0.02 R0.005;          (加工螺纹)
N740 G76 X13.835 Z60 P1.299 Q450 F2;
N750 G00 X200 Z150 M05;                 (返回)
N760 T0202;                             (换 2 号刀)
N770 G00 X32 Z0;                        (快速接近工件)
N780 G01 X0;                            (切断工件)
N790 G00 X200 Z150;                     (刀具返回)
N800 M30;                               (程序结束并返回程序头)
```

2.5.2 套类零件

加工如图 2.62 所示的套筒,毛坯外径为 φ120 mm,内径为 φ78 mm,长度为 110 mm。材料为 45# 钢。未标注处倒角为 C1。

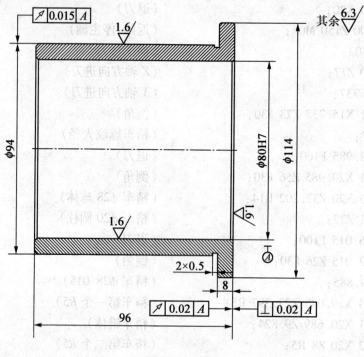

图 2.62 套筒

1. 工艺分析

设计结构由内外圆柱面组成,工艺结构:有退刀槽、倒角等;加工精度:尺寸精度最高的 φ80H7 内孔,大部分表面的表面粗糙度 Ra 值为 1.6 μm,其余为 6.3。有垂直度和圆跳动位置公差要求。

2. 工序安装及加工工艺过程

毛坯左端面及外圆定位夹紧,粗车左端面、φ114 mm 外圆柱面、φ80 mm 内孔→以粗车后 φ114 mm 外圆柱面定位夹紧,粗、精车 φ94 mm 外圆柱面→专用夹具以 φ94 mm 外圆柱面定位,精车 φ80 mm 内孔及右侧内倒角→芯轴定位精车左右端面及退刀槽。

3. 程序设计

编程坐标系原点处于工件右端面中心位置。

(1)夹紧 φ94 mm 外圆,粗加工 φ114 mm 外圆及 φ80 mm 内孔,1 号刀为 45# 车刀,2 号刀为内孔车刀。编程坐标系如图 2.63(a)所示。

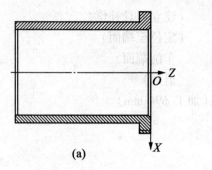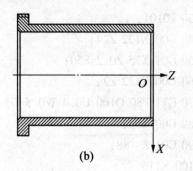

图 2.63　编程坐标系

O0101

N10 G50 X150 Z100 T0100;	（设定坐标系,选用 1 号刀）
N20 M03 S600;	（启动主轴）
N30 T0101;	（建立刀具补偿）
N40 G00 X120 Z0 F100;	（定位至右端面）
N50 G01 X75 F75;	（加工右端面）
N60 G00 220;	（Z 轴方向退出）
N70 T0105;	（建立 45# 车刀的另一刀尖补偿）
N80 G00 X120 Z2;	（定位至 φ114 mm 外圆加工处）
N90 G90 X114.8 Z−12 F60;	（加工 φ114 mm,留 0.8 mm 余量）
Nl00 G00 Z−1;	（退刀至 Z = −1 mm 处）
N110 G01 X112 Z0;	（倒角）
N120 G00 X150 Z100;	（返回）
N130 T0202;	（换内孔刀）
N140 G00 X75 25;	（定位至车内孔位置）
N150 G90 X79.5 Z−100 F100;	（车削内孔）
N160 G01 X84 21;	（定位至内孔倒角位置）
N170 X78 Z−2;	（倒角）
N180 G00 Z100;	（沿 Z 轴方向返回）
N190 X150;	（沿 X 轴方向返回）
N200 T0100;	（取消刀具补偿）
N210 M05;	（停主轴）
N220 M30;	（程序结束并返回程序头）

（2）用软爪装夹外圆 φ114 mm 处,粗加工 φ94 mm 外圆,1 号刀为 90°正偏刀。编程坐标系如图 2.63(b)所示。

O0102

N10 G50 X120 Z100 T0100;	（设定坐标系,选用 1 号刀）
N20 M03 S600;	（启动主轴）

N30 T0101;　　　　　　　　　　　　　（建立刀具补偿）

N40 G00 X122 Z24;　　　　　　　　　（定位至端面）

N50 G01 X75 Z0.2 F50;　　　　　　　（车削端面）

N60 G00 X122 Z2;　　　　　　　　　（退回）

N70 G71 P80 Q100 U0.4 W0.5 D3 F60;（加工 φ94 mm）

N80 G00 X94;

N90 G01 Z－88;

N100 X116;

N110 G00 X90 Z1;　　　　　　　　　（进刀至端面倒角处）

N120 G01 X96 Z－2;　　　　　　　　（倒角）

N130 G00 X120 Z100;　　　　　　　　（返回）

N140 T0100;　　　　　　　　　　　　（取消刀具补偿）

N150 M30;　　　　　　　　　　　　　（程序结束并返回程序头）

（3）用夹具装夹，精加工 φ80 mm 内孔。编程坐标系如图 2.63（a）所示。

O0103

N10 G50 X120 Z100 T0100;　　　　　（设定坐标系，选用 1 号刀）

N20 M03 S1000;　　　　　　　　　　（启动主轴）

N30 T0100;　　　　　　　　　　　　（建立刀具补偿）

N40 G00 X84.015 Z1;　　　　　　　　（定位至端面倒角处）

N50 G01 X80.015 Z－1 F50;　　　　　（倒角）

N60 Z－98 F30;　　　　　　　　　　（精车 φ80 mm 内孔）

N70 G00 X72;　　　　　　　　　　　（沿 X 轴方向退刀）

N80 Z120;　　　　　　　　　　　　　（沿 Z 轴方向返回）

N90 X100;　　　　　　　　　　　　　（沿 X 轴方向返回）

N100 T0100;　　　　　　　　　　　　（取消刀具补偿）

N110 M30;　　　　　　　　　　　　　（程序结束并返回程序头）

（4）工件套在芯轴上，精车左右端面，并切槽，刀具是刀宽为 2 mm 的切槽刀。编程坐标系如图 2.63（a）所示。

O0104

N10 G50 X120 Z120 T0100;　　　　　（设定坐标系，选用 1 号刀）

N20 M30 S800;　　　　　　　　　　　（启动主轴）

N30 T0101;　　　　　　　　　　　　（建立刀具补偿）

N40 G00 X98 Z0;　　　　　　　　　　（定位至右端面）

N50 G01 X81 F60;　　　　　　　　　（车右端面）

N60 W1;　　　　　　　　　　　　　　（沿 Z 轴方向退 1 mm）

N70 G00 X120;　　　　　　　　　　　（沿 X 轴方向退 1 mm）

N80 Z－98;　　　　　　　　　　　　（进刀至左端面）

N90 G01 X81;　　　　　　　　　　　（车左端面）

N100 G00 W – 1；　　　　　　　　　（沿 Z 轴方向退 – 1 mm）
N110 X120；　　　　　　　　　　　（沿 X 轴方向退刀）
N120 Z – 89；
N130 G01 X114；
N140 X112 Z – 88；　　　　　　　　（轴肩倒角）
N150 X93；　　　　　　　　　　　（切槽）
N160 X95；　　　　　　　　　　　（沿 X 轴方向退刀）
N170 W2；　　　　　　　　　　　（沿 Z 轴方向退刀）
N180 G00 X120 Z100；　　　　　　　（返回）
N190 T0100；　　　　　　　　　　（取消刀具补偿）
N200 M30；　　　　　　　　　　　（程序结束并返回程序头）

第3章　模具数控铣削加工

3.1　数控铣削加工机床结构及加工特点

3.1.1　结构分类

1. 数控铣床分类

模具零件大都用刀具切削成型,刀具在工件表面上连续切削要有主运动和进给运动。普通铣床是固定在主轴上的刀具随主轴做回转主运动,装夹在工作台上的工件由手工操作相对刀具做三维进给运动进行切削。

数控铣床的加工,就是按普通机床切削模式用旋转伺服电动机通过传动精度较高的同步带直接驱动主轴做回转主运动,用旋转伺服电动机传动精度较高的滚珠丝杠螺母副,把旋转运动变成直线运动。数控铣床的装夹工作台就是用这两种传动机构传动,使刀具能在工件上做三维铣削。

数控铣床增加刀库架,加工中能按需要自行换刀,工件一次装夹后,可以对加工面进行铣、镗、钻、扩、铰以及攻螺纹等多工序连续加工,这种多功能铣床称为加工中心。

数控铣床和加工中心的主要区别在于,加工中心比数控铣床增加了一个容量较大的刀库和自动换刀装置,可以连续自动完成不同刀具的不同加工内容。

数控铣床通常以主轴与工作台相对位置来分类,分为卧式数控铣床、立式数控铣床和万能数控铣床。按工件和主轴运动方式可分为三轴数控铣床、四轴数控铣床、五轴数控铣床。

（1）三轴数控铣床。

如图3.1(a)所示是立式数控铣床,XY平面为工件运动平面,刀具在Z轴方向上下运动,刀具相对工件能在X、Y、Z三个坐标轴方向上做进给运动,这样的数控铣床称为三轴数控铣床。图3.1(b)为卧式数控铣床。

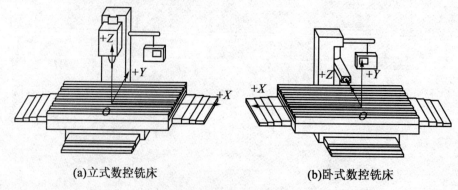

(a)立式数控铣床　　　　　　　　(b)卧式数控铣床

图3.1　三轴数控铣床

（2）四轴数控铣床。

如果把工件装夹在如图 3.2（a）所示的 X、Z 轴方向工作台上还能绕 Y 轴回转,或者把工件装夹在如图 3.2（b）所示的 Y、Z 轴方向工作台上还能绕 X 轴回转,绕坐标轴旋转也作为一轴,就称为四轴数控铣床。

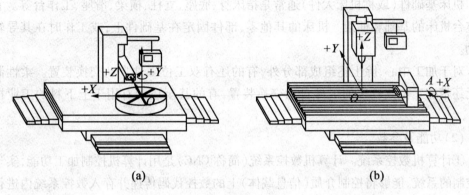

(a)   (b)

图 3.2　四轴数控铣床

（3）五轴数控铣床。

如果在四轴基础上使如图 3.3 所示的主轴也做回转运动,就称为五轴数控铣床。轴数越多,铣床加工能力越强,加工范围越广。

数控铣床能实现多坐标轴联动,从而容易实现许多普通机床难以完成或无法加工的空间曲线或曲面,大大增加了机床的工艺范围。

在模具行业中,三种形式的机床都有广泛的应用,不同的模具结构采用不同形式的机床加工,可以大大提高生产效率和模具的加工精度。

2. 数控铣削加工中心结构

（1）结构组成。

无论哪一种结构形式的数控铣床,除机床基础件外,主要系统组成如图 3.4 所示。

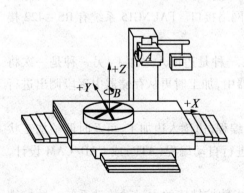

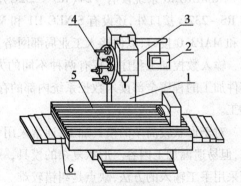

图 3.3　五轴数控铣床

图 3.4　数控铣削加工中心结构

1—立柱;2—计算机数控系统;3—主传动系统;

4—刀库;5—工作台;6—滑轨

数控铣削加工中心由以下几部分组成：计算机数控系统；主传动系统；进给传动系统；实现某些动作和辅助功能的系统和装置，如液压、气动、润滑、冷却等系统，排屑、防护等装置，刀架和自动换刀装置，自动托盘交换装置；特殊功能装置，如刀具破损监控、精度检测和监控装置。

机床基础件(或称机床大件)通常是指床身、底座、立柱、横梁、滑座、工作台等。它们是整台机床的基础和框架。机床的其他零、部件固定在基础件上，或工作时在其导轨上运动。

对于加工中心，除上述组成部分外，有的还有双工位工件自动交换装置。柔性制造单元还带有工位数较多的工件自动交换装置，有的甚至还配有用于上下料的工业机器人。

(2)功能及参数。

①计算机数控系统。计算机数控系统(简称 CNC)是用计算机控制加工功能，实现数值控制的系统，能够将控制介质(信息载体)上的数控代码传递并存入数控系统内进行运算、检测、反馈，对机床运动进行实时控制。

CNC 系统由程序、输入/输出装置、CNC 装置、PLC、主轴驱动装置和进给(伺服)驱动装置组成。本节主要介绍输入装置中的控制面板和传输方式。

a. 外部机床控制面板可分为固定式和悬挂式两种。控制面板是数控铣床人机对话的界面，操作者通过控制面板输入控制指令，运用机器语言提出需要完成的动作，计算机通过内部运算，向运动部件发出命令，运动部件按命令动作，这样就完成了一个加工过程。所有的加工过程，都必须通过控制面板操作。操作者还可以通过控制面板对加工过程进行监控，可以从屏幕上检查到程序的执行状况。不同的操作系统其控制面板有差异，这在机床的操作指南中有详细说明。

b. 输入数控加工程序，可以通过控制面板直接输入数控系统，还可以由编程计算机用 RS-232C 或采用网络通信方式传送到数控系统中。如西门子公司的 SINUMERIK3 或 SI-NUMERIK8 系统设有 V24(RS-232C)/20mA 接口。SINUMERIK850/880 系统除设有 RS-232C 接口外，还设有 SINEC H1 和 MAP 网络接口。FAUNC15 系统有 RS-422 接口和 MAP3.0 接口，以便接入工业局部网络。

输入数控加工程序过程有两种不同的方式：一种是边读入边加工，另一种是一次将零件加工的程序全部读入数控系统内部的存储器中，加工时再从存储器中逐段调出进行加工。

对于形状较简单的模具加工，通常采用手工编程，边读入边加工，可及时调整加工状态，但易遗漏加工内容。形状复杂的模具，一般进行自动编程(ATP)或 CAD/CAM 设计，不采用手工输入的方法，缺点是纠错较难。

②主传动系统。数控铣床的主传动系统是指数控铣床的主运动传动系统。数控铣床的主轴运动是机床的成型运动之一，它的精度决定了零件的加工精度。通常模具加工的特点是：表面精度高；材料切削性能差；形状复杂；切削量大。根据模具加工的特点，数

控铣床的主传动系统应注意以下主要参数：

a. 主轴电动机功率与转矩。它反映了数控机床的切削效率,也从一个侧面反映了机床的刚性。同一规格的不同机床,电动机功率可以相差很大。应根据工件毛坯余量、所要求的切削力、加工精度和刀具等进行综合考虑。

b. 主轴转速。需要高速切削或超低速切削时,应关注主轴的转速范围,特别是高速切削时,既要有高的主轴转速,还要具备与主轴转速相匹配的进给速度。

c. 精度选择。机床的精度等级主要是定位精度、重复定位精度、铣圆精度。数控精度通常用定位精度和重复定位精度来衡量,特别是重复定位精度,它反映了坐标轴的定位稳定性,是衡量该轴是否稳定可靠工作的基本指标。特别值得注意的是,因为标准不同、规定数值不同、检测方法不同,所以数值的含义也就不同。刊物、样本、合格证所列出的单位长度上允许的正负值(如: ±0.01/300)有时是不明确的,一定要弄清是 ISO 标准、VDI/DGQ344182(德国标准)、JIS(日本标准)还是 NMTBA(美国标准)。进而分析各种不同标准所规定的检测计算方法和检测环境条件,才不会产生误解。铣圆精度是综合评价数控机床有关数控轴的伺服跟随运动特性和数控系统插补功能的主要指标之一。一些大孔和大圆弧可以采用圆弧插补用立铣刀铣削,不论典型工件是否有此需要,为了将来可能的需要及更好地控制精度,必须重视这一指标。

d. 主轴的传动形式。主轴的传动形式有:变速齿轮传动、带传动和调速电动机直接驱动主轴传动,一般大、中型数控铣床常采用变速齿轮传动,能够满足主轴输出扭矩特性的要求,可以获得强力切削时所需要的扭矩。带传动多用于中、小型数控铣床,一般采用多楔皮带和同步齿形带,可避免齿轮传动引起的振动和噪声。调速电动机直接驱动主轴传动,大大简化了主轴箱体与主轴的结构,有效地提高了主轴部件的刚度,但主轴输出的扭矩小,电动机发热对主轴的精度影响较大。

e. 主轴锥度。主轴锥度有 BT – 40 型和 CT – 40 型,刀柄的键槽形式要按主轴锥度选择。主轴刀具的夹持可以采用蝶形弹簧和拉杆结合的方式。

f. 主轴定向。一般选用任意角度的主轴准停装置。

③进给传动系统。数控铣床进给传动系统承担了机床各直线坐标轴、回转坐标轴的定位和切削进给,直接影响整个机床的运行状态和精度指标。目前数控铣床 X、Y、Z 三轴基本采用高精度滚珠丝杠、AC 伺服马达直接驱动的结构方式,具有较大的传动力、较小的振动和装配间隙。主要参数有:切削进给速度(X/Y/Z 轴);快速进给速度(X/Y/Z 轴);滚珠丝杠尺寸(X/Y/Z 轴);导轨;行程。在机床每个轴的两端装有限位开关,以防止刀具移出端点之外。刀具能移动的范围称为行程,行程包括横向行程(X 轴)、纵向行程(Y 轴)和垂向行程(Z 轴)。

④自动换刀装置(ATC)。目前加工中心上大量使用的是带有刀库的自动换刀装置,主要参数如下:

a. 刀库容量。刀库容量以满足一个复杂加工零件对刀具的需要为原则。应根据典型工件的工艺分析算出加工零件所需的全部刀具数,由此来选择刀库容量。

b.刀库形式。数控铣床的刀库形式按结构可分为圆盘式刀库、链式刀库和箱格式刀库。按设置部位可分为顶置式、侧置式、悬挂式和落地式等。

c.刀具选择方式。数控铣床的刀具选择方式主要有机械手换刀和无机械手换刀。可以根据不同的要求配置不同形式的机械手。ATC 的选择主要考虑换刀时间与可靠性。换刀时间短可提高生产率,但一般换刀装置结构复杂、故障率高、成本高,过分强调换刀时间会使故障率上升。据统计,加工中心的故障中约有 50% 与 ATC 有关,因此在满足使用要求的前提下,尽量选用可靠性高的 ATC,以降低故障率和整机成本。

d.最大刀具直径(无相邻刀具时)。刀具直径大于 240 mm 时,不能使用自动换刀功能。刀具直径大于 120 mm 时,要注意与 POT 的干涉,避免自动换刀时因干涉而掉刀,导致刀具或机构损坏。

e.最大刀具长度。

f.最大刀具质量。刀具质量大于 20 kg 时,不能使用自动换刀功能,否则将导致刀具的刀臂、工作台及其他机构损坏。

⑤冷却装置。数控铣床冷却形式较多,部分带有全防护罩的加工中心配有大流量的淋浴式冷却装置,有的还配有刀具内冷装置(通过主轴的刀具内冷方式或外接刀具内冷方式),部分加工中心上述多种冷却方式均配置。精度较高、特殊材料或加工余量较大的零件,在加工过程中,必须充分冷却,否则,加工引起的热变形将影响精度和生产效率。一般应根据工件、刀具及切削参数等实际情况进行选择。

3.1.2 数控铣床操作流程

1.数控铣床操作步骤

(1)首先,根据工件图编写 CNC 机床用的程序。

(2)程序被读进 CNC 系统中后,在机床上安装工件和刀具,并且按照程序试运行刀具。

(3)程序试运行完毕,进行实际加工。

2.制订加工计划

(1)确定工件加工的范围。

(2)确定在机床上安装工件的方法。

(3)确定每个加工过程的加工顺序。

(4)确定刀具和切削参数。

可按表 3.1 编制加工计划,确定每道工序的加工方法,对于每次加工,应根据工件图来准备刀具路径程序和加工参数。

表 3.1　加工计划表

工序 加工方法	1 进给切削	2 侧面加工	3 孔加工
加工方法：粗加工 　　　　半精加工 　　　　精加工			
加工刀具			
加工参数：进给速度 　　　　切削深度			
刀具路径			

3.1.3　加工特点

数控铣削加工特点如下：

（1）数控铣床是轮廓控制，不仅可以完成点位及点位直线控制数控机床的加工功能，而且还能够对两个或两个以上坐标轴进行插补，因而具有各种轮廓切削加工功能。

（2）加工精度高。目前一般数控铣床轴向定位精度可达到 ±0.005 0 mm，轴向重复定位精度可达到 ±0.002 5 mm，加工精度完全由机床保证，在加工过程中产生的尺寸误差能及时得到补偿，能获得较高的尺寸精度；数控铣床采用插补原理确定加工轨迹，加工的零件形状精度高；在数控铣削加工中，工序高度集中，一次装夹即可加工出零件上大部分表面，人为影响因素非常小。

（3）加工表面质量高。数控铣床的加工速度大大高于普通机床，电动机功率也高于同规格的普通机床，其结构设计的刚度也远高于普通机床。一般数控铣床主轴最高转速可达到 6 000～20 000 r/min，目前，欧美模具企业在生产中广泛应用数控高速铣，三轴联动的比较多，也有一些是五轴联动的，转速一般在 15 000～30 000 r/min。采用高速铣削技术，可大大缩短制模时间。经高速铣削精加工后的模具型面，仅需略加抛光便可使用。同时，数控铣床能够多刀具连续切削，表面不会产生明显的接刀痕迹，因此表面加工质量高于普通机床。

（4）加工形状复杂。通过计算机编程，数控铣床能够自动立体切削，加工各种复杂的曲面和型腔，尤其是多轴加工，加工对象的形状受限制更小。

（5）生产效率高。数控铣床刚度大、功率大，主轴转速和进给速度范围大且为无级变速，所以每道工序都可选择较大而合理的切削用量，减少了机动时间，数控铣床自动化程度高，可以一次定位装夹，把粗加工、半精加工、精加工一次完成，还可以进行钻、镗加工，减少辅助时间，所以生产效率高。对复杂型面工件的加工，其生产效率可提高十几倍甚至几十倍。此外，数控铣床加工出的零件也为后续工序（如装配等）带来了许多方便，其综合效率更高。

（6）有利于现代化管理。数控铣床使用数字信息与标准代码输入，适于数字计算机联网,成为计算机辅助设计与制造及管理一体化的基础。

(7)便于实现计算机辅助设计与制造。计算机辅助设计与制造(CAD/CAM)已成为航空航天、汽车、船舶及各种机械工业实现现代化的必由之路。将计算机辅助设计出来的产品图纸及数据变为实际产品的最有效途径,就是采取计算机辅助制造技术直接制造出零、部件。加工中心等数控设备及其加工技术正是计算机辅助设计与制造系统的基础。

3.1.4 数控铣床的安全操作及保养

1. 安全操作

(1)安全操作注意事项。

数控铣床为提高生产效率,经常使用高动力和速度,而且是自动化操作,故可能造成很大伤害。所以操作人员除熟悉机床的构造、性能和操作方法外,还要注意自身及附近工作人员的安全。

数控铣床虽然有各种安全装置,但人为疏忽会引起无法预料的安全事故,所以操作人员除遵守一般工厂安全规定外,还应遵照下列安全注意事项以确保安全:

①操作机床前,操作人员必须掌握机床控制方法。

②身体、精神不适,切勿操作机床。

③机床有小故障时,必须先修复后,方能使用。

④在作业区内需有足够的灯光,以便做一些检查。

⑤不要把工具放在主轴头、工作台及防护盖上。

⑥机床停止后才可调整主轴上的切削液喷嘴流量。

⑦请勿触摸运转中的工件和主轴。

⑧机床运转时请勿用手和抹布清除切屑。

⑨机床运转时请勿把防护盖打开。

⑩重切削时请注意高温切削。

机床电气控制箱不可随意打开,如果电气控制箱故障,应由电气技术人员修护,切勿自行尝试修护。

⑪电气部分需接地的都要确实接地。

⑫请勿任意更改内定值、容量以及其他计算机设定值,必须更改时请记录原值后再改,避免错误。

⑬刀具安装后请事先试车。

(2)高速加工注意事项。

数控铣床高速加工时($S = 8\ 000$ r/min 以上,$F = 300 \sim 3\ 000$ mm/min),刀柄与刀具形式对于主轴寿命与工件精度有极大影响,所需注意事项如下:

①轴运转前必须夹持刀具,以免损坏主轴。

②高速切削时($S = 8\ 000$ r/min 以上)必须使用做过功率平衡校正 G2.5 级的刀柄,因为离心力产生的振动会造成主轴轴承损坏和刀具的过早磨损。

③刀柄与刀具结合后的平衡公差与刀具转速、主轴平衡公差及刀柄的质量三个因素

有关,所以高速切削时使用小直径刀具,刀长较短的刀具对主轴温升、热变形都有益,也能提高加工精度。

④高速主轴刀具使用标准见表3.2。

表 3.2　高速主轴刀具使用标准

平衡等级	500 ~ 6 000 r/min	G6.3 级	DIN/ISO 1940
	6 000 ~ 18 000 r/min	G2.5 级	DIN/ISO 1940
主轴转速/(r·min^{-1})	刀具直径/mm		刀具长度/mm
2 000 ~ 4 000	160		350
4 000 ~ 6 000	160		250
6 000 ~ 8 000	125		250
8 000 ~ 10 000	100		250
10 000 ~ 12 000	80		250
12 000 ~ 15 000	65		200
15 000 ~ 18 000	50		200

2. 机床保养

为保证数控机床的寿命和正常运转,要求每天对机床进行保养,每天的保养项目必须确实执行,检查完毕后才可以开机。机床保养内容见表3.3。

表 3.3　机床保养

检查项目	检查时间
检查循环润滑油泵油箱的油是否在规定的范围内,当油箱内的油只剩下一半时,必须立即补充到一定的标准,否则当油位降到 1/4 时,在计算机屏幕上将出现"LUBE ERROR"的警告,不要等到出现警告后再补充	定期检查
确定滑道润滑油充足后再开机,并且随时观察是否有润滑油出来以保护滑道。当机床很久没有使用时,尤其要注意是否有润滑	每日检查
从表中观察空气压力,而且必须严格执行	每日检查
防止空压气体漏出,当有气体漏出时,可听到"嘶嘶"的声音,必须加以维护	每日随时检查
油雾润滑器在 ATC 换刀装置内,空气汽缸必须随时保证有油在润滑,油雾的大小在制造厂已调整完毕,必须随时保持润滑油量标准	每日检查
当冷却液不足时,必须适量加入冷却液;冷却液检查方式:可由冷却液槽前端底座的油位计观察	定期检查
主轴内端孔斜度和刀柄必须随时保持清洁以免灰尘或切屑附着影响精度,虽然主轴有自动清屑功能,但仍然必须随时用柔软的布料擦拭	每日擦拭

续表 3.3

检查项目	检查时间
随时检察 Y 轴与 Z 轴的滑道面,是否有切屑和其他颗粒附着在上面,避免与滑道摩擦产生刮痕,维护滑道的寿命	随时检查
机器动作范围内必须没有障碍	随时检查
机器动作前,以低速运转,让三轴行程跑到极限,每日操作前先试运转 10～20 min	每日检查
定期检查 CNC 记忆体备份用的电池,若电池电压过低,将影响程序、补正值、参数等资料的稳定性	每 12 个月检查
定期检查绝对式马达放大器电池,电池电压过低将影响马达原点	每 12 个月检查

3.2 工件的定位与装夹

3.2.1 工作台

立式数控铣床和卧式数控铣床工作台的结构形式不完全相同,立式数控铣床工作台不做分度运动,其形状一般为长方形,装夹为 T 形槽,如图 3.5 所示。槽 1、2、4 为装夹用 T 形槽,槽 3 为基准 T 形槽。卧式数控铣床的台面形状通常为正方形,由于这种工作台经常需要做分度运动或回转运动,而且它的分度、回转运动的驱动装置一般都装在工作台里,因此也称为分度工作台或回转工作台。

根据工件加工工艺的需要,可在立式或卧式数控铣床上增设独立的分度工作台,分度工作台有多齿盘分度方式和蜗轮副分度方式(数控回转工作台)以实现任意角度的分度和切削过程中的连续回转运动。增设独立的分度工作台,要预先开通 CNC 接口。

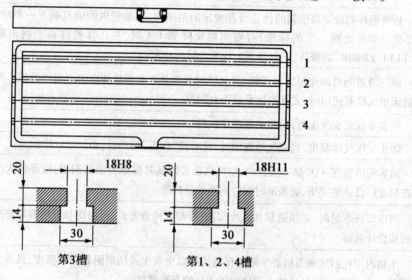

图 3.5 长方形工作台

1. 分度工作台

如图 3.6 所示为卧式加工中心多齿盘分度工作台结构。

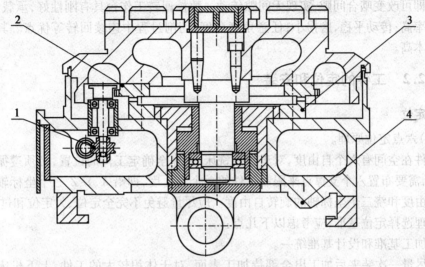

图 3.6   多齿盘分度工作台结构
1—蜗轮副;2—L 多齿盘;3—F 多齿盘;4—导轨

分度工作台多采用多齿盘分度工作台,通常用 PLC 简易定位,驱动机构采用蜗轮副及齿轮副。多齿盘分度工作台具有分度精度高,精度保持性好;重复性好;刚性好,承载能力强;能自动定心;分度机构和驱动机构可以分离等优点。

多齿盘可实现的最小分度角度 α 为

$$\alpha = \frac{360°}{Z}$$

式中,Z 为多齿盘齿数。

多齿盘分度工作台有只能按 1° 的整数倍数分度、只能在不切削时分度的缺点。

2. 数控回转工作台

由于多齿盘分度工作台具有一定的局限性,为了实现任意角度分度,并在切削过程中实现回转,采用了数控回转工作台(简称数控转台),其结构如图 3.7 所示。

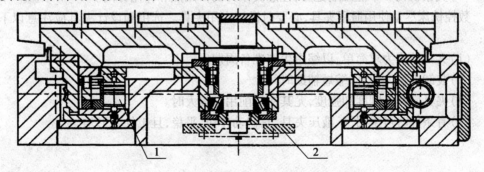

图 3.7   数控回转工作台结构
1—锁紧油缸;2—角度位置反馈元件

数控回转工作台的蜗杆传动常采用单头双导程蜗杆传动，或者采用平面齿圆柱齿轮包络蜗杆传动，也可采用双蜗杆传动，双导程蜗杆左、右齿面的导程不等，因而蜗杆的轴向移动即可改变啮合间隙，实现无间隙传动。数控回转工作台具有刚性好，承载能力强；传动效率高；传动平稳，磨损小；任意角度分度；切削过程中连续回转等优点。其缺点是制作成本高。

3.2.2 工件的定位和安装

1. 定位

（1）六点定位原理。

工件在空间有六个自由度，对于数控铣床，要完全确定工件的位置，必须遵循六点定位原则，需要布置六个支撑点来限制工件的六个自由度，即沿 X、Y、Z 三个坐标轴方向的移动自由度和绕三个坐标轴的旋转自由度。应尽量避免不完全定位、欠定位和过定位。

合理选择定位基准，应考虑以下几点：

①加工基准和设计基准统一。

②尽量一次装夹后加工出全部待加工表面，对于体积较大的工件，上下机床需要行车、吊机等工具，如果一次加工完成，可以大大缩短辅助时间，充分发挥机床的效率。

③当工件需要第二次装夹时，也要尽可能利用同一基准，减小安装误差。

（2）定位方式。

定位方式有平面定位、外圆定位和内孔定位。平面定位用支撑钉或支撑板；外圆定位用 V 形块；内孔定位用定位销和圆柱心棒，或用圆锥销和圆锥心棒。

2. 工件装夹

根据数控铣床的结构，工件在装夹过程中，应注意以下几点：

（1）工作台结构。工作台面有 T 形槽和螺纹孔两种结构形式。

（2）过行程保护。体积较大的工件，装夹在工作台面上时，尽管加工区在加工行程范围内，但工件可能已超出工作台面，容易撞击床身造成事故。

（3）坐标参考点。要注意协调工件安装位置与机床坐标系的关系，便于计算。

（4）对刀点。选择工件的对刀点要方便操作，便于计算。

（5）夹紧机构。不能影响走刀，注意夹紧力的作用点和作用方向。

数控铣床尽量使用通用夹具，必要时设计专用夹具。选用和设计夹具应注意以下几点：

（1）夹具结构力求简单，以缩短生产准备周期。

（2）装卸迅速方便，以缩短辅助时间。

（3）夹具应具备刚度和强度，尤其在切削用量较大时。

（4）有条件时可采用气、液压夹具，它们动作快、平稳，且工件变形均匀。

3.3　数控铣床的加工工艺

3.3.1　编程单元

1. 工艺、工序和工步的概念

编程前要划分安排加工步骤,所以要了解工艺、工序和工步的概念。使原材料成为产品的过程称为工艺。整个工艺由若干工序组成,工序是指一个或一组工人在一个工作地点所连续完成的工件加工工艺过程。工序又可以分若干工步,对数控铣床加工来说,一个工步是指一次连续切削。

2. 工艺、工序和工步的划分

毛坯加工至工件,需经过多道工序,在一道工序内有时还需要分几个工步。例如,一块模板需要经过粗铣、半精铣、精铣、钻孔、扩孔和铰孔加工,可以安排在一个工序内,分几个工步由数控铣床完成。数控铣床的程序编制是以工步为单位,一个工步需要一个加工程序。

一般在数控铣床上加工工件,应尽量在一次装夹中完成全部工序,工序划分的根据如下:

(1)按先面后孔的原则划分工序。在加工有面有孔的工件时,为了提高孔的加工精度,应先加工面,后加工孔,这一点与普通机床相同。

(2)按粗、精加工划分工序。对于加工精度要求较高的工件,应将粗、精加工分开进行,这样可以使由粗加工引起的各种变形得到恢复,考虑到粗加工工件变形的恢复需要一段时间,粗加工后不要立即安排精加工。

(3)按所用刀具划分工序。数控铣床,尤其是不带刀库的数控铣床,加工模具时,为了减少换刀次数,可以按集中工序的方法,用一把刀加工完工件上要求相同的部位后,再用另一把刀加工其他部位。

3.3.2　刀具、工件和刀轨描述

1. 刀具、工件和刀轨相关概念

(1)刀具与工件的相对性。

数控铣床是以笛卡尔坐标系三个坐标轴 X、Y、Z 和绕三个坐标轴转动代号 A、B、C 命名的数控切削机床。不同形式的数控铣床,有的是刀具不动工件做进给运动,有的是刀具和工件同时做进给运动。为了编程上统一,ISO 841 标准规定把刀具对工件的进给运动和工件对刀具的进给运动都看作是刀具相对工件的进给运动,也就是工件不动,刀具做进给运动。

(2)刀轨。

数控加工是刀具相对工件做进给运动,而且要在加工程序规定的轨迹上做进给运动。加工程序规定的轨迹由许多三维坐标点的连线组成,刀具是沿该连线做进给运动的,所以也把此坐标点的连线称为刀轨。

（3）刀具跟踪点。

刀具是有一定体积的实体,刀具上哪一点沿刀轨运动必须明确。UG CAM 是用刀具轴线与刀具端面的交点来代表刀具的,用交点沿刀轨运动来代表刀具沿刀轨运动,这样简化后也可以理解成是交点跟踪刀轨运动,交点就称为刀具跟踪点,如图 3.8 所示。

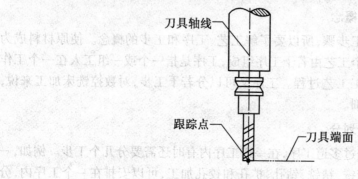

图 3.8　刀具跟踪

2. 刀轨的形成

（1）刀轨插补形式。

刀轨插补形式是指组成刀轨的每一段线段的线型,也就是说两个坐标点用怎样的线型连接。常用的线型有直线、圆弧线和样条曲线,用直线连接坐标点就称为直线插补,如图 3.9(a)所示。坐标点越密,插补直线越短,与工件形状越逼近,加工精度越高。坐标点的密度用公差控制。

用圆弧连接坐标点就称为圆弧插补。如图 3.9(b)所示直线段刀轨用直线插补,圆弧段刀轨用大小一样的圆弧插补。

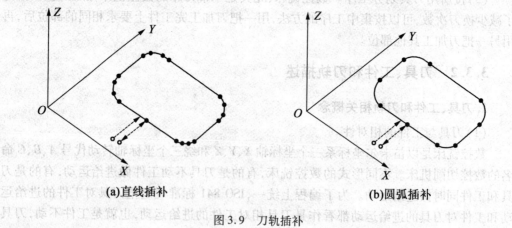

(a)直线插补　　　　　　　　　　(b)圆弧插补

图 3.9　刀轨插补

用样条曲线连接坐标点就称为样条曲线插补。不规则的曲线可以用直线和圆弧插补,但最好用样条曲线插补,样条曲线插补坐标点少,与实际形状逼近程度好,加工精度高,但 UG CAM 系统计算量大,刀轨生成慢。

（2）刀具长度补偿。

数控铣床在加工过程中需要经常换刀，每种刀具长短不一，造成刀具跟踪点位置相对主轴不固定。固定刀具的主轴端面中心相对主轴位置不变，为了编程方便，都统一以如图 3.10（a）所示的主轴端面中心为基准，编程时输入所有刀具的长度，UG CAM 系统就会自动在主轴端面中心基准上做 Z 轴方向的补偿，确定跟踪点的位置，这称为刀具长度补偿。有的刀具长度补偿是以一把标准刀具的跟踪点作为基准点，比较使用刀具与标准刀具的长短做出长短补偿。

（3）刀具半径补偿。

如图 3.10（b）所示是用两种半径不一样的刀具对工件侧面进行铣削，刀具跟踪点不是沿着工件侧面轮廓进行铣削的，而是沿着侧面轮廓偏置一个刀具半径的轨迹来进行铣削。不管刀具半径大小如何，工件侧面轮廓是不变的，为了编程方便，铣削侧面轮廓的刀轨就由侧面轮廓和刀具偏置量决定，编程时只要输入要做刀具半径补偿的指令，UG CAM 系统就会自动以工件侧面轮廓为基准做刀具半径补偿。

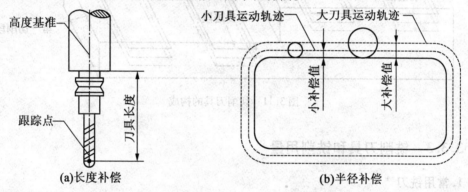

图 3.10　刀具的长度补偿、半径补偿

（4）刀轨的构成。

①进刀刀轨。刀具沿非切削刀轨运动的速度要比切削进给速度快很多。为了防止刀具以非切削运动速度切入工件时发生撞击，在刀具切入工件前特意使刀具运动速度减慢，以慢速切入工件，然后再提高到切削进给速度，所以切入速度比进给速度还要慢。切入速度称为进刀速度，刀具以进刀速度跟踪的刀轨称为进刀刀轨。

②逼近刀轨。非切削运动速度变成进刀速度的刀轨称为逼近刀轨。

③第一切削刀轨。进刀速度变成切削进给速度的刀轨称为第一切削刀轨。

④退刀刀轨。切削结束，要求刀具快速脱离工件，加速脱离工件的刀轨称为退刀刀轨。脱离最大速度称为退刀速度。

⑤返回刀轨。从退刀速度变成非切削速度所经过的刀轨称为返回刀轨。

⑥快速移动刀轨。逼近刀轨以前和返回刀轨以后的非切削刀轨称为快速移动刀轨。

⑦横越刀轨。水平快速移动刀轨称为横越刀轨。

⑧安全平面。安全平面是人为设置的平面，设置在刀具随意运动都不会与工件或夹具相撞的高度。一条刀轨的各组成段和连接点用相应的名称命名后如图 3.11 所示。

⑨安全距离。刀具进刀点离每层切削面边缘的垂直最小距离称为竖直安全距离,离工件最近边缘的水平距离称为水平安全距离。

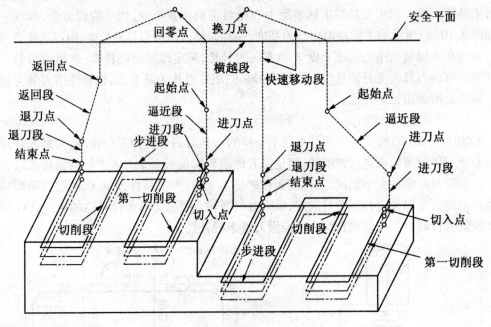

图 3.11 切削刀具的构成

3.3.3 铣削刀具和铣削用量

1. 常用铣刀

数控铣床对刀具的适用性很广。模具加工中,根据工件材料的性质、工件轮廓曲线的要求、工件表面质量、机床的加工能力和切削用量等因素,对刀具进行选择。常用的铣刀类型有以下几种:

(1)面铣刀。面铣刀的端面和圆周面都有切削刃,可以同时切削也可以单独切削,圆周面切削刃为主切削刃。面铣刀直径大,切削齿一般以镶嵌形式固定在刀体上。切削齿材质为高速钢或硬质合金,刀体材料为40Cr。面铣刀直径为80~250 mm,镶嵌齿数为10~26。硬质合金切削齿能对硬皮和淬硬层进行切削,切削速度比高速钢快,加工效率高,而且加工质量好。

(2)立铣刀。立铣刀是模具加工中使用最多的一种刀具,立铣刀的端面和圆周面都有切削刃,可以同时切削,也可以单独切削,圆周面切削刃为主切削刃。切削刃与刀体一体,主切削刃呈螺旋状,切削平稳,立铣刀直径为2~80 mm,一般粗加工的立铣刀刃数为3~4,半精加工和精加工的刃数为5~8。由于立铣刀中间部位没有切削刃,因此不能做轴向进给。

立铣刀包括模具铣刀和键槽铣刀。

模具铣刀属于立铣刀,专用于模具成型零件表面的半精加工和精加工。模具铣刀可分为圆锥形立铣刀、圆柱形球头铣刀和圆锥形球头铣刀,模具铣刀直径为4~63 mm。

键槽铣刀是只有两个切削刃的立铣刀,端面副切削刃延伸至刀轴中心,既像铣刀又像钻头。铣刀直径就是键槽宽度,能轴向进给插入工件,再沿水平方向进给,一次加工出键槽。

(3)鼓形铣刀。鼓形铣刀只有主切削刃,端面无切削刃,切削刃呈圆弧鼓形,适合无底面的斜面加工。鼓形铣刀刃磨困难。

(4)成型铣刀。成型铣刀是为特定形状加工而设计制造的铣刀,不是通用型铣刀。

2. 铣削要素

(1)铣削速度。铣刀的圆周切线速度称为铣削速度,精确的铣削速度要从铣削工艺手册上获取,大致可按表 3.4 选取。

表 3.4　数控铣削速度选择参考表

钢的硬度/HBS(HRS)	铣削速度 $V_C/(\mathrm{m \cdot min^{-1}})$	
	高速钢	硬质合金
<225(20)	18 ~ 42	66 ~ 150
225(20) ~ 325(35)	12 ~ 36	54 ~ 120
325(35) ~ 425(45)	6 ~ 21	36 ~ 75

(2)进给速度。进给速度是单位时间内刀具沿进给方向移动的距离。进给速度与铣刀转速、铣刀齿数和每齿进给量的关系式为

$$V_z = n \times z \times f$$

式中,n 为铣刀转速,r/min;z 为铣刀齿数;f_z 为每齿进给量,mm。

每齿进给量由工件材质、刀具材质和表面粗糙度等因素决定。精确的每齿进给量要从铣削工艺手册中获取,大致可以按表 3.5 所列经验值选取。工件材料硬度高和表面粗糙度高,f_z 数值小。硬质合金刀具的 f_z 取值比高速钢的大。

表 3.5　数控铣削进给量选择参考表

加工性质	粗加工		精加工	
刀具材料	高速钢	硬质合金	高速钢	硬质合金
每齿进给量 f_z/mm	0.10 ~ 0.15	0.10 ~ 0.25	0.02 ~ 0.05	0.10 ~ 0.15

注:工件材料为钢

(3)铣削方式。铣刀的端面和侧面都有切削刃,刀具的旋转方向与刀具相对工件的进给方向不同,切削效果不同。铣削分顺铣和逆铣两种方式。

①顺铣。如图 3.12(a)所示为顺铣,顺铣切削力指向工件,工件受压。顺铣刀具磨损小,刀具使用寿命长,切削质量好,适合精加工。

②逆铣。如图 3.12(b)所示为逆铣,逆铣切削力指向刀具,工件受拉。逆铣刀具磨损大,但切削效率高,适合粗加工。

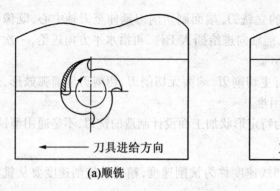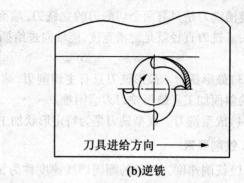

(a)顺铣　　　　　　　　　　　**(b)逆铣**

图 3.12　铣削方式

（4）切削深度。切削深度分为轴向切削深度和侧向切削深度。

①轴向切削深度。刀具插入工件沿轴向切削掉的金属层深度称为轴向切削深度。一般工件都是多层切削,每切完一层刀具沿轴向进给一层,进给深度称为每层切削深度,如图 3.13 所示。半精加工和精加工是单层切削。

②侧向切削深度。在同一层,刀具走完一条或一圈刀轨,再向未切削区域侧移一恒定距离,这一恒定侧移距离就是侧向切削深度,在 UG CAM 中称为步距,如图 3.13 所示。

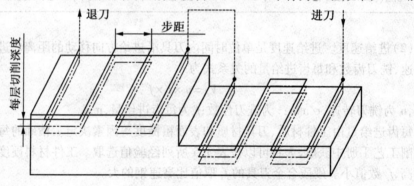

图 3.13　每层切削深度和步距

3.切削方式

铣刀在切削工件的平面和侧面时,可以采用不同的切削刀轨样式,称为切削方式。切削方式有九种,介绍如下:

（1）往复切削方式。如图 3.14 所示,两条平行的切削刀轨间隔距离为一个步距。一条切削刀轨的首和另一条切削刀轨的尾用步进刀轨连接,步进刀轨和切削刀轨在同一层面内,整个刀轨只有一段逼近刀轨、进刀刀轨和退刀刀轨。往复切削方式既有顺铣也有逆铣。

（2）单向切削方式。如图 3.15 所示,单向切削方式是刀具以直线从一头切削到另一头,然后提刀返回,间隔一个步距,再从一头切削到另一头,每条切削刀轨的切削方向相同。每一条切削刀轨都有一段逼近刀轨、进刀刀轨和退刀刀轨。单向切削方式只有一种。

· 102 ·

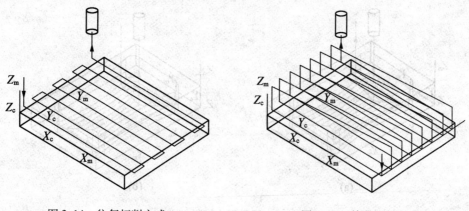

图 3.14　往复切削方式　　　　　　　图 3.15　单向切削方式

（3）单向轮廓切削方式。单向轮廓切削方式如图 3.16 所示。单向轮廓切削刀轨有三段,长直线段相互平行,切削方向相同,间隔一个步距。长切削段两头各有一小段短切削刀轨,短切削刀轨形状与工件侧面轮廓形状相同,可以是直线或曲线,短切削刀轨的跨距为一个步距。

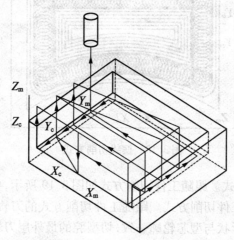

图 3.16　单向轮廓切削方式

单向轮廓切削刀轨的每条刀轨都有一段逼近刀轨、进刀刀轨和退刀刀轨,用快速移动刀把前一条切削刀轨的退刀点与后一条切削刀轨的起始点连接起来,逼近刀轨、进刀刀轨、退刀刀轨和快速移动刀轨不在同一层面上。两头短切削刀轨弥补了往复切削方式一端、单向切削方式两端没有切削刀轨的缺陷,侧面切削比往复和单向切削方式好。

（4）跟随周边切削方式。跟随周边切削方式是外圈套内圈的刀轨,最外圈的刀轨形状与工件边界轮廓形状一致。相邻两圈刀轨的间隔距离为一个步距,圈与圈之间的步进刀轨和切削刀轨在同一层面内,同一层面所有刀轨只有一段逼近刀轨、进刀刀轨和退刀刀轨。切除材料的方向有两种:一种是从大圈刀轨(外)往小圈刀轨(内)切削,如图 3.17(a)所示;另一种是从小圈刀轨(内)往大圈刀轨(外)切削,如图 3.17(b)所示。

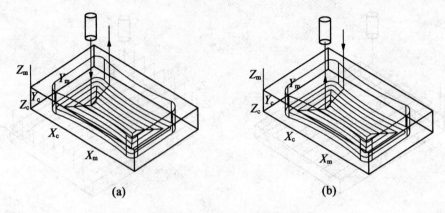

(a)   (b)

图 3.17　跟随周边切削方式

（5）摆线切削方式。摆线切削方式如图 3.18 所示,刀具运动到狭窄凹角区域,刀具的侧向吃刀深度突然变深,为防止扎刀和断刀可采用摆线切削方式。

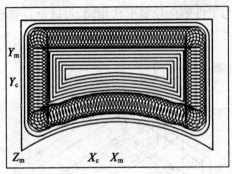

图 3.18　摆线切削方式

（6）跟随工件切削方式。跟随工件切削方式如图 3.19 所示,要切削既有型腔又有型芯的工件就要选择跟随工件切削方式。跟随工件切削方式的刀轨也是一圈圈封闭刀轨,但切型芯的最内层刀轨形状与型芯轮廓一致,切型腔的最外层刀轨形状与型腔轮廓形状一致,交汇处刀轨由 UG CAM 系统自定。相邻两圈刀轨的间隔距离为一个步距,圈与圈之间的步进刀轨和切削刀轨在同一层面内,同一层面所有刀轨只有一段逼近刀轨、进刀刀轨和退刀刀轨。跟随工件切削方式既有顺铣也有逆铣,切削型腔用顺铣,切削型芯用逆铣。

（7）轮廓切削方式。轮廓切削方式用于侧壁半精加工和精加工,如图 3.20 所示。毛坯经过粗加工后,留少量余量用轮廓切削方式对侧壁进行侧向单层、轴向多层的半精加工和精加工。

（8）标准驱动切削方式。标准驱动切削方式和轮廓切削方式功能一样,区别在于轮廓切削方式的刀轨不能交叉,如图 3.21（a）所示;标准驱动切削方式的刀轨可以交叉,如图 3.21（b）所示。

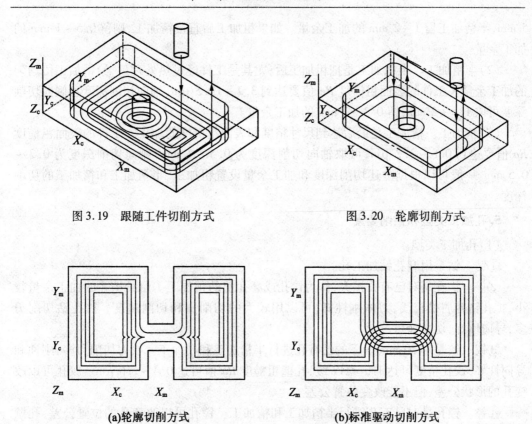

图 3.19　跟随工件切削方式　　　　　图 3.20　轮廓切削方式

(a)轮廓切削方式　　　　　　　　(b)标准驱动切削方式

图 3.21　轮廓切削方式与标准驱动切削方式对比

(9)混合切削方式。一个工件经粗加工后产生几个切削区域,这几个区域用几种切削方式切削,称为混合切削方式。如图 3.22 所示是往复、跟随周边和跟随工件三种切削方式用在一个工件的不同切削区域。

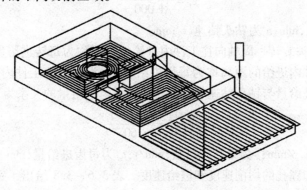

图 3.22　混合切削方式

4.铣削的粗加工、半精加工和精加工

(1)粗加工。粗加工是大体积切除材料,工件表面质量要求低。工件的表面粗糙度 Ra 值要达到 3.2 ~ 12.5 μm,可取轴向切削深度为 3 ~ 6 mm,侧向切削深度为 2.5 ~

5 mm,半精加工留 1~2 mm 的加工余量。如果粗加工后直接精加工,则留 0.5~1 mm 的加工余量。

(2)半精加工。半精加工是把粗加工后,尤其是工件经过热处理后,给精加工留均匀的加工余量。工件的表面粗糙度 Ra 值要达到 3.2~12.5 μm,轴向切削深度和侧向切削深度可取 1.5~2 mm,留 0.3~1 mm 的加工余量。

(3)精加工。精加工是最后达到尺寸精度和表面粗糙度的加工。工件的表面粗糙度 Ra 值要达到 0.8~3.2 μm,可取轴向切削深度为 0.5~1 mm,侧向切削深度为 0.3~0.5 mm。一般可以根据上述切削深度和加工余量设置粗加工、半精加工和精加工的切削深度。

5.孔加工类型和钻削要素

(1)孔加工类型。

①钻。钻是用麻花钻加工孔。

②扩。扩孔是对已有孔扩大,作为铰孔或磨孔前的预加工。留给扩孔的加工余量较小,扩孔钻容屑槽较浅,刀体刚性好,可以用较大的切削量和切削速度。扩孔钻切削刃多,导向性好,切削平稳。

③铰。铰是对 80 mm 以下的已有孔进行半精加工和精加工。铰刀切削刃多,刚性和导向性好,铰孔精度可达 IT6~IT7 级,孔壁粗糙度 Ra 值可达 0.4~1.6 μm。铰孔可以改变孔的形状公差,但不能改变位置公差。

④镗。镗孔是对已有孔进行半精加工和精加工。镗孔可以改变孔的位置公差,孔壁粗糙度 Ra 值可达 0.8~6.3 μm。

⑤孔的螺纹加工。小型螺纹孔用丝锥加工,大型螺纹孔用螺纹铣刀加工。

(2)钻削要素。

①钻削速度。钻削速度是指钻头主切削刃外缘处的切线速度。钻削速度公式为

$$v_f = \frac{\pi \times d \times n}{1\ 000}$$

式中,d 为钻头直径,mm;n 为钻头钻速,r/min。

②进给量。钻头旋转一周轴向往工件内进给的距离称为每转进给量;钻头旋转一个切削刃,轴向往工件内进给的距离称为每齿进给量;钻头每秒往工件内进给的距离称为每秒进给量,每秒进给量与钻头钻速、每转进给量、每齿进给量的关系为

$$v_f = \frac{n \times f}{60} = \frac{2 \times n \times f_z}{60}$$

式中,n 为钻头钻速,r/min;f 为每转进给量,mm/r;f_z 为每齿进给量,mm。

③钻削、铰孔和镗孔的切削速度和进给速度。表 3.6~3.8 给出了钻头切削用量、铰刀切削用量、镗刀切削用量经验值。小型螺纹孔用丝锥加工,切削速度为 1.5~5 m/min。

表 3.6　高速钢钻头切削用量经验值

钻头直径 d/mm	45 钢		合金钢	
	V_C/(m·min^{-1})	f/(mm·r^{-1})	V_C/(m·min^{-1})	f/(mm.r^{-1})
1~5	8~25	0.05~0.1	8~15	0.03~0.08
5~12	8~25	0.1~0.2	8~15	0.08~0.15
12~22	8~25	0.2~0.3	8~15	0.15~0.25
22~50	8~25	0.30~0.45	8~15	0.25~0.35

表 3.7　高速钢铰刀切削用量经验值

钻头直径 d/mm	45 钢和合金钢	
	V_C/(m·min^{-1})	f/(mm·r^{-1})
6~10	1.2~5	0.3~0.4
10~15	1.2~5	0.4~0.5
15~25	1.2~5	0.5~0.6
25~40	1.2~5	0.5~0.6
40~60	1.2~5	0.5~0.6

表 3.8　镗刀切削用量经验值

工序	镗刀材料	45 钢	
		V_C/(m·min^{-1})	f/(mm·r^{-1})
粗镗	高速钢	15~30	0.35~0.7
	硬质合金	50~70	
半精镗	高速钢	15~50	0.15~0.45
	硬质合金	95~135	
精镗	高速钢	100~135	0.12~0.15
	硬质合金		

3.4　数控铣削加工常用的编程指令

3.4.1　数控铣削加工的编程基础

1. 机床参考点和工件坐标系

（1）机床参考点。

通常数控铣床的参考点是机床的一个固定点,在这个位置交换刀具或设定坐标系,是编程的绝对零点和换刀点。把刀具移动到参考点,可采用手动返回参考点和自动返回参考点。

①手动返回参考点。机床每次开机后必须首先执行返回参考点再进行其他操作,按手动返回参考点按钮完成该项操作。

②自动返回参考点。通常在接通电源后,首先执行手动返回参考点设置机床坐标系。然后,用自动返回参考点功能,将刀具移动到参考点进行换刀。机床坐标系一旦设定,就保持不变,直到电源关掉为止。用参数可在机床坐标系中设定四个参考点,如图3.23所示。

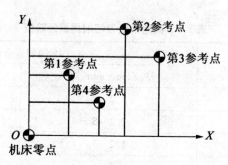

图 3.23 机床零点和参考点

（2）工件坐标系。

①实际加工时工件装夹到工作台的位置是不确定的,因此机床坐标系无法事先确定刀轨与工件的位置关系。为了解决这个问题就要设置相对坐标系,称为工件坐标系,有的称加工坐标系。每台数控机床都有一个如图3.24所示的 $X_0 Y_0 Z_0$ 坐标系,该坐标系称为机床坐标系。机床坐标系的原点 O_0 由生产厂家出厂前设定,一般固定不变。工件坐标系和机床坐标系相对关系如图3.24所示。

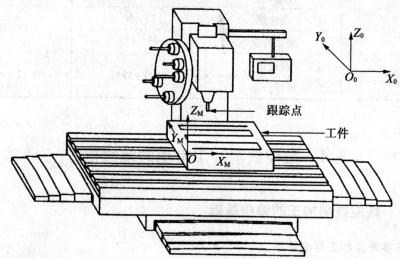

图 3.24 工件坐标系和机床坐标系相对关系

　　编程时计算机里已准备了工件模型,在模型上找三个相互垂直面为加工基准面,以三个基准面的交点为原点建立 $X_M Y_M Z_M$ 加工坐标系,编程时先用加工坐标系确定刀轨与工件模型的切削位置关系。加工时工件安装在工作台上,参照工件模型在加工工件上建立加工基准面和加工坐标系,使加工坐标系和机床坐标系方向一致,通过对刀确定工件原点,从而将加工坐标系转换到机床坐标系。例如,刀轨在加工坐标系的位置坐标为 (x, y, z),加工坐标系原点在机床坐标系的位置坐标为 $(-X, -Y, -Z)$,则刀轨在机床坐标系的位置坐标为 $(-X+x, -Y+y, -Z+z)$。

　　②设置了加工坐标系后可以在计算机里先行完成编程。建立加工坐标系有两种方法,一种是用指令"G92 X_α Y_β Z_γ,;"建立,此时点 (X_0, Y_0, Z_0) 即为程序零点。另一种方法是在参数 0707、0709、0710 中置入适当的数值 α、β、γ,此时加工坐标系在手动参考点返回后自动建立。

　　③数控铣床的 CNC 控制系统可以同时存储几个加工坐标系。加工不同的工件调用相应的加工坐标系即可。

　　(3)刀具移动指令尺寸的表示方法——绝对值/增量值。刀具移动的指令可以用绝对值或增量值表示。

　　①绝对值。绝对值指令是刀具移动到"距坐标系零点某一距离"的点,即刀具移动到坐标值的位置。

　　②增量值。指刀具从前一个位置移动到下一个位置的位移量。

2. 数控铣床程序编制的基本过程

　　复杂工件的 CNC 编程是先在计算机里进行的,本节以 UG CAM 系统为例简单介绍计算机程序编制的基本过程。

　　(1)参考模型准备和模板选择。

　　①工件模型导入。编程需要模型,该模型是加工要达到的最终形状,工件是编程的主要参考依据,首先要在 UG NX2.0 操作界面内导入工件。

　　②毛坯模型创建。编程不但需要工件,还要有被加工的毛坯。用工件模型去分割毛坯模型,割剩的材料是要切除的无用材料。切除材料的范围是 UG CAM 系统计算生成刀轨的依据,所以毛坯也是编程不可缺少的参考依据。另外 UG CAM 还具有仿真切削功能,能模拟整个切削过程,因此进入 UG CAM 界面前,根据工件要求及时创建一个原始毛坯。

　　③模板选择。准备好工件和毛坯就可以从 CAD 操作界面进入 UG CAM 操作界面。根据毛坯加工成工件需要的几种加工类型,选择一种模板,被选模板内的加工类型一定要包含需要的加工类型,否则就不能一次把该工件所有工步的加工程序编制完成。

　　(2)编程基本四要素。

　　①加工文件夹。一个工件加工完成要用所选模板内的几种加工类型加工,要经过几个工序和工步,每个工步需要一个加工程序,称为加工文件。加工文件是用 ATP 语句表示的加工程序,ATP 语句不被所有数控机床识别,只有加工文件输出时转译成通用的 G 代码,才被数控机床识别,因此每个工步的加工文件在输出前需要存放在一个指定的文件夹内。为了区分工序和工步,加工文件有时特意要存放在几个不同的文件夹内。

②加工刀具。每个工步加工需要选择一把刀具。

③几何体。根据工件模型创建毛坯模型,毛坯与工件相对多余的材料都是要切除的材料,也就是加工过程的内容;刀轨的确定也与切除材料的位置有关。所以,创建几何体就是用来定义要切除材料的范围。

④加工方法。工件一般要经过粗加工、半精加工和精加工三种程度的加工,加工方法用来定义每个工步的加工程度。

文件夹、加工刀具、几何体和加工方法是组成一个加工文件的基本四要素,编程时应事先要把四要素的相关信息输入计算机。

(3)加工文件生成。加工文件生成要经过以下四个方面的创建操作。

①创建程序组。创建程序组就是创建加工文件放置文件夹的程序次序结构树。形成后道工步的要素被安排在前道工步要素之下,前道工步要素信息内容被后道工步共享。前后工步要素同级放置,同级工步要素信息没有共享关系。其他结构树关系也是如此。

②创建刀具组。创建刀具组要确定刀具类型、刀具材质和刀柄尺寸,并设置刀具长度补偿值、刀具半径补偿值和刀具号。刀具创建后 UG CAM 系统用一个刀具标志和刀具的名称在刀具结构树中表示出来。

③创建几何体。创建几何体有创建加工坐标系和定义切除材料范围两层含义,既要创建加工坐标系和指定坐标系在毛坯上的位置,又要定义切除材料范围。目的是为 CAM 系统作为生成刀轨分析计算用,把刀轨和工件位置关系用加工坐标系表示出来。

④创建方法。定义加工方法的目的是为 UG CAM 系统确定进给速度、切削速度和切削深度分析计算用,包含加工程度和加工手段。加工程度分粗加工、半精加工和精加工;加工手段分钻削和铣削。

(4)加工程序生成。

①刀轨生成。在 UG CAM 系统内完成上述几何体定义、参数设置、刀轨生成等编程设置后,就可以通过 UG CAM 系统中的动态播放,在计算机内进行仿真切削,模拟加工过程。

②加工文件输出。加工文件没有输出前是 ATP 语言,输出后自动转译成 G 语言程序,可用记事本或写字板格式打开。加工文件输出到机床的控制系统后,就可以进行加工了。

3.4.2 数控铣削加工中心的基本编程功能

本节以配备 FANUC - 0M 系统的数控铣床和加工中心为例,介绍数控铣床和加工中心的编程方法。

1. F、S、T 功能

(1)F 功能—进给功能。

指令格式:G94 F____;

进给功能用于指定进给速度,由 F 代码指定,其单位为 mm/min,范围是 1 ~ 15 000 mm/min(公制),0.01 ~ 600.00 in/min(英制)。例如,"G94 F200;"表示进给速度为 200 mm/min。

使用机床操作面板上的开关,可以对快速移动速度或切削进给速度使用倍率。为防止机械振动,在刀具移动开始和结束时,自动实施加/减速。

(2)S 功能—主轴功能。

指令格式:S ____;

S 功能用于设定主轴转速,其单位为 r/min,范围是 0 ~ 20 000 r/min。S 后面可以直接指定四位数的主轴转速,也可以指定两位数表示主轴转速的千位和百位。本书使用两位数指定主轴转速。例如,S10 表示主轴转速为 1 000 r/min。

(3)T 功能—刀具功能。

指令格式:T ____;

当机床进行加工时,必须选择适当的刀具。给每个刀具赋予一个编号,在程序中指定不同的编号时,就选择相应的刀具。T 功能用于选择刀具号,范围是 T00 ~ T99。例如,当把刀具放在 ATC 的 28 号位时,通过指令 T28 就可以选择该刀具。

2. M 功能和 B 功能—辅助功能

(1)辅助功能用于指令机床的辅助操作,一种是辅助功能(M 代码),用于主轴的启动、停止,冷却液的开、关等。第二种是第二辅助功能(B 代码),用于指定分度工作台分度。

(2)M 代码可分为前指令码和后指令码,其中前指令码可以和移动指令同时执行。例如,"G01 X20.0 M03;"表示刀具移动的同时主轴也旋转。而后指令码必须在移动指令完成后才能执行。"G01 X20.0 M05;"表示刀具移动 20 mm 后主轴才停止。M 代码及功能见表 3.9。

表 3.9　M 代码及功能

M 代码	功能	说明	M 代码	功能	说明
M00	程序停	后指令码	M07	冷却液开	前指令码
M01	计划停		M08	冷却液关	后指令码
M02	程序结束	后指令码	M13	主轴正转、冷却液开	前指令码
M30	程序结束并返回		M14	主轴反转、冷却液关	
M03	主轴正转	指令码	M17	主轴停、冷却液关	后指令码
M04	主轴反转		M98	调用子程序	后指令码
M05	主轴停	后指令码	M99	子程序结束	
M06	换刀	后指令码			

（3）一般情况一个程序段仅能指定一个 M 代码,有两个以上 M 代码时,最后一个 M 代码有效。

（4）B 代码用于机床的旋转分度。当 B 代码地址后面指定一数值时,输出代码信号和选通信号,此代码一直保持到下一个 B 代码被指定为止。每一个程序段只能包括一个 B 代码。

3. G 功能—准备功能

（1）准备功能用于指令机床各坐标轴运动。有两种代码,一种是模态码,它一旦被指定将一直有效,直到被另一个模态码取代。另一种为非模态码,只在本程序段中有效。本系统的 G 代码及功能见表 3.10。

表 3.10　G 代码及功能

G 代码	功能	组别	G 代码	功能	组别
＊G00	快速定位	01	＊G40	撤销刀具半径补偿	07
＊G01	直线插补（F）		G41	刀具半径左补偿	
G02	顺时针方向圆弧插补（CW）		G42	刀具半径右补偿	
G03	逆时针方向圆弧插补（CCW）		G43	刀具长度正补偿	08
G04	延时	00	G44	刀具长度负补偿	
G10	偏移值设定		＊G49	撤销刀具长度补偿	
＊G17	XY 平面选择	02	G54 ～ G59	选择工件坐标系 1 ~ 6	
G18	ZX 平面选择		G73 ～ G89	孔加工循环	14
G19	YZ 平面选择		＊G90	绝对坐标编程	09
G20	英制尺寸	06	G91	增量坐标编程	03
G21	公制尺寸		G92	定义编程原点	
G27	返回参考点检查	00	＊G94	每分钟进给速率	00
G28	返回参考点		＊G98	在固定循环中使 Z 轴返回起始点	05
G29	从参考点返回				
G31	跳步功能		G99	在固定循环中使 Z 轴返回 R 点	
G39	转角过渡				

（2）＊G 代码为电源接通时的初始状态。

（3）如果同组的 G 代码被编入同一程序段中,则最后一个 G 代码有效。

（4）在固定循环中,如果遇到 01 组代码时,固定循环被撤销。

3.4.3　数控铣削加工中心的基本编程方法

本节主要介绍数控铣削加工中心的基本编程指令,包括坐标系选择指令、平面选择指令、刀具移动指令及返回参考点指令等。

1. 坐标系选择指令

CNC 将刀具移动到指定位置。如图 3.25 所示，刀具的位置由刀具在坐标系中的坐标值表示。坐标值由编程轴指定。当三个编程轴为 X、Y、Z 轴时，坐标值指定为：X ＿＿＿ Y ＿＿＿ Z ＿＿＿，该指令称为尺寸字。尺寸字表示为 IP ＿＿＿。

编程时要在机床坐标系、工件坐标系、局部坐标系的三个坐标系之一中指定坐标值。

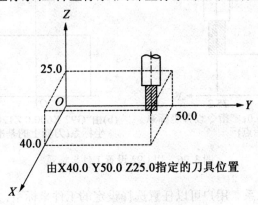

由X40.0 Y50.0 Z25.0指定的刀具位置

图 3.25　刀具位置的坐标

（1）G53—选择机床坐标系指令。

指令格式：G53 X ＿＿＿ Y ＿＿＿ Z ＿＿＿；

当指定机床坐标系上的位置时，刀具快速移动到该位置。用于选择机床坐标系的指令 G53 是非模态 G 代码，即仅在指定机床坐标系的程序段有效。对 G53 指令应指定绝对值（G90）。当指定增量值（G91）时，G53 指令被忽略。当指令 G53 指令时，就清除了刀具半径补偿、刀具长度补偿和刀具偏置。在指令 G53 指令之前，必须设置机床坐标系，因此通电后必须进行手动返回参考点或 G28 指令自动返回参考点。采用绝对位置编码器时，就不需要该操作。

（2）设置工件坐标系。可以使用以下三种方法设置工件坐标系：

①用 G92 法。在程序中，在 G92 之后指定一个值来设定工件坐标系。

指令格式：G92 X ＿＿＿ Y ＿＿＿ Z ＿＿＿；

该指令用于建立工件坐标系，坐标系的原点由指定当前刀具位置的坐标值确定。如图 3.26 所示的坐标系可由"G92 X25.2 Z23.0；"指令设定。

上述指令确定工件坐标系的原点为 O，而（25.2，23.0）为程序的起点。通过上述编程可以保证刀尖或刀柄上某一标准点与程序起点相符。如果发出绝对值指令，基准点移动到指定位置，为了把刀尖移动到指定位置，则刀尖到基准点的差，用刀具长度补偿来校正。如果在刀具长度补偿期间用 G92 指令设定坐标系，则 G92 指令用无偏置的坐标值设定坐标系，刀具半径补偿被 G92 指令临时删除。

②自动设置。预先将系统内参数进行设置，当执行手动返回参考点后，就自动设定了工件坐标系。

③使用 CRT/MDI 面板输入。使用 CRT/MDI 面板可以设置六个工件坐标系，用

G54 ~ G59 指令分别调用。

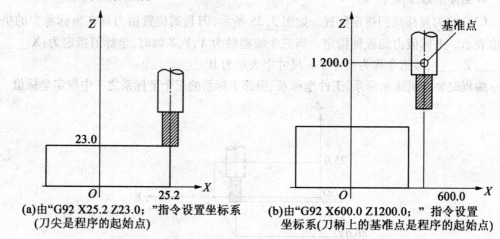

(a)由"G92 X25.2 Z23.0;"指令设置坐标系
(刀尖是程序的起始点)

(b)由"G92 X600.0 Z1200.0;"指令设置
坐标系(刀柄上的基准点是程序的起始点)

图 3.26　用 G92 设置工件坐标系

(3)选择工件坐标系。用户可以任意选择设定的工件坐标系,方法如下:

①用 G92 或自动设定工件坐标系的方法设定了工件坐标系后,工件坐标系用绝对指令工作。

②用 MDI 面板可设定六个工件坐标系 G54 ~ G59。如图 3.27 所示,指定其中一个 G代码,可以选择六个中的一个。

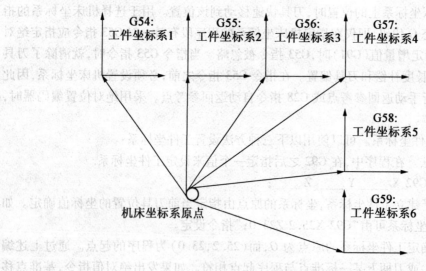

图 3.27　工件坐标系

当电源接通并返回参考点之后,建立工件坐标系 1 至工件坐标系 6,当电源接通时,自动选择 G54 坐标系。如图 3.28 所示,用 G55 选择工件坐标系 2,刀具定位到选择工件坐标系 2 的坐标点(X40.0,Y100.0)。

G90 G55 G00 X40.0 Y100

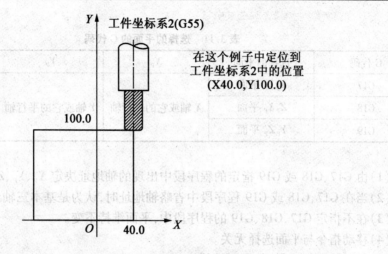

图 3.28　选择工件坐标系举例

（4）局部坐标系。为了方便编程，当在工件坐标系中编制程序时，可以设定工件坐标系的子坐标系。子坐标系称为局部坐标系，如图 3.29 所示。

指令格式：G52 X ＿＿ Y ＿＿ Z＿＿；

G52 取消局部坐标系

用指令"G52 X ＿＿ Y ＿＿ Z ＿＿；"可以在工件坐标系 G54 ~ G59 中设定局部坐标系。局部坐标系的原点设定在工件坐标系中以"X ＿＿ Y ＿＿ Z ＿＿；"指定的位置。

当局部坐标系设定时，后面的以绝对值方式（G90）指令移动的是局部坐标系中的坐标值。

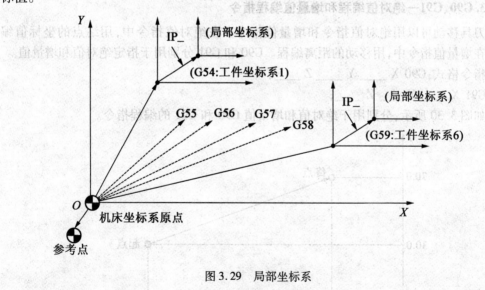

图 3.29　局部坐标系

2. 平面选择指令

对选择 G 代码的圆弧插补、刀具半径补偿和钻孔，需要选择平面。表 3.11 列出选择平面的 G 代码。

表 3.11 选择的平面的 G 代码

G 代码	选择的平面	X_P	Y_P	Z_P
G17	$X_P Y_P$ 平面			
G18	$Z_P X_P$ 平面	X 轴或它的平行轴	Y 轴或它的平行轴	Z 轴或它的平行轴
G19	$Y_P Z_P$ 平面			

(1)由 G17、G18 或 G19 指定的程序段中出现的轴地址决定 X_P、Y_P、Z_P。

(2)当在 G17、G18 或 G19 程序段中省略轴地址时,认为是基本三轴地址被省略。

(3)在不指定 G17、G18、G19 的程序段中,平面维持不变。

(4)移动指令与平面选择无关。

例:当 U 轴平行 X 轴时,平面选择:

G17 X ____ Y ____;   (XY 平面)

G17 U ____ Y ____;   (UY 平面)

G18 X ____ Z ____;   (ZX 平面)

X ____ Y ____;   (平面不改变,ZX 平面)

G17;   (XY 平面)

G18;   (ZX 平面)

G17 U ____;   (UY 平面)

G18 Y ____;   (ZX 平面,Y 轴移动,与平面没有任何关系)

3. G90、G91—绝对值编程和增量值编程指令

刀具移动可以用绝对值指令和增量值指令。在绝对值指令中,用终点的坐标值编程。在增量值指令中,用移动的距离编程。G90 和 G91 分别用于指定绝对值和增量值。

指令格式:G90 X ____ Y ____ Z ____;

G91 X ____ Y ____ Z ____;

如图 3.30 所示,分别用于绝对值和增量值 G90 和 G91 的编程指令。

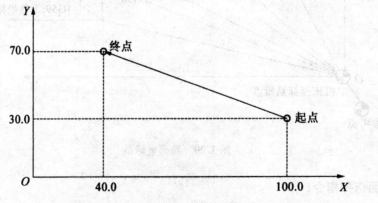

图 3.30 G90、G91 举例

C90 X40.0 Y70.0;　　　　　　　　（绝对值指令）

G91 X－60.0 Y40.0;　　　　　　　（增量值指令）

4. 刀具移动指令

（1）G00—快速点定位指令。

指令格式：G00 α ＿＿＿ β ＿＿＿；

说明：

①式中 α、β 为目标点的坐标，是采用绝对坐标还是采用增量坐标由 G90 和 G91 指令定。

②执行 G00 指令，刀具以快速移动速度移动到指定的工件坐标系位置。快速移动速度由机床制造厂单独设定，不能在地址 F 中指定。

（2）G01—直线插补指令。

指令格式：G01 α ＿＿＿ β ＿＿＿ F ＿＿＿；

说明：

①式中 α、β 为插补终点的坐标，不运动的轴可以省略。

②执行 G01 指令，刀具以 F 指定的进给速度沿直线移动到指定的位置，直到新的值被指定之前，F 指定的进给速度一直有效。因此，不需对每个程序段都指定 F 值。

③用 F 指定的进给速度是沿着刀具轨迹测量的，如果不指定 F 代码，则认为进给速度为零。

④F 为合成进给速度，各个轴向的进给速度如下：

α 轴方向的进给速度：$F_\alpha = \dfrac{\alpha \times F}{L}$

β 轴方向的进给速度：$F_\beta = \dfrac{\beta \times F}{L}$

其中，$L^2 = \alpha^2 + \beta^2$。

（3）G02，G03—圆弧插补指令。

指令格式：

在 $X_P Y_P$ 平面上的圆弧为

G17 G02(G03) { X_P ＿＿ Y_P ＿＿ I ＿＿ J ＿＿ F ＿＿；
R ＿＿；

在 $Z_P X_P$ 平面上的圆弧为

G18 G02(G03) { Z_P ＿＿ X_P ＿＿ I ＿＿ K ＿＿ F ＿＿；
R ＿＿；

在 $Y_P Z_P$ 平面上的圆弧为

G19 G02(G03) { Y_P ＿＿ Z_P ＿＿ I ＿＿ K ＿＿ F ＿＿；
R ＿＿；

G02、G03 指令格式说明见表 3.12。

表 3.12　G02、G03 指令格式说明

指令	说明
G17	指定 $X_P Y_P$ 平面上的圆弧
G18	指定 $Z_P X_P$ 平面上的圆弧
G19	指定 $Y_P Z_P$ 平面上的圆弧
G02	顺时针方向圆弧插补(CW)
G03	逆时针方向圆弧插补(CCW)
X_P	X 轴或它的平行轴的指令值
Y_P	Y 轴或它的平行轴的指令值
Z_P	Z 轴或它的平行轴的指令值
I ____	X_P 轴从起始点到圆弧中心的距离(带符号)
J ____	Y_P 轴从起始点到圆弧中心的距离(带符号)
K ____	Z_P 轴从起始点到圆弧中心的距离(带符号)
R ____	圆弧半径
F ____	沿圆弧的进给速度

说明:

①圆弧插补方向。在直角坐标系中,当从 Z_P 轴(X_P 轴或 Y_P 轴)由正向负的方向看时,G02 顺时针方向和 G03 逆时针方向为圆弧插补方向,如图 3.31 所示。

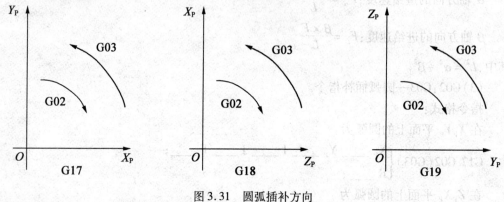

图 3.31　圆弧插补方向

②弧上移动的距离(X_P、Y_P 和 Z_P)。用 X_P、Y_P 和 Z_P 指定圆弧的终点,并且根据 G90 或 G91 用绝对值或增量值表示。若为增量值指定,则该值为从圆弧起始点向终点方向的距离。

③起始点到圆弧中心的距离(I、J 和 K)。用地址 I 和 K 分别指定 X_P、Y_P 和 Z_P 轴向的圆弧中心位置。I、J 和 K 后面的数值是从起始点向圆弧中心方向的矢量分量,并且不管指定 G90 还是 G91 总是增量值,I、J 和 K 必须根据方向指定其符号,如图 3.32 所示。

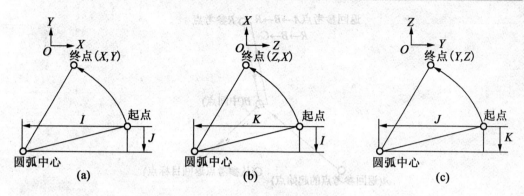

图 3.32　起始点到圆弧中心的距离 I、J 和 K 的方向

I_0、J_0 和 K_0 可以省略。当 X_P、Y_P 和 Z_P 省略，并且中心用 I、J 和 K 指定时，是 360° 圆弧(整圆)。

④圆弧半径(R)。R 为采用半径方式编程时的圆弧半径，可以替代 I、J 和 K。如图 3.33 所示，由于同一个 R 对应两个圆弧，因此规定当加工圆弧的圆心角大于 180° 时，R 取负值，否则取正值。如果 X_P、Y_P 和 Z_P 省略，即终点和起点位于相同位置，并且指定 R 时，程序编制出的圆弧为 0°。

G02 R ____;刀具不移动。

圆弧①(小于180°)
G91 G02 X_P60.0 Y_P20.0 R50.0 F30.0;
圆弧②(大于180°)
G91 G02 X_P60.0 Y_P20.0 R-50.0 F30.0;

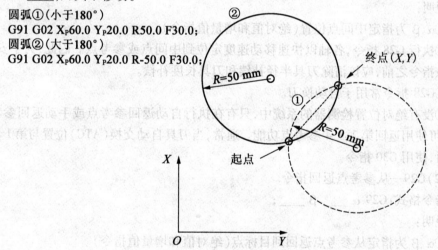

图 3.33　圆弧的半径正负值

⑤进给速度 F。圆弧插补的进给速度等于 F 代码指定的进给速度，并且将沿着圆弧的进给速度(圆弧的切向进给速度)控制为指定的进给速度。

⑥如果同时指定地址 I、J、K 和 R 时，用地址 R 指定的圆弧优先，其他都被忽略。

5. 返回参考点指令

如图 3.34 所示刀具经过中间点沿着指定轴自动地移动到参考点。或者刀具从参考点经过中间点沿着指定轴自动地移动到指定点。当返回参考点完成时，表示返回完成的指示灯亮。

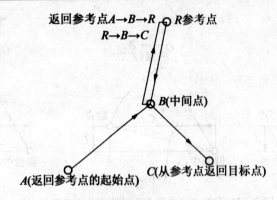

图 3.34 返回参考点和从参考点返回

(1)G28、G30—返回参考点指令。

指令格式:

G28 α ____ β ____;   (返回参考点)

G30 P2 ____;   (返回第 2 参考点)

G30 P3 α ____ β ____;   (返回第 3 参考点)

G30 P4 α ____ β ____;   (返回第 4 参考点)

说明:

①α、β 为指定中间点位置(绝对值和增量值指令)。

②执行 G28 指令,各轴以快速移动速度定位到中间点或参考点。因此,为了安全,在执行该指令之前,应该清除刀具半径补偿和刀具长度补偿。

②G28 指令常用于自动换刀。

③没有绝对位置检测器的系统中,只有在执行自动返回参考点或手动返回参考点之后,方可使用返回第 2、3、4 参考点功能。通常,当刀具自动交换(ATC)位置与第 1 参考点不同时,使用 G30 指令。

(2)G29—从参考点返回指令。

指令格式:G29 α ____ β ____;

说明:

①α、β 为指定从参考点返回到目标点(绝对值和增量值指令)。

②一般情况下,在 G28 或 G30 指令后,应立即指定从参考点返回指令。对增量值编程,指令值指离开中间点的增量值。

(3)G27—返回参考点检查指令。

指令格式:G27 α ____ β ____;

说明:

①α、β 为指定的参考点(绝对值和增量值指令)。

②执行 G27 指令,刀具以快速移动速度定位,返回参考点检查刀具是否已经正确返回到程序指定的参考点,如果刀具已经正确返回,该轴指示灯亮。

③使用 G27 返回参考点检查指令之后,将立即执行下一个程序段。如果不希望立即

执行下一个程序段(如换刀时),可插入 M00 或 M01。

④由于返回参考点检查不是每个循环都需要的,故可以作为任选程序段。

⑤在返回参考点检查之前,需取消刀具补偿。

6. 停刀指令

指令格式:G04 X ____;

或 G04 P ____;

说明:

①X 为指定时间(可以用十进制小数点)。

②P 为指定时间(不能用十进制小数点)。

③执行 G04 指令停刀,延迟指定的时间后执行下一个程序段。

④P、X 都不指定时,执行准确停止。

⑤X 的暂停时间的指令值范围为:0.001 ~ 99 999.999 s,P 的暂停时间的指令值范围为:1 ~ 99 999 999(0.000 1 s)。例如,暂停 2.5 s 的程序为"G04　X2.5;"或"G04 P2500;"。

3.4.4　刀具补偿功能

应用刀具补偿功能后数控系统可以对刀具长度和刀具半径进行自动校正,使编程人员可以直接根据零件图纸进行编程,不必考虑刀具因素。它的优点是在换刀后不需要另外编写程序,只需输入新的刀具参数即可,而且粗、精加工可以通用。

1. G43、G44、G49—刀具长度补偿功能

如图 3.35 所示,将编程时的刀具长度和实际使用的刀具长度之差设定于刀具偏置存储器中。用该功能补偿这个差值而不用修改程序。

用 G43 或 G44 指定刀具长度补偿方向。由输入的地址号(H 代码),从偏置存储器中选择刀具偏置值。

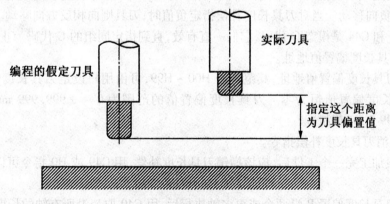

图 3.35　刀具长度偏置

(1)刀具长度补偿方法。根据刀具的偏置轴,可以使用下面三种刀具补偿方法:

①刀具长度偏置 A。沿 Z 轴补偿刀具长度的差值。

②刀具长度偏置 B。沿 X、Y 或 Z 轴补偿刀具长度的差值。

③刀具长度偏置 C。沿指定轴补偿刀具长度的差值。

刀具长度补偿指令格式见表 3.13。

表 3.13　刀具长度补偿指令格式

补偿方法	指令格式	说明
刀具长度偏置 A	G43 Z ____ H ____;	各地址的说明： G43：刀具长度正补偿 G44：刀具长度负补偿 G17：XY 平面选择 G18：ZX 平面选择 Gl9：YZ 平面选择 α：被选择轴的地址 H：指定刀具长度偏置值的地址
	G44 Z ____ H ____;	
刀具长度偏置 B	G17 G43 Z ____ H ____;	
	G17 G43 Z ____ H ____;	
	G18 G43 Y ____ H ____;	
	G18 G43 Y ____ H ____;	
	G19 G43 Z ____ H ____;	
	G19 G43 Z ____ H ____;	
刀具长度偏置 C	G43 α ____ H ____;	
	G44 α ____ H ____;	

（2）刀具长度偏置方向。

①无论是绝对坐标编程还是增量坐标编程，当指定 G43 时，用 H 代码指定的刀具长度偏置值加到程序中由指令指定的终点位置坐标上。当指定 G44 时，从终点位置减去长度补偿值。补偿后的坐标值表示补偿后的终点位置，而不管选择的是绝对值还是增量值。

②如果不指定轴的移动，系统假定指定了不引起移动的移动指令。当用 G43 对刀具长度偏置指定一个正值时，刀具按正向移动。当用 G44 对刀具长度补偿指定一个正值时，刀具按负向移动。当对刀具长度补偿指定负值时，刀具则向相反方向移动。

③G43 和 G44 是模态 G 代码，它们一直有效，直到指定同组的 G 代码为止。

（3）刀具长度偏置值地址。

H 为刀具长度偏置值地址，其范围为 H00 ~ H99，可由用户设定刀具长度偏置值，其中 H00 的长度偏置值恒为零。刀具长度偏置值的范围为 0 ~ ±999.999 mm（公制），0 ~ ±99.999 9 in（英制）。

（4）取消刀具长度补偿指令。

①一般加工完一个工件后，应该撤销刀具长度补偿，用 G49 或 H0 指令可以取消刀具长度补偿。

②在刀具长度偏置 B 沿两个或更多轴执行后，用 G49 取消沿所有轴的长度补偿。如果用 H0 指令，仅取消沿垂直于指定平面的轴的长度补偿。

【例 3.1】　如图 3.36 所示，该工件上有 3 个孔，孔径为 20 mm，孔深如图所示，试编写加工程序。编程坐标系如图所示，取距离工件表面 3 mm 处为 $Z = 0$ 平面，刀具长度偏置值 H1 = −4.0。程序如下：

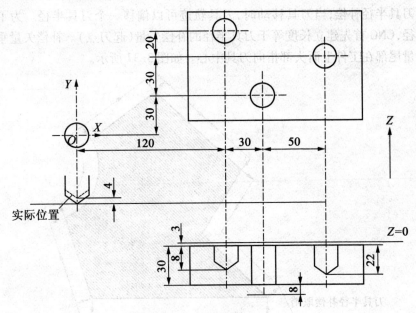

图 3.36　刀具长度补偿举例

```
O0000
N001 G91 G00 X120.0 Y80.0 ;            （定位）
N002 S20 M03 ;                         （启动主轴）
N003 G43 Z32.0 H1 ;                    （刀具长度补偿）
N004 G01 Z − 21.0 F1000 ;             （钻孔 1）
N005 G04 P2000 ;                       （孔底暂停 2 s）
N006 G00 Z21.0 ;                       （退刀）
N007 X30.0 Y − 50.0 ;                 （定位）
N008 G01 Z − 41.0 ;                   （钻孔 2）
N009 G00 Z41.0 ;                       （退刀）
N010 X50.0 Y30.0 ;                     （定位）
N011 G01 Z − 25.0 ;                   （钻孔 3）
N012 G04 P2000 ;                       （孔底暂停 2 s）
N013 G00 Z57 H0 ;                      （退刀，撤销长度补偿）
N014 X − 120.0 Y − 60.0 ;            （退回编程起始点）
N015 M02 ;                             （程序结束）
```

2. G40、G41、G42——刀具半径补偿功能

（1）刀具半径补偿过程。

铣削平面轮廓时，由于铣刀半径不同，使得铣同一轮廓时的各把刀具的中心轨迹都不相同。因此，就要使用半径补偿功能，按照图纸的轨迹进行编程，可以减少编程的复杂程度。

　　进行刀具半径补偿,当刀具移动时,刀具轨迹可以偏移一个刀具半径。为了偏移一个刀具半径,CNC 首先建立长度等于刀具半径的补偿矢量(起刀点)。补偿矢量垂直刀具轨迹。矢量尾部在工件上而头部指向刀具中心。如图 3.37 所示。

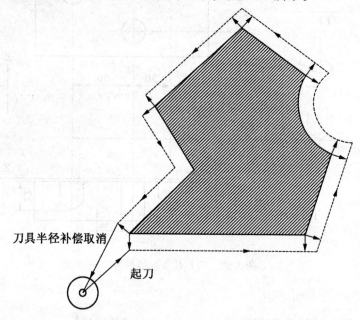

图 3.37　刀具半径补偿矢量

　　如果在起刀之后指定直线插补或圆弧插补,在加工期间,刀具轨迹可以用偏置矢量的长度偏移。在加工结束时,为使刀具返回到开始位置,需撤销刀具半径补偿方式。

　　指令格式:

　　G00(或 G01) G41(或 G42) IP ＿＿＿ D ＿＿＿;

　　G40 IP;

式中,G41 为刀具半径左补偿(07 组);G42 为刀具半径右补偿(07 组);IP 为指定坐标轴移动;D 为指定刀具半径补偿值的代码(1～3 位);G40 为刀具半径补偿取消(07 组)。

　　(2)说明。

　　①偏置取消方式。当电源接通时,CNC 系统处于偏置方式取消状态。在取消方式中,矢量总是 0,并且刀具中心轨迹和编程轨迹一致。

　　②起刀。当在偏置取消方式指定刀具半径补偿指令(G41 或 G42,在偏置平面内,非零尺寸字和除 D0 以外的 D 代码)时,CNC 进入偏置方式。用这个指令移动刀具称为起刀。起刀时应指定快速点定位(G00)或直线插补(G01)。如果指定圆弧插补(G02、G03),系统会报警。

　　处理起刀程序段和以后的程序段时,CNC 预读两个程序段。

　　③偏置方式。在偏置方式中,由快速点定位(G00)、直线插补(G01)或圆弧插补(G02、G03)实现补偿。如果在偏置方式中,处理两个或更多刀具不移动的程序段(辅助

功能、暂停等），刀具将产生过切或欠切现象。如果在偏置方式中切换偏置平面，系统出现报警，并且刀具停止移动。

④偏置方式取消。在偏置方式中，当满足下面条件中的任何一个，程序段被执行时，CNC 进入偏置取消方式，并且这个程序段的动作称为偏置取消：

● G40 的程序段；

● 指定了刀具半径补偿偏置号为 0 的程序段。

当执行偏置取消时，圆弧指令（G02、G03）无效。如果指定圆弧指令，系统报警并且刀具停止移动。

⑤刀具半径补偿值的改变。通常，刀具半径补偿值应在取消方式改变，即换刀时。如果在偏置方式中改变刀具半径补偿值，在程序段的终点的矢量被计算作为新刀具半径补偿值。如图 3.38 所示。

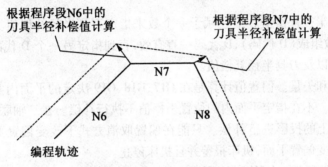

图 3.38　改变刀具半径补偿值

⑥正/负刀具半径补偿值和刀具中心轨迹。如果偏置量是负值（-），则 G41 和 G42 互换。即如果刀具中心正围绕工件的外轮廓移动，它将绕着内侧移动，或者相反。

以图 3.39 为例。一般情况下，偏置量是正值（+），刀具轨迹编程如图 3.39（a）所示。如果偏置量改为负值（-），则刀具中心移动变成如图 3.39（b）所示。用这种特性，可以加工阴、阳两个工件。

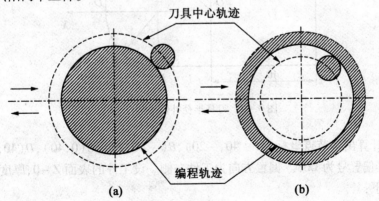

图 3.39　正/负刀具半径补偿值和刀具轨迹

⑦刀具半径补偿值设定。在 MDI 面板上，把刀具半径补偿值赋给 D 代码。表 3.14

表示刀具半径补偿值的指定范围。

表 3.14　刀具半径补偿值的指定范围

	公制输入	英制输入
刀具半径补偿值	0 ~ 999.999 mm	0 ~ 99.999 9 in

●对应于偏置号 0 即 D0 的刀具补偿值总是 0。不能设定 D0 任何其他偏置量。

●当参数 FH 设为 0 时,刀具半径补偿 C 可以用 H 代码指定。

⑧偏置矢量。偏置矢量是二维矢量,它等于由 D 代码赋值的刀具补偿值。它在控制装置内部计算,并且它的方向根据每个程序段中刀具的前进方向而改变。偏置矢量用复位清除。

⑨指定刀具半径补偿值。给它赋予一个数来指定刀具半径补偿值。这个数由地址 D 后的 1 ~ 3 位数组成(D 代码),D 代码一直有效,直到指定另一个 D 代码。D 代码用于指定刀具偏置值以及刀具半径补偿值。

⑩平面选择和矢量。偏置值计算是在 G17、G18、G19 决定的平面内实现的。这个平面称为偏置平面。不在指定平面内的位置坐标值不执行补偿。在三轴联动控制时,对刀具轨迹在各平面上的投影进行补偿。只能在偏置取消方式下改变偏置平面。如果在偏置取消方式下改变偏置平面,机床报警并且机床停止。

【例 3.2】　编程加工如图 3.40 所示工件,编程坐标系如图所示。

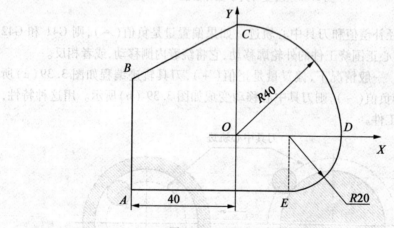

图 3.40　刀具半径补偿举例(一)

由图可计算出各节点坐标:$A(-40, -20)$,$B(-40, 20)$,$C(0, 40)$,$D(40, 0)$,$E(20, -20)$。刀具偏置号为 D08。偏置方向为工件左侧。设工件的表面 Z - 0,厚度为 25 mm。

程序如下:

O00000

N001 G00 Z25.0;　　　　　　　　　　　　　　　　(刀具抬起)

N002 G90 G17 G41 X - 40.0 Y - 20.9 D08;(移动到 A 点,开始刀具半径补偿)

N003 S20 M03；　　　　　　　　　　　　　　　　　（启动主轴）
N004 G01 Z – 25.0 F100；　　　　　　　　　　　　（Z 轴进给）
N005 Y20.0；　　　　　　　　　　　　　　　　　　（A→B）
N006 X0 Y40.0；　　　　　　　　　　　　　　　　　（B→C）
N007 G02 X40.0 Y0 R40.0；　　　　　　　　　　　（C→D）
N008 X20.0 Y – 20.0 R20.0；　　　　　　　　　　　（D→E）
N009 G01 X – 40.0；　　　　　　　　　　　　　　　（E→A）
N010 G00 225.0；　　　　　　　　　　　　　　　　（Z 轴退刀）
N011 G40 X0 Y0；　　　　　　　　　　　　　　　　（撤销刀具半径补偿）
N012 M02；　　　　　　　　　　　　　　　　　　　（程序结束）

【例 3.3】　编程加工如图 3.41 所示工件,编程坐标系如图所示。刀具偏置号为 D07 偏置,方向为工件的左侧,起始点坐标为(0,0,0)。

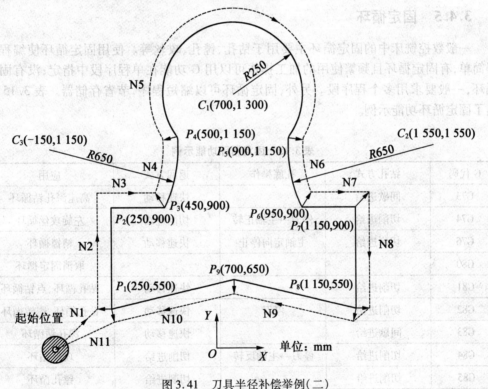

图 3.41　刀具半径补偿举例(二)

程序如下:
O0000
N001 G92 X0 Y0 Z0；　　　　　　　　　　　　（指定绝对坐标值,刀具定位在起始位置(X_0,Y_0,Z_0)）
N002 G90 G17 G00 D07 X250.0 Y550.0；　　　　（开始刀具半径补偿（起刀））

刀具用 D07 指定的距离偏移到编程轨迹的右边。D07 预先设定为 15（刀具半径为 15 mm））。

N003 G01 Y900.0 F150； $(P_1 \rightarrow P_2)$

N004 X450.0； $(P_2 \rightarrow P_3)$

N005 G03 X500.0 Y1150.0 R650.0； $(P_3 \rightarrow P_4)$

N006 G02 X900.0 R - 250.0； $(P_4 \rightarrow P_5)$

N007 G03 X950.0 Y900.0 R650.0； $(P_5 \rightarrow P_6)$

N008 G01 X1150.0； $(P_6 \rightarrow P_7)$

N009 Y550.0； $(P_7 \rightarrow P_8)$

N010 X700.0 Y650.0； $(P_8 \rightarrow P_9)$

N011 X250.0 Y550.0； $(P_9 \rightarrow P_1)$

N012 G00 G40 X0 Y0；   （取消刀具偏置方式, 刀具返回到
　　　　　　　　　　　　　　　　　　开始位置(X_0, Y_0, Z_0)）

N013 M02；   （程序结束）

3.4.5 固定循环

一般数控铣床中的固定循环主要用于钻孔、镗孔、攻丝等。使用固定循环使编程变得简单,有固定循环且频繁使用的加工操作可以用 G 功能在单程序段中指定;没有固定循环,一般要求用多个程序段。另外,固定循环可以缩短程序,节省存储器。表 3.15 给出了固定循环功能示例。

表 3.15　固定循环功能示例

G 代码	钻孔方式	孔底操作	返回方式	应用
G73	间歇进给		快速移动	高速深孔钻循环
G74	切削进给	停刀→主轴正转	切削进给	左旋攻丝循环
G76	切削进给	主轴定向停止	快速移动	精镗循环
G80				取消固定循环
G81	切削进给		快速移动	钻孔循环、点钻循环
G82	切削进给	停刀	快速移动	钻孔循环、锪镗循环
G83	间歇进给		快速移动	深孔钻循环
G84	切削进给	停刀→主轴反转	切削进给	攻丝循环
G85	切削进给		切削进给	镗孔循环
G86	切削进给	主轴停止	快速移动	镗孔循环
G87	切削进给	主轴正转	快速移动	背镗循环
G88	切削进给	停刀→主轴停止	手动移动	镗孔循环
G89	切削进给	停刀	切削进给	镗孔循环

1. 固定循环组成

固定循环由六个顺序的动作组成,如图 3.42 所示。

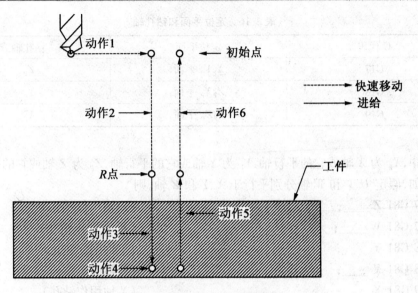

图 3.42 固定循环动作顺序

动作 1:X 轴和 Y 轴的定位(还可以包括另一个轴);

动作 2:快速移动到 R 点;

动作 3:孔加工;

动作 4:在孔底的动作;

动作 5:返回到 R 点;

动作 6:快速返回到初始点。

2. 编程格式

格式如下:

G90(G91) G98(G99) (G73 ~ G89) X ____ Y ____ Z ____ R ____ Q ____ P ____ F ____ K ____;

式中,X、Y 为孔在定位平面上的位置;Z 为孔底位置;R 为快进的终止面;Q 为 G76 和 G87 中每次的切削深度,在 G76 和 G87 中为偏移值,它始终是增量坐标值;P 为在孔底的暂停时间,与 G04 相同;F 为切削进给速度;K 为重复加工次数,范围是 1 ~ 6,当 K = 1 时,可以省略,当 K = 0 时,不执行孔加工。

进行固定循环编程时要注意以下事项:

(1)定位平面。由平面选择代码 G17、G18 或 G19 决定定位平面,定位轴是除钻孔轴以外的轴。

(2)钻孔轴。虽然固定循环包括攻丝、镗孔以及钻孔循环,在本章中,钻孔将用于说明固定循环执行的动作。钻孔轴是不用于定义定位平面的基本轴(X、Y 或 Z)或平行于基本轴的轴。

钻孔轴根据 G 代码(G73 ~ G89)程序段中指定的轴地址确定。如果没有对钻孔轴指定轴地址,则认为基本轴是钻孔轴。定位平面和钻孔轴见表 3.16。

表 3.16 定位平面和钻孔轴

G 代码	定位平面	钻孔轴
G17	$X_P Y_P$ 平面	Z_P
G18	$Z_P X_P$ 平面	Y_P
G19	$Y_P Z_P$ 平面	X_P

表中,X_P 为 X 轴或它的平行轴,Y_P 为 Y 轴或它的平行轴,Z_P 为 Z 轴或它的平行轴。例如,假定 U、V 和 W 轴分别平行于 X、Y 和 Z 轴,则

G17 G81 Z ____;　　　　　　　　　　　　　（Z 轴用作钻孔）

G17 G81 W ____;　　　　　　　　　　　　　（W 轴用作钻孔）

G18 G81 Y ____;　　　　　　　　　　　　　（Y 轴用作钻孔）

G18 G81 V ____;　　　　　　　　　　　　　（V 轴用作钻孔）

G19 G81 X ____;　　　　　　　　　　　　　（X 轴用作钻孔）

G19 G81 U ____;　　　　　　　　　　　　　（U 轴用作钻孔）

G17 ~ G19 可以在 G73 ~ G89 未指定的程序段中指定。在取消固定循环以后,才能切换钻孔轴。

(3)沿钻孔轴移动的距离 G90/G91。G90 和 G91 决定了孔加工数据的形式,沿着钻孔轴的移动距离 Z 和 R,对 G90 和 G91 变化如图 3.43 所示。

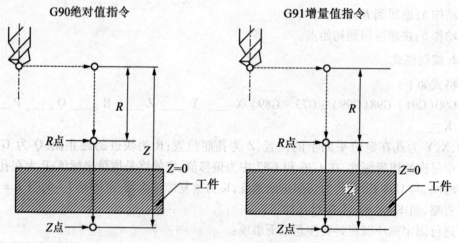

图 3.43　G90、G91 规定的 Z、R 值

(4)钻孔方式。G73、G74、G76 和 G81 ~ G89 是模态 G 代码,直到被取消之前一直保持有效。当有效时,当前状态是钻孔方式。

一旦在钻孔方式中数据被指定,则数据将被保持,直到被修改或清除。在固定循环的开始,指定全部所需的钻孔数据,当固定循环正在执行时,只能指定修改数据。

(5)返回点平面 G98/G99。当刀具到达孔底后,刀具可以返回到 R 点平面或初始平面,由 G98 和 G99 指定。如图 3.44 所示,指定 G98 和 G99 时的刀具移动。如果在台阶

面上加工孔,从低面向高面加工时会产生碰撞现象,需引起注意。

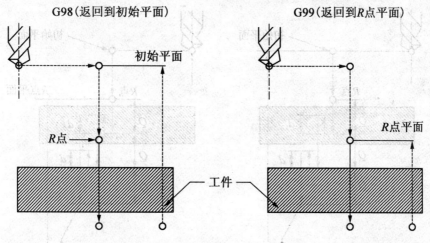

图 3.44　G98、G99 规定的返回点平面

(6)重复次数 K。在 K 中指定重复次数,对等间距孔进行重复钻孔。

K 仅在被指定的程序段内有效。以增量方式(G91)指定第一孔位置。如果用绝对方式(G90)指定,则在相同位置重复钻孔。

(7)取消固定循环。使用 G80 或 01 组 G 代码,可以取消固定循环。

3. 固定循环指令

(1)G73—高速排屑钻孔循环指令。

该循环执行高速排屑钻孔。它执行间歇切削进给直到孔的底部,同时从孔中排除切屑。

指令格式:G73 X＿＿＿ Y＿＿＿ Z＿＿＿ R＿＿＿ Q＿＿＿ F＿＿＿ K＿＿＿;

式中,X、Y 为孔位数据;Z 为从 R 点到孔底的距离;R 为从初始平面到 R 点的距离;Q 为每次切削进给的切削深度;F 为切削进给速度;K 为重复次数。

说明:

①执行高速排屑钻孔循环 G73 指令,如图 3.45 所示,机床首先快速定位于 X、Y 坐标,并快速下刀到 R 点,然后以 F 速度沿着 Z 轴执行间歇进给,进给一个深度 Q 后回退一个退刀量 d,将切屑带出,再次进给。使用这个循环,切屑可以很容易地从孔中排出,并且能够设定较小的回退值。在参数中设定退刀量 d,刀具快速移动退回。

②在指定 G73 之前,用辅助功能旋转主轴(M 代码)。

③当 G73 代码和 M 代码在同一个程序段中被指定时,在第一定位动作的同时,执行 M 代码。然后,系统处理下一个钻孔动作。

④当指定重复次数 K 时,只在第一个孔执行 M 代码,对第二个和以后的孔,不执行 M 代码。

⑤当在固定循环中指定刀具长度偏置(G43、G44 或 G49)时,在定位到 R 点的同时加偏置。

⑥在改变钻孔轴之前必须取消固定循环。

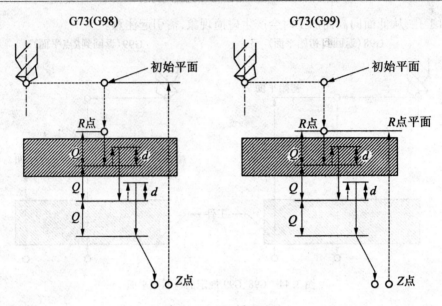

图 3.45　G73 循环过程

⑦在程序段中没有 X、Y、Z、R 或任何其他轴的指令时,钻孔不执行。

⑧在执行钻孔的程序段中指定 Q、R。如果在不执行钻孔的程序段中指定它们,则不能作为模态数据被存储。

⑨不能在同一程序段中指定 01 组 G 代码和 G73,否则 G73 将被取消。

⑩在固定循环方式中,刀具偏置被忽略。

【例 3.4】　高速排屑孔循环指令 G73 编程示例。

O0000

N010 M03 S2000;　　　　　　　　　　　　　(主轴开始旋转)

N020 G90 G99 G73 X300.0 Y−250.0 Z−150.0 R−100.0 Q15.0 F120.0;

　　　　　　　　　　　　　(定位,钻孔 1,然后返回到 R 点)

N030 Y−550.0;　　　　　　　　　　　　　(定位,钻孔 2,然后返回到 R 点)

N040 Y−750.0;　　　　　　　　　　　　　(定位,钻孔 3,然后返回到 R 点)

N050 X1000.0;　　　　　　　　　　　　　(定位,钻孔 4,然后返回到 R 点)

N060 Y−550.0;　　　　　　　　　　　　　(定位,钻孔 5,然后返回到 R 点)

N070 G98 Y−750.0;　　　　　　　　　　　(定位,钻孔 6,然后返回到初始平面)

N080 G80 G28 G91 X0 Y0 Z0;　　　　　　　(返回到参考点)

N090 M05;　　　　　　　　　　　　　　　(主轴停止旋转)

(2)G74—左旋攻丝循环指令。

该循环执行左旋攻丝。在左旋攻丝循环中,当刀具到达孔底时,主轴顺时针旋转。

指令格式:G74 X ____ Y ____ Z ____ R ____ P ____ F ____ K ____;

式中,X、Y 为孔位数据;Z 为从 R 点到孔底的距离;R 为从初始平面到 R 点的距离;P 为暂停时间;F 为切削进给速度;K 为重复次数。

说明：

①该循环用于主轴逆时针旋转执行攻丝。如图 3.46 所示,当到达孔底时,为了退回,主轴顺时针旋转。该循环加工一个反螺纹。

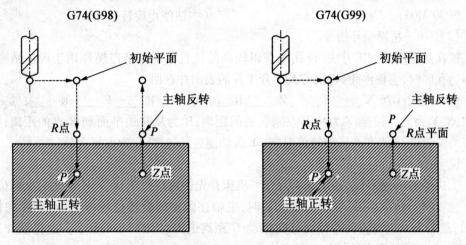

图 3.46　G74 循环过程

②在左旋攻丝期间,进给倍率被忽略。进给暂停,不停止机床,直到回退动作完成。

③在指定 G74 之前,使用辅助功能(M 代码)使主轴逆时针旋转。

④当 G74 代码和 M 代码在同一程序段中被指定时,在第一定位动作的同时,执行 M 代码。然后,系统处理下一个钻孔动作。

⑤当指定重复次数 K 时,则只在第一个孔执行 M 代码,对第二个和以后的孔,不执行 M 代码。

⑥当在固定循环中指定刀具长度偏置(G43、G44 或 G49)时,在定位到 R 点的同时加偏置。

⑦在改变钻孔轴之前必须取消固定循环。

⑧在程序段中没有 X、Y、Z、R 或任何其他轴的指令时,钻孔不执行。

⑨在执行钻孔的程序段中指定 P。如果在不执行钻孔的程序段中指定它,则不能作为模态数据被存储。

⑩不能在同一程序段中指定 01 组 G 代码和 G74,否则 G74 将被取消。

⑪在固定循环方式中,刀具偏置被忽略。

【例 3.5】　左旋攻丝循环指令 G74 编程示例。

O00000

N010 M4 S1000;　　　　　　　　　　　　（主轴开始旋转）

N020 G90 G99 G74 X300.0 Y−250.0 Z−150.0 R−100.0 P15 F120.0;

　　　　　　　　　　　　　　　（定位,攻丝 1,然后返回到 R 点）

N030 Y−550.0.　　　　　　　　　　　　（定位,攻丝 2,然后返回到 R 点）

N040 Y−750.0;　　　　　　　　　　　　（定位,攻丝 3,然后返回到 R 点）

N050 X1000.0;　　　　　　　　　　　　（定位,攻丝 4,然后返回到 R 点）

N060 Y－550.0;　　　　　　　　　　（定位,攻丝5,然后返回到 R 点）

N070 G98 Y－750.0;　　　　　　　　（定位,攻丝6,然后返回到初始平面）

N080 G80 G28 G91 X0 Y0 Z0;　　　　（返回到参考点）

N090 M05;　　　　　　　　　　　　（主轴停止旋转）

（3）G76—精镗循环指令。

镗孔是常用的加工方法,镗孔能获得较高的位置精度。精镗循环用于镗削精密孔。当到达孔底时,主轴停止,切削刀具离开工件的表面并返回。

指令格式:G76 X ＿＿＿ Y ＿＿＿ Z ＿＿＿ R ＿＿＿ Q ＿＿＿ P ＿＿＿ F ＿＿＿ K ＿＿＿;

式中,X、Y 为孔位数据;Z 为从 R 点到孔底的距离;R 为从初始平面到 R 点的距离;Q 为孔底的偏置量;P 为在孔底的暂停时间;F 为切削进给速度;K 为重复次数。

说明:

①执行 G76 循环时,如图 3.47 所示,机床首先快速定位于 X、Y、Z 定义的坐标位置,以 F 速度进行精镗加工,当加工至孔底时,主轴在固定的旋转位置停止（主轴定向停止 OSS）,然后刀具以与刀尖的相反方向移动 Q 距离退刀,如图 3.48 所示。这保证加工面不被破坏,实现精密有效的镗削加工。

②Q（在孔底的偏移量）是在固定循环内保存的模态值。必须小心指定,因为它也作用于 G73 和 G83 的切削深度。

③在指定 G76 之前,用辅助功能（M 代码）旋转主轴。

④当 G76 代码和 M 代码在同一程序段中被指定时,在第一定位动作的同时,执行 M 代码。然后,系统处理下一个动作。

⑤当指定重复次数 K 时,则只在第一个孔执行 M 代码,对第二个和以后的孔,不执行 M 代码。

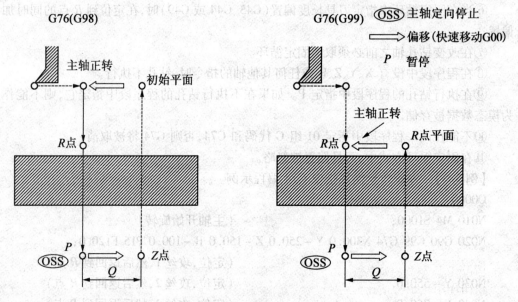

图 3.47　G76 循环过程

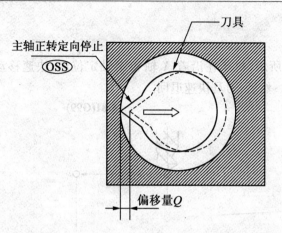

图 3.48 刀具退刀示意图

⑥当在固定循环中指定刀具长度偏置(G43、G44 或 G49)时,在定位到 R 点的同时加偏置。

⑦在改变钻孔轴之前必须取消固定循环。

⑧在程序段中没有 X、Y、Z、R 或任何其他轴的指令时,不执行镗孔加工。

⑨Q 指定为正值。如果 Q 指定为负值,符号被忽略。在参数中设置偏置方向。在执行镗孔的程序段中指定 Q、P。如果在不执行镗孔的程序段中指定它们,则不能作为模态数据被存储。

⑩不能在同一程序段中指定 01 组 G 代码和 G76,否则 G76 将被取消。

⑪在固定循环方式中,刀具偏置被忽略。

【例 3.6】 精镗循环指令 G76 编程示例。

O00000

N010 M3 S500;	(主轴开始旋转)
N020 G90 G99 G76 X300.0 Y −250.0;	(定位,镗孔 1,然后返回到 R 点)
N030 Z −150.0 R −100.0 Q5.0;	(孔底定向,然后移动 5 mm)
N040 P1000.0 F120.0;	(在孔底停止 1 s)
N050 Y −550.0;	(定位,镗孔 2,然后返回到 R 点)
N060 Y −750.0;	(定位,镗孔 3,然后返回到 R 点)
N070 X1000.0;	(定位,镗孔 4,然后返回到 R 点)
N080 Y −550.0;	(定位,镗孔 5,然后返回到 R 点)
N090 G98 Y −750.0;	(定位,镗孔 6,然后返回到初始平面)
N100 G80 G28 G91 X0 Y0 Z0;	(返回到参考点)
N110 M05;	(主轴停止旋转)

(4)G81—钻孔循环,钻中心孔循环指令。

该循环用作正常钻孔。切削进给执行到孔底,然后,刀具从孔底快速移动退回。

指令格式:G81 X_____ Y_____ Z_____ R_____ F_____ K_____;

式中,X、Y 为孔位数据;Z 为从 R 点到孔底的距离;R 为从初始平面到 R 点的距离;F 为切削进给速度;K 为重复次数。

说明：

①执行 G81 循环,如图 3.49 所示,机床在沿着 X 轴和 Y 轴定位后,快速移动到 R 点。从 R 点到 Z 点执行钻孔加工。然后,刀具快速退回。

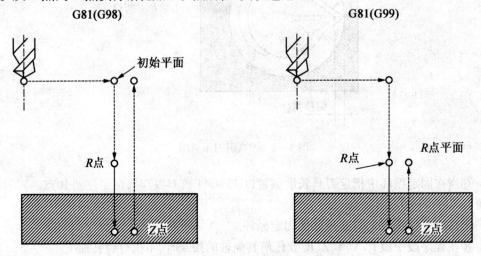

图 3.49　G81 循环过程

②在指定 G81 之前,用辅助功能(M 代码)旋转主轴。

③当 G81 代码和 M 代码在同一程序段中被指定时,在第一定位动作的同时,执行 M 代码。然后,系统处理下一个动作。

④当指定重复次数 K 时,则只在第一个孔执行 M 代码,对第二个和以后的孔,不执行 M 代码。

⑤当在固定循环中指定刀具长度偏置(G43、G44 或 G49)时,在定位到 R 点的同时加偏置。

⑥在改变钻孔轴之前必须取消固定循环。

⑦在程序段中没有 X、Y、Z、R 或任何其他轴的指令时,不执行钻孔加工。

⑧不能在同一程序段中指定 01 组 G 代码和 G81,否则 G81 将被取消。

⑨在固定循环方式中,刀具偏置被忽略。

【例3.7】　钻孔循环,钻孔中心孔循环指令 G81 编程示例。

O0000

N010 M3 S2000;　　　　　　　　　　　　（主轴开始旋转）

N020 G90 G99 G81 X300.0 Y－250.0 Z－150.0 R－100.0 F120.0;

　　　　　　　　　　　　　　　　　（定位,钻孔 1,然后返回到 R 点）

N030 Y－550.0;　　　　　　　　（定位,钻孔 2,然后返回到 R 点）

N040 Y－750.0;　　　　　　　　（定位,钻孔 3,然后返回到 R 点）

N050 X1000.0;　　　　　　　　　（定位,钻孔 4,然后返回到 R 点）

N060 Y－550.0;　　　　　　　　（定位,钻孔 5,然后返回到 R 点）

N070 G98 Y – 750.0;　　　　　　　　（定位,钻孔6,然后返回到初始平面）

N080 G80 G28 G91 X0 Y0 Z0;　　　　（返回到参考点）

N090 M05;　　　　　　　　　　　　（主轴停止旋转）

（5）G82—钻孔循环,逆镗孔循环指令。

该循环用作正常钻孔。切削进给执行到孔底,执行暂停。然后,刀具从孔底快速移动退回。

指令格式：G82 X ____ Y ____ Z ____ R ____ P ____ F ____ K ____；

式中,X、Y为孔位数据;Z为从R点到孔底的距离;R为从初始平面到R点的距离;P为在孔底的暂停时间;F为切削进给速度;K为重复次数。

说明：

①执行 G82 循环,如图3.50所示,机床在沿着X轴和Y轴定位后,快速移动到R点。从R点到Z点执行钻孔加工。当到孔底时,执行暂停。然后刀具快速退回。G81与G82都是常用的钻孔方式,区别在于G82钻到孔底时执行暂停再返回,孔的加工精度比G81高,G81可用于钻通孔或螺纹孔,G82用于钻孔深要求较高的平底孔。使用时可根据实际情况和精度需要选择。

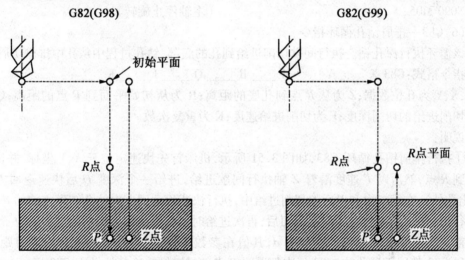

图 3.50　G82 循环过程

②在指定 G82 之前,用辅助功能（M 代码）旋转主轴。

③当 G82 代码和 M 代码在同一程序段中被指定时,在第一定位动作的同时,执行 M 代码。然后,系统处理下一个动作。

④当指定重复次数 K 时,则只在第一个孔执行 M 代码,对第二个和以后的孔,不执行 M 代码。

⑤当在固定循环中指定刀具长度偏置（G43、G44 或 G49）时,在定位到R点的同时加偏置。

⑥在改变钻孔轴之前必须取消固定循环。

⑦在程序段中没有 X、Y、Z、R 或任何其他轴的指令时,不执行钻孔加工。

⑧在执行钻孔的程序段中指定 P。如果在不执行钻孔的程序段中指定它,它不能作为模态数据被存储。

⑨不能在同一程序段中指定 01 组 G 代码和 G82,否则 G82 将被取消。

⑩在固定循环方式中,刀具偏置被忽略。

【例3.8】 钻孔循环,逆镗孔循环指令 G82 编程示例。

O0000
N010 M3 S2000;   (主轴开始旋转)
N020 G90 G99 G82 X300.0 Y -250.0 Z -150.0 R -100.0 P1000.0 F120.0;
                                                    (定位,钻孔1,暂停1 s,然后返回到 R 点)
N030 Y -550.0;   (定位,钻孔2,然后返回到 R 点)
N040 Y -750.0;   (定位,钻孔3,然后返回到 R 点)
N050 X1000.0;   (定位,钻孔4,然后返回到 R 点)
N060 Y -550.0;   (定位,钻孔5,然后返回到 R 点)
N070 G98 Y -750.0;   (定位,钻孔6,然后返回到初始平面)
N080 G80 G28 G91 X0 Y0 Z0;   (返回到参考点)
N090 M05;   (主轴停止旋转)

(6)G83—排屑钻孔循环指令。

该循环执行深孔钻。执行间歇切削进给到孔的底部,钻孔过程中从孔中排出切屑。

指令格式:G83 X＿＿ Y＿＿ Z＿＿ R＿＿ Q＿＿ F＿＿ K＿＿;

式中,X、Y 为孔位数据;Z 为从 R 点到孔底的距离;R 为从初始平面到 R 点的距离;Q 为每次切削进给的切削深度;F 为切削进给速度;K 为重复次数。

说明:

①执行排屑钻孔循环 G83,如图 3.51 所示,机床首先快速定位于 X、Y 坐标,并快速下刀到 R 点,然后以 F 速度沿着 Z 轴执行间歇进给,进给一个深度 Q 后快速返回 R 点(退出孔外),在第二次和以后的切削进给中,执行快速移动到上次钻孔结束之前的 d 点,再执行切削进给。d 位置为每次退刀后,再次进给时由快进给转换成切削进给的位置,它距离前一次进给结束位置的距离为 d,其值在参数中设定。在 G73 中,d 为退刀距离。G73 和 G83 都用于深孔钻,G83 每次都退回 R 点,它的排屑、冷却效果比 G73 好。

②Q 表示每次切削进给的切削深度,它必须用增量值指定。在 Q 中必须指定正值,负值被忽略。

③在指定 G83 之前,用辅助功能旋转主轴(M 代码)。

④当 G83 代码和 M 代码在同一程序段中被指定时,在第一定位动作的同时,执行 M 代码。然后,系统处理下一个钻孔动作。

⑤当指定重复次数 K 时,则只在第一个孔执行 M 代码,对第二个和以后的孔,不执行 M 代码。

⑥当在固定循环中指定刀具长度偏置(G43、G44 或 G49)时,在定位到 R 点的同时加偏置。

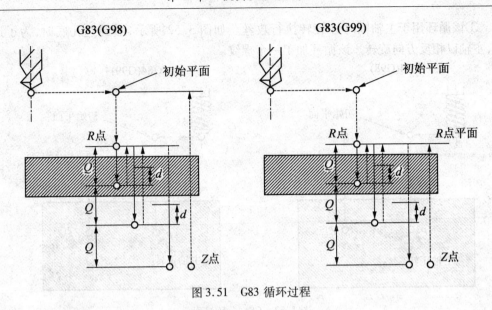

图 3.51　G83 循环过程

⑦在改变钻孔轴之前必须取消固定循环。

⑧在程序段中没有 X、Y、Z、R 或任何其他轴的指令时,钻孔不执行。

⑨在执行钻孔的程序段中指定 Q。如果在不执行钻孔的程序段中指定,Q 不能作为模态数据被存储。

⑩不能在同一程序段中指定 01 组 G 代码和 G83,否则 G83 将被取消。

⑪在固定循环方式中,刀具偏置被忽略。

【例 3.9】　排屑钻孔循环指令 G83 编程示例。

O00000

N010 M03 S2000;　　　　　　　　　　　　　（主轴开始旋转）

N020 G90 G99 G83 X300.0 Y – 250.0 Z – 150.0 R – 100.0 Q15.0 F120.0;

　　　　　　　　　　　　　　　　　　　　（定位,钻孔 1,然后返回到 R 点）

N030 Y – 550.0;　　　　　　　　　　　　（定位,钻孔 2,然后返回到 R 点）

N040 Y – 750.0;　　　　　　　　　　　　（定位,钻孔 3,然后返回到 R 点）

N050 X1000.0;　　　　　　　　　　　　　（定位,钻孔 4,然后返回到 R 点）

N060 Y – 550.0;　　　　　　　　　　　　（定位,钻孔 5,然后返回到 R 点）

N070 G98 Y – 750.0;　　　　　　　　　　（定位,钻孔 6,然后返回到初始平面）

N080 G80 G28 G91 X0 Y0 Z0;　　　　　　　（返回到参考点）

N090 M05;　　　　　　　　　　　　　　　（主轴停止旋转）

（7）G84——攻丝循环指令。

该循环执行攻丝。在这个攻丝循环中,当到达孔底时,主轴以反方向旋转。

指令格式:G84 X ____ Y ____ Z ____ R ____ P ____ F ____ K ____;

式中,X、Y 为孔位数据;Z 为从 R 点到孔底的距离;R 为从初始平面到 R 点的距离;P 为暂停时间;F 为切削进给速度;K 为重复次数。

说明:

①该循环用于主轴顺时针旋转执行攻丝。如图 3.52 所示,当到达孔底时,为了退回,主轴以相反方向旋转。该循环加工一个螺纹。

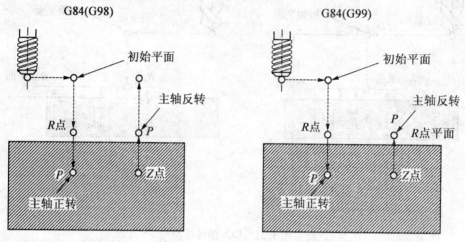

图 3.52 G84 循环过程

②在攻丝期间进给倍率被忽略。进给暂停,不停止机床,直到回退动作完成。

③在指定 G84 之前,使用辅助功能(M 代码)使主轴旋转。

④当 G84 代码和 M 代码在同一程序段中被指定时,在第一定位动作的同时,执行 M 代码。然后,系统处理下一个钻孔动作。

⑤当指定重复次数 K 时,只在第一个孔执行 M 代码,对第二个和以后的孔,不执行 M 代码。

⑥当在固定循环中指定刀具长度偏置(G43、G44 或 G49)时,在定位到 R 点的同时加偏置。

⑦在改变钻孔轴之前必须取消固定循环。

⑧在程序段中没有 X、Y、Z、R 或任何其他轴的指令时,钻孔不执行。

⑨在执行钻孔的程序段中指定 P。如果在不执行钻孔的程序段中指定它,则不能作为模态数据被存储。

⑩不能在同一程序段中指定 01 组 G 代码和 G84,否则 G84 将被取消。

⑪在固定循环方式中,刀具偏置被忽略。

【例 3.10】 攻丝循环指令 G84 编程示例。

```
O0000
N010 M3 S100;                                    (主轴开始旋转)
N020 G90 G99 G84 X300.0 Y - 250.0 Z - 150.0 R - 120.0 P300.0 F120.0;
                                                 (定位,攻丝 1,然后返回到 R 点)
N030 Y - 550.0;                                  (定位,攻丝 2,然后返回到 R 点)
N040 Y - 750.0;                                  (定位,攻丝 3,然后返回到 R 点)
N050 X1000.0;                                    (定位,攻丝 4,然后返回到 R 点)
N060 Y - 550.0;                                  (定位,攻丝 5,然后返回到 R 点)
```

N070 G98 Y-750.0;　　　（定位,攻丝6,然后返回到初始平面）
N080 G80 G28 G91 X0 Y0 Z0;　　（返回到参考点）
N090 M05;　　　（主轴停止旋转）

（8）G85—镗孔循环指令。该循环用于镗孔。

指令格式:G85 X____ Y____ Z____ R____ F____ K____;

式中,X、Y 为孔位数据;Z 为从 R 点到孔底的距离;R 为从初始平面到 R 点的距离;F 为切削进给速度;K 为重复次数。

说明:

①执行 G85 循环,如图 3.53 所示,机床在沿着 X 轴和 Y 轴定位后,快速移动到 R 点。从 R 点到 Z 点执行镗孔加工。当到达孔底时,执行切削进给然后返回到 R 点。

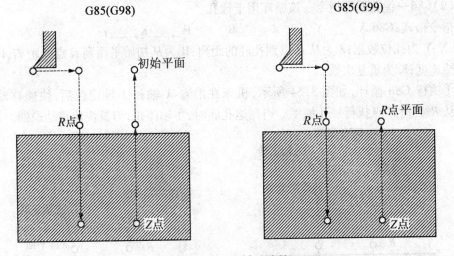

图 3.53　G85 循环过程

②在指定 G85 之前,用辅助功能(M 代码)旋转主轴。

③当 G85 代码和 M 代码在同一程序段中被指定时,在第一定位动作的同时,执行 M 代码。然后,系统处理下一个动作。

④当指定重复次数 K 时,则只在第一个孔执行 M 代码,对第二个和以后的孔,不执行 M 代码。

⑤当在固定循环中指定刀具长度偏置(G43、G44 或 G49)时,在定位到 R 点的同时加偏置。

⑥在改变钻孔轴之前必须取消固定循环。

⑦在程序段中没有 X、Y、Z、R 或任何其他轴的指令时,不执行镗孔加工。

⑧不能在同一程序段中指定 01 组 G 代码和 G85,否则 G85 将被取消。

⑨在固定循环方式中,刀具偏置被忽略。

【例 3.11】　镗孔循环指令 G85 编程示例。

O0000

N010 M3 S100;　　　（主轴开始旋转）

N020 G90 G99 G85 X300.0 Y−250.0 Z−150.0 R−120.0 F120.0；

            （定位，镗孔1，然后返回到 R 点）

N030 Y−550.0；   （定位，镗孔2，然后返回到 R 点）

N040 Y−750.0；   （定位，镗孔3，然后返回到 R 点）

N050 X1000.0；   （定位，镗孔4，然后返回到 R 点）

N060 Y−550.0；   （定位，镗孔5，然后返回到 R 点）

N070 G98 Y−750.0；   （定位，镗孔6，然后返回到初始平面）

N080 G80 G28 G91 X0 Y0 Z0；   （返回到参考点）

N090 M05；   （主轴停止旋转）

（9）G86—镗孔循环指令。该循环用于镗孔。

指令格式：G86 X＿＿＿ Y＿＿＿ Z＿＿＿ R＿＿＿ F＿＿＿ K＿＿＿；

式中，X、Y为孔位数据；Z为从 R 点到孔底的距离；R为从初始平面到 R 点的距离；F为切削进给速度；K为重复次数。

①执行 G86 循环，如图 3.54 所示，机床在沿着 X 轴和 Y 轴定位后，快速移动到 R 点。从 R 点到 Z 点执行镗孔加工。当到达孔底时，主轴停止，刀具快速移动退回。

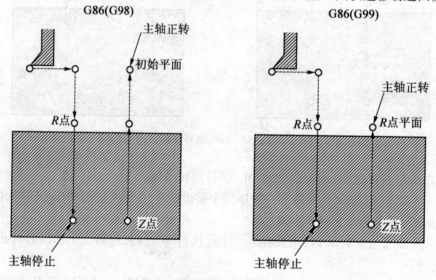

图 3.54 G86 循环过程

②在指定 G86 之前，用辅助功能（M 代码）旋转主轴。

③当 G86 代码和 M 代码在同一程序段中被指定时，在第一定位动作的同时，执行 M 代码。然后，系统处理下一个动作。

④当指定重复次数 K 时，则只在第一个孔执行 M 代码，对第二个和以后的孔，不执行 M 代码。

⑤当在固定循环中指定刀具长度偏置（G43、G44 或 G49）时，在定位到 R 点的同时加偏置。

⑥在改变钻孔轴之前必须取消固定循环。

⑦在程序段中没有 X、Y、Z、R 或任何其他轴的指令时,不执行镗孔加工。

⑧不能在同一程序段中指定 01 组 G 代码和 G86,否则 G86 将被取消。

⑨在固定循环方式中,刀具偏置被忽略。

【例 3.12】　镗孔循环指令 G86 编程示例。

```
O0000
N010 M3 S2000;                          (主轴开始旋转)
N020 G90 G9 G86 X300.0 Y－250.0 Z－150.0 R－100.0 F120.0;
                                         (定位,镗孔1,然后返回到 R 点)
N030 Y－550.0;                           (定位,镗孔2,然后返回到 R 点)
N040 Y－750.0;                           (定位,镗孔3,然后返回到 R 点)
N050 X1000.0;                            (定位,镗孔4,然后返回到 R 点)
N060 Y－550.0;                           (定位,镗孔5,然后返回到 R 点)
N070 G98 Y－750.0;                       (定位,镗孔6,然后返回到初始平面)
N080 G80 G28 G91 X0 Y0 Z0;               (返回到参考点)
N090 M05;                                (主轴停止旋转)
```

(10)G87—背镗孔循环指令。该循环执行精密镗孔。镗孔时由孔底向外镗削,此时刀杆受拉力,可防止振动。当刀杆较长时使用该指令可提高孔的加工精度。此时 R 点为孔底位置。

指令格式:G87 X ____ Y ____ Z ____ R ____ Q ____ P ____ F ____ K ____ ;

式中,X、Y 为孔位数据;Z 为从孔底到 R 点的距离;R 为从初始平面到 R 点的距离(孔底);Q 为刀具偏置量;P 为暂停时间;F 为切削进给速度;K 为重复次数。

说明:

①执行 G87 循环,如图 3.55 所示,机床在沿着 X 轴和 Y 轴定位后,主轴定位停止(OSS)。刀具沿刀尖反方向偏移 Q 距离,并且快速定位到孔底 R 点(快速移动)。然后,刀具在刀尖方向上移动并且主轴正转,沿 Z 轴的正向镗孔直到 Z 点。在 Z 点,主轴再次暂停,刀具在刀尖的相反方向移动,然后主轴返回到初始位置,刀具在刀尖的方向上偏移,主轴正转,执行下一个程序段的加工。

②因为 R 点在孔底,该指令只能用 G98 的方式。

③在指定 G87 代码之前,用辅助功能(M 代码)旋转主轴。

④当 G87 代码和 M 代码在同一程序段中被指定时,在第一定位动作的同时,执行 M 代码。然后,系统处理下一个动作。

⑤当指定重复次数 K 时,则只在第一个孔执行 M 代码,对第二个和以后的孔,不执行 M 代码。

⑥当在固定循环中指定刀具长度偏置(G43、G44 或 G49)时,在定位到 R 点的同时加偏置。

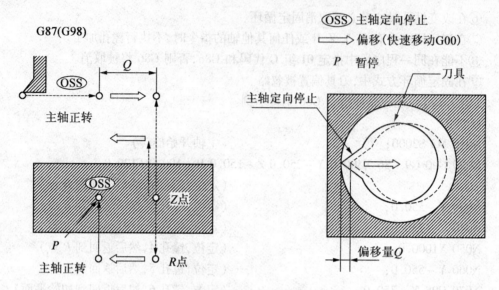

图 3.55　G87 循环过程

⑦在改变钻孔轴之前必须取消固定循环。

⑧在程序段中没有 X、Y、Z、R 或任何其他轴的指令时,不执行镗孔加工。

⑨Q 必须指定正值,负值被忽略,在参数中指定偏置方向。在执行镗孔的程序段中指定 P 和 Q。如果在不执行镗孔的程序段中指定它们,则不能作为模态数据被存储。

⑩不能在同一程序段中指定 01 组 G 代码和 G87,否则 G87 将被取消。

⑪在固定循环方式中,刀具偏置被忽略。

【例 3.13】　背镗孔循环指令 G87 编程示例。

O0000

N010 M3 S500;　　　　　　　　　　　　　　（主轴开始旋转）

N020 G90 G87 X300.0 Y－250.0 Z－150.0 R－120.0 Q5.0 P1000.0 F120.0;

　　　　　　　　　　　　　　　　　　　　（定位,镗孔 1,在初始位置定向,然后偏

　　　　　　　　　　　　　　　　　　　　5 mm,在 Z 点暂停 1 s）

N030 Y－550.0;　　　　　　　　　　　　　（定位,镗孔 2,然后返回到 R 点）

N040 Y－750.0;　　　　　　　　　　　　　（定位,镗孔 3,然后返回到 R 点）

N050 X1000.0;　　　　　　　　　　　　　　（定位,镗孔 4,然后返回到 R 点）

N060 Y－550.0;　　　　　　　　　　　　　（定位,镗孔 5,然后返回到 R 点）

N070 G98 Y－750.0;　　　　　　　　　　　（定位,镗孔 6,然后返回到初始平面）

N080 G80 G28 G91 X0 Y0 Z0;　　　　　　　（返回到参考点）

N090 M05;　　　　　　　　　　　　　　　（主轴停止旋转）

(11)G88—镗孔循环指令。该循环用于镗孔。

指令格式:G88 X＿＿＿ Y＿＿＿ Z＿＿＿ R＿＿＿ P＿＿＿ F＿＿＿ K＿＿＿;

式中,X、Y 为孔位数据;Z 为从 R 点到孔底的距离;R 为从初始平面到 R 点的距离;P 为在孔底的暂停时间;F 为切削进给速度;K 为重复次数。

说明：

①执行 G88 循环，如图 3.56 所示，机床在沿着 X 轴和 Y 轴定位后，快速移动到 R 点。从 R 点到 Z 点执行镗孔加工。当镗孔完成后，执行暂停，然后主轴停止。刀具从孔底(Z 点)手动回到 R 点。在 R 点，主轴正转，并且快速移动到初始位置。

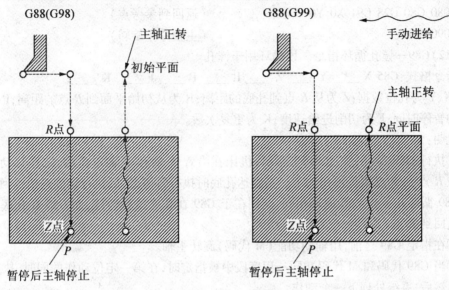

图 3.56　G88 循环过程

②在指定 G88 之前，用辅助功能(M 代码)旋转主轴。

③当 G88 代码和 M 代码在同一程序段中被指定时，在第一定位动作的同时，执行 M 代码。然后，系统处理下一个动作。

④当指定重复次数 K 时，则只在第一个孔执行 M 代码，对第二个和以后的孔，不执行 M 代码。

⑤当在固定循环中指定刀具长度偏置(G43、G44 或 G49)时，在定位到 R 点的同时加偏置。

⑥在改变钻孔轴之前必须取消固定循环。

⑦在程序段中没有 X、Y、Z、R 或任何其他轴的指令时，不执行镗孔加工。

⑧在执行镗孔的程序段中指定 P。如果在不执行镗孔的程序段中指定它，则不能作为模态数据被存储。

⑨不能在同一程序段中指定 01 组 G 代码和 G88，否则 G88 将被取消。

⑩在固定循环方式中，刀具偏置被忽略。

【例 3.14】　镗孔循环指令 G88 编程示例。

O0000

N010 M3 S2000；　　　　　　　　　　　　(主轴开始旋转)

N020 G90 G99 G88 X300.0 Y - 250.0 Z - 150.0 R - 100.0 P1000.0 F120.0；

　　　　　　　　　　　　　　　　　　　(定位，镗孔 1，然后返回到 R 点)

N030 Y - 550.0；　　　　　　　　　　　　(定位，镗孔 2，然后返回到 R 点)

N040 Y –750.0；　　　　　　　　　　（定位,镗孔 3,然后返回到 R 点）

N050 X1000.0；　　　　　　　　　　（定位,镗孔 4,然后返回到 R 点）

N060 Y –550.0；　　　　　　　　　　（定位,镗孔 5,然后返回到 R 点）

N070 G98 Y –750.0；　　　　　　　　（定位,镗孔 6,然后返回到初始平面）

N080 G80 G28 G91 X0 Y0 Z0；　　　　（返回到参考点）

N090 M05；　　　　　　　　　　　　（主轴停止旋转）

（12）G89—镗孔循环指令。该循环用于镗孔。

指令格式：G85 X ＿＿＿ Y ＿＿＿ Z ＿＿ R ＿＿ P ＿＿ F ＿＿ K ＿＿；

式中,X、Y 为孔位数据;Z 为从 R 点到孔底的距离;R 为从初始平面到 R 点的距离;P 为在孔底的暂停时间;F 为切削进给速度;K 为重复次数。

说明：

①执行 G89 循环,如图 3.57 所示,机床在沿着 X 轴和 Y 轴定位后,快速移动到 R 点。从 R 点到 Z 点执行镗孔加工。当到达孔底时执行暂停,然后执行切削进给返回到 R 点。G89 循环几乎和 G85 循环相同,区别在于 G89 在孔底执行暂停,而 G85 在孔底切削进给返回到 R 点。

②在指定 G89 之前,用辅助功能（M 代码）旋转主轴。

③当 G89 代码和 M 代码在同一程序段中被指定时,在第一定位动作的同时,执行 M 代码。然后,系统处理下一个动作。

④当指定重复次数 K 时,则只在第一个孔执行 M 代码,对第二个和以后的孔,不执行 M 代码。

⑤当在固定循环中指定刀具长度偏置（G43、G44 或 G49）时,在定位到 R 点的同时加偏置。

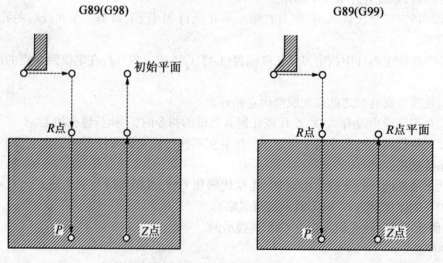

图 3.57　G89 循环过程

⑥在改变钻孔轴之前必须取消固定循环。

⑦在程序段中没有 X、Y、Z、R 或任何其他轴的指令时,不执行镗孔加工。

⑧在执行镗孔的程序段中指定 P。如果在不执行镗孔的程序段中指定它,则不能作为模态数据被存储。

⑨不能在同一程序段中指定 01 组 G 代码和 G89,否则 G89 将被取消。

⑩在固定循环方式中,刀具偏置被忽略。

【例 3.15】 镗孔循环指令 G89 编程示例。

```
O00000
N010 M3 S100;                                    (主轴开始旋转)
N020 G90 G99 G89 X300.0 Y－250.0 Z－150.0 R－120.0 P1000.0 F120.0;
                        (定位,镗孔 1,在孔底暂停 1 s,然后返回到 R 点)
N030 Y－550.0;                    (定位,镗孔 2,然后返回到 R 点)
N040 Y－750.0;                    (定位,镗孔 3,然后返回到 R 点)
N050 X1000.0;                     (定位,镗孔 4,然后返回到 R 点)
N060 Y－550.0;                    (定位,镗孔 5,然后返回到 R 点)
N070 G98 Y－750.0;                (定位,镗孔 6,然后返回到初始平面)
N080 G80 G28 G91 X0 Y0 Z0;        (返回到参考点)
N090 M05;                         (主轴停止旋转)
```

(13)G80—固定循环取消指令。

说明:

取消所有固定循环,执行正常的操作,R 点和 Z 点也被取消。这意味着在增量方式中,R＝0 和 Z＝0。其他钻孔数据也被取消(消除)。

【例 3.16】 固定循环取消指令 G80 编程示例。

```
O00000
N010 M3 S100;                                    (主轴开始旋转)
N020 G99 G89 X300.0 Y－250.0 Z－150.0 R－120.0 F120.0;
                        (定位,镗孔 1,然后返回到 R 点)
N030 Y－550.0;                    (定位,镗孔 2,然后返回到 R 点)
N040 Y－750.0;                    (定位,镗孔 3,然后返回到 R 点)
N050 X1000.0;                     (定位,镗孔 4,然后返回到 R 点)
N060 Y－550.0;                    (定位,镗孔 5,然后返回到 R 点)
N070 G98 Y－750.0;                (定位,镗孔 6,然后返回到初始平面)
N080 G80 G28 G91 X0 Y0 Z0;        (返回到参考点,取消固定循环)
N090 M05;                         (主轴停止旋转)
```

【例 3.17】 加工如图 3.58 所示的零件,该工件上有 13 个孔,其中孔 1～6 是直径为 10 mm 的通孔,孔 7～10 是直径为 20 mm 的盲孔,其余孔的直径为 95 mm,各孔的深度如图所示。刀具 T11 为 10 mm 钻头,T15 为 20 mm 钻头,T31 为镗刀。偏置值＋200.0 被设置在偏置号 11 中,偏置值＋190.0 被设置在偏置号 15 中,偏置值＋150.0 被设置在偏置号 31 中,起始位置在参考点,试编写程序加工各孔。

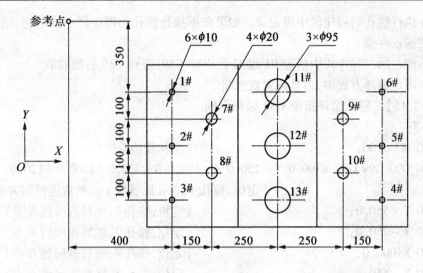

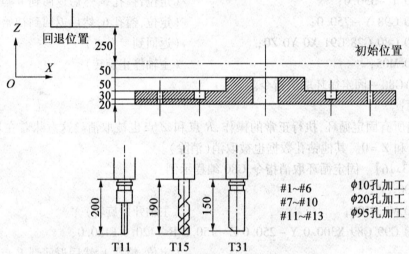

图 3.58　固定循环举例

编程如下:

O00000

N001 G92 X0 Y0 Z0;　　　　　　　　　　　　　（在参考点设置工件坐标系）

N002 G90 G00 Z250.0 T11 M6;　　　　　　　　（刀具交换）

N003 G43 Z0 H11;　　　　　　　　　　　　　　（初始位置,刀具长度偏置）

N004 S30 M03;　　　　　　　　　　　　　　　　（主轴启动）

N005 G99 G81 X400.0 Y-350.0 Z-153.0 R-97.0 F120;

　　　　　　　　　　　　　　　　　　　　　　　（定位,钻孔 1）

N006 Y-550.0;　　　　　　　　　　　　　　　　（定位,钻孔 2,并返回 R 点位置）

N007 G98 Y-750.0;　　　　　　　　　　　　　　（定位,钻孔 3,并返回 R 点位置）

N008 G99 X1200.0;　　　　　　　　　　　　　　（定位,钻孔 4,并返回 R 点位置）

· 148 ·

N009 Y – 550.0；　　　　　　　　　　（定位,钻孔 5,并返回 R 点位置）

N010 G98 Y – 350.0；　　　　　　　　（定位,钻孔 6,并返回 R 点位置）

N011 G00 X0 Y0 M05；　　　　　　　　（返回参考点,主轴停止）

N012 G49 Z250.0 T15 M06；　　　　　　（取消刀具长度偏置,换刀）

N013 G43 Z0 H15；　　　　　　　　　　（初始位置,刀具长度偏置）

N014 S20 M03；　　　　　　　　　　　（主轴启动）

N015 G99 G82 X550.0 Y – 450.0 Z – 130.0 R – 97.0 P300 F70；

　　　　　　　　　　　　　　　　　　（定位,钻孔 7,并返回 R 点位置）

N016 G98 Y – 650.0；　　　　　　　　（定位,钻孔 8,并返回 R 点位置）

N017 G99 X1050.0；　　　　　　　　　（定位,钻孔 9,并返回 R 点位置）

N018 G98 Y – 450.0；　　　　　　　　（定位,钻孔 10,并返回 R 点位置）

N019 G00 X0 Y0 M05；　　　　　　　　（返回参考点,主轴停止）

N020 G49 Z250.0 T31 M06；　　　　　　（取消刀具长度偏置,换刀）

N021 G43 Z0 H31；　　　　　　　　　　（初始位置,刀具长度偏置）

N022 S10 M03；　　　　　　　　　　　（主轴启动）

N023 G85 G99 X800.0 Y – 350.0 Z – 153.0 R47.0 F50；

　　　　　　　　　　　　　　　　　　（定位,镗孔 11,并返回 R 点位置）

N024 G91 Y – 200.0 K2；　　　　　　　（定位,镗孔 12、13,并返回 R 点位置）

N025 G28 X0 Y0 M05；　　　　　　　　（返回参考点,主轴停止）

N026 G49 Z0；　　　　　　　　　　　　（取消刀具长度偏置）

N027 M02；　　　　　　　　　　　　　（程序结束）

4. 刚性攻丝

右旋刚性攻丝循环(G84)和左旋刚性攻丝循环(G74)可以在标准方式和刚性攻丝方式中执行。

在标准方式中,为执行攻丝,使用辅助功能 M03(主轴正转)、M04(主轴反转)和 M05(主轴停止),使主轴旋转、停止,并沿着攻丝轴移动。在刚性攻丝方式中,用主轴电动机控制攻丝过程,主轴电动机的工作和伺服电动机一样。由攻丝轴和主轴之间的插补来执行攻丝。当执行刚性攻丝方式时,主轴每旋转一转,沿攻丝轴产生一定的进给(螺纹导程)。即使在加减速期间,这个操作也不变化。刚性攻丝方式不用标准攻丝方式中使用的浮动丝锥卡头,这样可以获得较快和较精确的攻丝。

(1)G84—右旋刚性攻丝循环指令。

在刚性攻丝方式中主轴电动机的控制仿佛是一个伺服电动机,可实现高速高精度攻丝。

指令格式:G84 X ＿＿＿ Y ＿＿＿ Z ＿＿＿ R ＿＿＿ P ＿＿＿ F ＿＿＿ K ＿＿＿；

式中,X、Y 为孔位数据;Z 为从 R 点到孔底的距离和孔底的位置;R 为从初始平面到 R 点的距离;P 为在孔底的暂停时间或回退时在 R 点暂停的时间;F 为切削进给速度;K 为重复次数。

G84.2 X ＿＿＿ Y ＿＿＿ Z ＿＿＿ R ＿＿＿ P ＿＿＿ F ＿＿＿ L ＿＿＿；(FS10/11 指令格式)

式中,L 为重复次数。

说明:

①执行 G84 右旋刚性攻丝循环,如图 3.59 所示,机床沿 X 轴和 Y 轴定位后,快速移动到 R 点。从 R 点到 Z 点执行攻丝。当攻丝完成时,主轴停止并执行暂停,然后主轴以相反方向旋转,刀具退回到 R 点,主轴停止。然后,快速移动到初始位置。

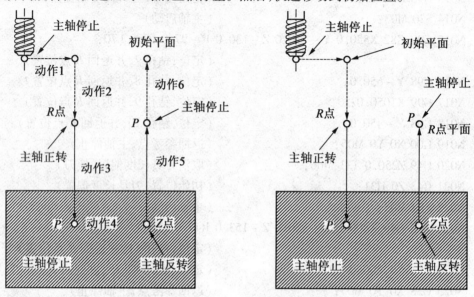

图 3.59　G84 刚性攻丝

②当攻丝正在执行时,进给速度倍率和主轴倍率认为是 100%。但是,回退(动作 5)的速度可以调到 200%。

③用下列任何一种方法指定刚性方式:

a. 在攻丝指令段之前指定 M29 S＊＊＊＊＊。

b. 在包含攻丝指令的程序段中指定 M29 S＊＊＊＊＊。

c. 指定 G84 做刚性攻丝指令(在参数中设定)。

④在每分钟进给方式中,螺纹导程 = 进给速度 × 主轴转速;在每转进给方式中,螺纹导程 = 进给速度。

⑤如果在固定循环中指定刀具长度偏置(G43、G44 或 G49),在定位到 R 点的同时加偏置。

⑥用 FS10/11 指令格式可以执行刚性攻丝。根据 FANUC 0i 系列顺序执行刚性攻丝(包括与 PMC 间的数据传输)。

⑦必须在切换攻丝轴之前取消固定循环。如果在刚性方式中改变攻丝轴,系统将报警。

⑧如果 S 指令的速度比指定档次的最大速度高,系统将报警。

⑨如果指定的 F 值超过切削进给速度的上限值,系统将报警。F 指令的单位规定见表 3.17。

表 3.17　F 指令的单位规定

	公制输入	英制输入	备注
G94	1 mm/min	0.01 in/min	允许小数点编程
G95	0.01 mm/rev	0.0001 in/rev	允许小数点编程

⑩如果在 M29 和 G84 之间指定 S 和轴移动指令,系统将报警。如果 M29 在攻丝循环中指定,系统将报警。

⑪在执行攻丝程序段中指定 P。如果在非攻丝程序段中指定它,则不能作为模态数据存储。

⑫不能在同一程序段中指定 01 组 G 代码和 G84,否则 G84 将被取消。

⑬在固定循环方式中,刀具偏置被忽略。

⑭在刚性攻丝期间,程序再启动无效。

【例 3.18】　Z 轴进给速度为 1 000 mm/min,主轴速度为 1 000 r/min,螺纹导程为 1.0 mm,试编写加工程序。

每分钟进给的编程:

O00000

N0010 G94；　　　　　　　　　　　　（指定每分钟进给指令）

N0020 G00 X120.0 Y100.0；　　　　　（定位）

N0030 M29 S1000；　　　　　　　　　（指定刚性攻丝方式）

N0040 G84 Z－100.0 R20.0 F1000；　（刚性攻丝）

每转进给的编程:

O00000

N0010 G95；　　　　　　　　　　　　（指定每转进给指令）

N0020 G00 X120.0 Y100.0；　　　　　（定位）

N0030 M29 S1000；　　　　　　　　　（指定刚性攻丝方式）

N0040 G84 Z－100.0 R20.0 F1.0；　　（刚性攻丝）

（2）G74—左旋刚性攻丝循环指令。刚性攻丝可实现高速攻丝循环。

指令格式:G74 X＿＿＿ Y＿＿＿ Z＿＿＿ R＿＿＿ P＿＿＿ F＿＿＿ K＿＿＿；

式中,X、Y 为孔位数据;Z 为从 R 点到孔底的距离和孔底的位置;R 为从初始平面到 R 点的距离;P 为在孔底的暂停时间或回退时在 R 点暂停的时间;F 为切削进给速度;K 为重复次数。

G84.3 X＿＿＿ Y＿＿＿ Z＿＿＿ R＿＿＿ P＿＿＿ F＿＿＿ L＿＿＿；（FS10/11 指令格式）

式中,L 为重复次数。

说明:

①执行 G74 左旋刚性攻丝循环,如图 3.60 所示,机床沿 X 轴和 Y 轴定位后,快速移动到 R 点。从 R 点到 Z 点执行攻丝。当攻丝完成时,主轴停止并执行暂停,然后主轴以正方向旋转,刀具退回到 R 点,主轴停止,然后快速移动到初始位置。

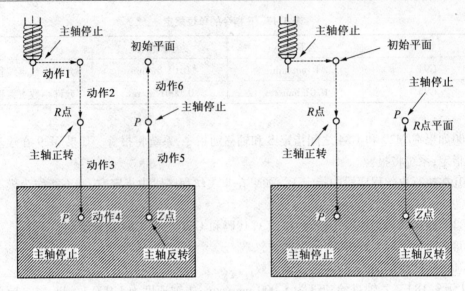

图 3.60　G74 左旋刚性攻丝循环

②当攻丝正在执行时,进给速度倍率和主轴倍率认为是 100% 。但是,回退(动作 5)的速度可以调到 200% 。

③用下列任何一种方式指定刚性方式:

a. 在攻丝指令段之前指定 M29 S * * * * * 。

b. 在包含攻丝指令的程序段中指定 M29 S * * * * * 。

c. 指定 G74 做刚性攻丝指令(在参数中设定)。

④在每分钟进给方式中,螺纹导程 = 进给速度 × 主轴转速;在每转进给方式中,螺纹导程 = 进给速度。

⑤如果在固定循环中指定刀具长度偏置(G43、G44 或 G49),在定位到 R 点的同时加偏置。

⑥用 FS10/11 指令格式可以执行刚性攻丝。根据 FANUC 0i 系列的顺序执行刚性攻丝(包括与 PMC 间的数据传输)。

⑦必须在切换攻丝轴之前取消固定循环。如果在刚性方式中改变攻丝轴,系统将报警。

⑧如果 S 指令的速度比指定档次的最大速度高,系统将报警。

⑨如果指定的 F 值超过切削进给速度的上限值,系统将报警。

⑩如果在 M29 和 G74 之间指定 S 和轴移动指令,系统将报警。如果 M29 在攻丝循环中指定,系统将报警。

⑪在执行攻丝程序段中指定 P。如果在非攻丝程序段中指定它,则不能作为模态数据存储。

⑫不能在同一程序段中指定 01 组 G 代码和 G74,否则 G74 将被取消。

⑬在固定循环方式中,刀具偏置被忽略。

⑭在刚性攻丝期间,程序再启动无效。

【例3.19】　Z 轴进给速度为 1 000 mm/min,主轴速度为 1 000 r/min,螺纹导程为 1.0 mm,试编写加工程序。

每分钟进给的编程:

O0000
N0010 G94;　　　　　　　　　　　（指定每分进给指令）
N0020 G00 X120.0 Y100.0;　　　　（定位）
N0030 M29 S1000;　　　　　　　　（指定刚性攻丝方式）
N0040 G74 Z - 100.0 R20.0 F1000;　（刚性攻丝）

每转进给的编程:

O0000
N0010 G95;　　　　　　　　　　　（指定每转进给指令）
N0020 G00 X120.0 Y100.0;　　　　（定位）
N0030 M29 S1000;　　　　　　　　（指定刚性攻丝方式）
N0040 G74 Z - 100.0 R20.0 F1.0;　（刚性攻丝）

(3)G80—取消刚性攻丝固定循环。

G80 取消刚性攻丝固定循环,取消方法同上节所述。

3.4.6　子程序

1. 主程序和子程序

程序有主程序和子程序两种程序形式。一般情况下,CNC 根据主程序运行。但是,当主程序遇到调用子程序的指令时,控制转到子程序,当子程序中遇到返回主程序的指令时,控制返回到主程序。如图 3.61 所示。

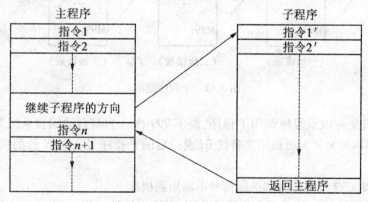

图 3.61　主程序和子程序

如果程序包含固定的顺序或多次重复的模式程序,这样的顺序或模式程序可以编成子程序在存储器中存储,以简化编程。CNC 最多能存储 400 个主程序和子程序。

子程序只有在自动方式时才被调用。

子程序可以由主程序调用,被调用的子程序也可以调用另一个子程序。

2. 指令格式

(1)子程序构成。

一个子程序

O××××子程序号(或在 ISO 情况下用(:)),其中 O 为 EIA 代码

⋮　　　程序内容

M99　　　程序结束

M99　　　不必作为独立的程序段指令,如 X100.0　Y100.0　M99;

(2)子程序调用。

M98　　P××××　　　　　P××××

　　　　　↑　　　　　　　　↑

　　子程序被重复　　　子程序号

　　调用的次数

当不指定重复数据时,子程序只调用一次。

说明:

①当主程序调用子程序时,它被认为是一级子程序。子程序调用可以镶嵌四级,如图 3.62 所示。

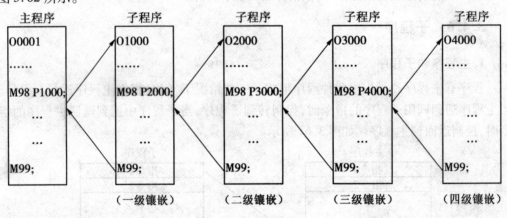

图 3.62　子程序镶嵌

②调用指令可以重复地调用子程序,最多 999 次。为与自动编程系统兼容,在第一个程序段中,ON××××可以用来替代 0(或:)后的子程序号。在 N 后的顺序号作为子程序号。

③M98 和 M99 代码信号和选通信号不输出到机床。

④如果用地址 P 指定的子程序号未找到,则输出报警。

3. 特殊用法

(1)指定主程序中的顺序号作为返回目标。

当子程序结束时,如果用 P 指定一个顺序号,则控制不返回到调用程序段之后的程序段,而返回到由 P 指定的顺序号的程序段,如图 3.63 所示。

注意:这个方法返回到主程序的时间比正常返回时间要长。

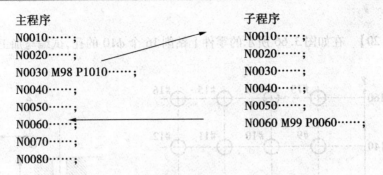

图 3.63 指定主程序中的顺序号作为返回目标

（2）在主程序中使用 M99。

如果在主程序中执行 M99，控制返回到主程序的开头。例如，把 M99 放置在主程序的适当位置，并且在执行主程序时设定跳过任选程序段开关为断开，则执行 M99。当执行 M99 时，控制返回到主程序的开头，然后，从主程序的开头重复执行。

当跳过任选程序段开关为断开时，执行被重复。如跳过任选程序段开关接通时，"／M99；"程序段被跳过，控制进到下一个程序段，继续执行，如图 3.64 所示。

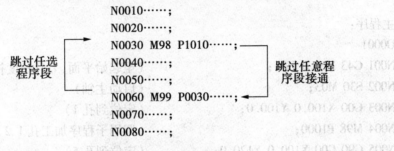

图 3.64 在主程序中使用 M99

如果 M99 Pn 被指定，控制不返回到主程序的开头，而到顺序号 n。在这种情况下，返回顺序号需要较长时间。

（3）只使用子程序。

用 MDI 寻找子程序的开头，执行子程序，像主程序一样。此时，如果执行包含 M99 的程序段，如图 3.65 所示，控制返回到子程序的开头重复执行。如果执行包含 M99 Pn 的程序段，控制返回到子程序中顺序号为 n 的程序段重复执行。要结束这个程序，包含 M02 或 M03 的程序段必须放置在适当位置，并且，任选程序段开关必须设为断开，这个开关的初始设定为接通。

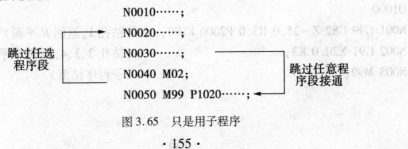

图 3.65 只是用子程序

【例3.20】 在如图3.66所示的零件上钻削16个φ10的孔,试编写加工程序加工各孔。

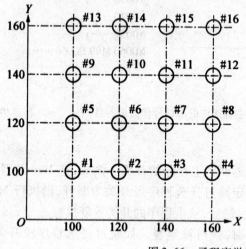

图3.66 子程序举例

主程序：

O0001

N001 G43 Z20.0 H01; （至起始平面,刀具长度补偿）

N002 S30 M03; （启动主轴）

N003 G00 X100.0 Y100.0; （定位到孔1）

N004 M98 P1000; （调用子程序加工孔1、2、3、4）

N005 G90 G00 X100.0 Y120.0; （定位到孔5）

N006 M98 P1000; （调用子程序加工孔5、6、7、8）

N007 G90 G00 X100.0 Y140.0; （定位到孔9）

N008 M98 P1000; （调用子程序加工孔9、10、11、12）

N009 G90 G00 X100.0 Y160.0; （定位到孔13）

N010 M98 P1000; （调用子程序加工孔13、14、15、16）

N011 G90 G00 Z20.0 H00; （撤销刀具长度补偿）

N012 X0 Y0; （返回程序原点）

N013 M02; （程序结束）

子程序（从左到右钻4个孔）：

O1000

N001 G99 G82 Z-35.0 R5.0 P2000 F100; （钻孔1,返回R平面）

N002 G91 X20.0 K3; （钻孔2、3、4,返回R平面）

N003 M99; （子程序结束）

3.5 数控铣床加工编程举例

3.5.1 半径补偿和圆弧插补程序

编写平面凸轮的数控铣削加工程序。

1. 零件

平面凸轮如图 3.67 所示,工件材质为 45# 钢,已经调质处理。工件平面部分及两孔已经加工到尺寸,曲面轮廓经粗铣,留加工余量为 2 mm,现要求数控铣精加工曲面轮廓。

坐标点	X	Y
G	−34.866	−11.329
F	31.899	−10.365
E	−24.993	−0.61
D	−23.547	8.4
C	0	36.0
B	48.0	0
A	−40.38	−26.323

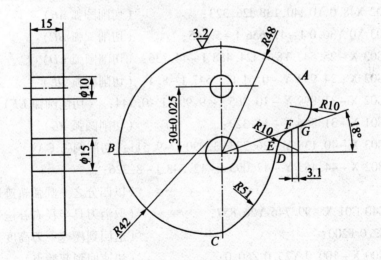

图 3.67 平面凸轮

2. 工艺处理

(1)工件坐标系原点。凸轮设计基准在工件 φ15 孔中心,工件坐标系原点就定在 φ15 孔轴线和工件上表面交点。

（2）工件装夹。用凸轮的 $\phi10$ 和 $\phi15$ 作为定位基准,凸轮的下表面为安装面,以一面两销的定位方式设计夹具。夹具安装在工作台时,以两定位销中心的连线找正机床 Y 轴方向,以 $\phi15$ 定位销中心找正零点,定位为编程原点。通过两个定位孔,用螺母把工件夹紧。

（3）刀具选择。采用 $\phi15$ 高速钢立铣刀。

（4）切削用量。主轴转速 S 为 1 000 r/min,进给速度 F 为 60 mm/min。

（5）刀补号为 D01。

（6）确定工件加工方式及走刀路线。由工件编程原点、坐标轴方向及图纸尺寸进行数据转换。编程所需数据点位置及坐标值如图 3.67 所示。

3. 数控铣削加工程序

程序如下:

O0001

N10 G90 G54 G00 Z60.0;　　　　　　　（设定工件坐标系,快速到初始平面）

N20 S1000 M03;　　　　　　　　　　（启动主轴）

N30 X − 100.0 Y25.0 Z60.0;　　　　　　（定位到下刀点）

N40 Z2.0;　　　　　　　　　　　　　（快速下刀,到慢速下刀高度）

N50 G01 Z − 16.0 F100;　　　　　　　（切削下刀）

N60 G42 D01 X − 60.908 Y − Z2.006 F60;　　（建立刀具半径右补偿）

N70 G02 X − 40.138 Y − 26.323 I8.226 J − 12.543;（以四分之一圆弧轨迹进刀,切入）

N80 G02 X48.0 Y0 I40.138 J26.323;　　　（切削圆弧 AB）

N90 G03 X0 Y36.0 I − 41.636 J − 5.515;　　（切削圆弧 BC）

N100 G03 X − 25.547 Y8.4 I24.488 J − 44.736;　（切削圆弧 CD）

N110 G03 X − 24.993 Y − 0.61 I23.547 J − 8.4;　（切削圆弧 DE）

N120 G02 X − 31.899 Y − 10.365 I − 9.997 J − 0.244;　（切削圆弧 EF）

N130 G01 X − 31.866 Y − 11.329;　　　　（切削圆弧 FG）

N140 G03 X − 40.138 Y − 26.323 I3.090 J − 9.511;（切削圆弧 GA）

N150 G02 X − 44.455 Y − 47.093 I − 12.543 J − 8.226;

　　　　　　　　　　　　　　　　　（以四分之一圆弧轨迹退刀,切出）

N160 G40 G01 X − 99.746 Y26.857;　　　（取消刀具半径右补偿）

N170 Z2.0 F200;　　　　　　　　　　（退回到慢速下刀高度）

N180 G00 X − 100.0 Y25.0 Z60.0;　　　　（快速回到起始点）

N190 M05;　　　　　　　　　　　　　（主轴停）

N200 M30;　　　　　　　　　　　　　（程序结束并返回到程序头）

3.5.2　子程序和坐标旋转程序

平底偏心圆弧槽的数控铣削加工。

1. 零件

平底偏心圆弧槽如图 3.68 所示,工件材质为 45 钢,已经调质处理。加工部位为工件上表面两平底偏心槽,槽深 10 mm。

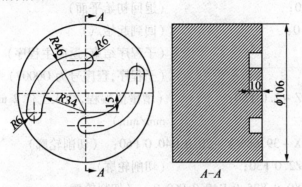

图 3.68　平底偏心圆弧槽加工

2. 工艺处理

(1)工件坐标系原点。根据图 3.68 所示,两偏心槽设计基准在工件 ϕ106 外圆的中心,所以工件坐标系原点设为 ϕ106 外圆与工件上表面交点。

(2)工件装夹。采用三爪自定心卡盘夹外圆的方式。

(3)刀具选择。采用 ϕ12 高速钢键槽铣刀。

(4)切削用量。每层切削 1 mm,主轴转速 S 为 800 r/min,进给速度 F 为 50 mm/min。

(5)确定工件加工方式和走刀路线。采用内廓分层环切方式。

3. 数控铣削加工程序

程序如下:

O000002

N10 G54 G90 G17 G00 Z60.0;　　　　　(设定工件坐标系,快速到初始平面)

N20 S800 M03;　　　　　　　　　　　　(启动主轴)

N30 G98 P0006;　　　　　　　　　　　　(调用子程序 O0006,执行 1 次)

N40 G90 G68 X0.0 Y0.0 R180.0;　　　　(坐标系旋转,旋转中心为(0,0),角度位移为 180°)

N50 G98 P0006;　　　　　　　　　　　　(调用子程序 O0006,执行 1 次)

N60 G69 G00 X0.0 Y0.0 Z60.0;　　　　　(取消坐标系旋转,快速回到起始点)

N70 M05;　　　　　　　　　　　　　　　(主轴停)

N80 M30;　　　　　　　　　　　　　　　(程序结束)

O0006;　　　　　　　　　　　　　　　　(子程序,程序号为 O0006)

N10 G90 G00 X0.0 Y25.0;　　　　　　　(在初始平面上快速定位于(0,25))

N20 Z2.0；　　　　　　　　　　　（快速下刀,到慢速下刀高度）

N30 G01 Z2.0 F50；　　　　　　　（切入工件上表面）

N40 G98 P50007；　　　　　　　　（调用子程序 O0007,执行 5 次）

N50 G90 Z60.0；　　　　　　　　　（退回初始平面）

N60 X0.0 Y0.0；　　　　　　　　　（回到起始点）

N70 M99；　　　　　　　　　　　　（子程序结束,返回主程序）

O0007；　　　　　　　　　　　　　（子程序,程序号为 O0007）

N10 G91 G01 Z－2.0 F50；　　　　（增量值编程,切入工件 2 mm,进给速度为 50 mm/min）

N20 G90 G03 X－39.686 Y－20.0 R40.0 F60；　　（切削轮廓）

N30 G91 G01 Z2.0 F30；　　　　　（切削轮廓）

N40 G90 G02 X0.0 Y25.0 R40.0 F60.0；　　（切削轮廓）

N50 M99；　　　　　　　　　　　　（程序结束）

3.5.3　综合实例

1. 综合实例（一）

（1）零件。用数控铣床完成如图 3.69 所示零件的加工。零件材质为 45 钢,毛坯为 200 mm×200 mm×30 mm,六个表面已铣平。

（2）工件安装。工件用平口虎钳安装,工件被加工部要超出钳口,工件上表面找平。

（3）工件坐标系。工件坐标系建立在工件上表面,零件的对称中心处。

（4）加工工序及刀具选择。

①铣大平面,保证尺寸 29,选用 φ80 可转位面铣刀。

②粗铣轮廓外形,选用 φ80 可转位面铣刀。

③精铣外轮廓外形面周边,选用 φ16 立铣刀。

④钻 3×φ12 孔,加工中间 φ12 孔和 2×φ16 孔底孔,选用 φ12 钻头。

⑤铣内轮廓 2 mm 厚的周边,选用 φ16 立铣刀。

⑥铣内轮廓椭圆的周边,选用 φ16 立铣刀。

⑦铣边角料,选用 φ16 立铣刀。

⑧钻 2×φ15.8 孔、扩 2×φ16 孔,选用 φ15.8 钻头。

⑨铰 2×φ16H7 孔,选用 φ16H7 铰刀。

⑩钻 φ32 孔、扩 φ40 孔,选用 φ32 钻头。

⑪铣螺纹底孔 φ38.5,选用 φ16 立铣刀。

⑫铣螺纹 M40×1.5,选用螺距为 1.5 的内螺纹车刀。

（5）切削参数的选择。参数选择见表 3.18。

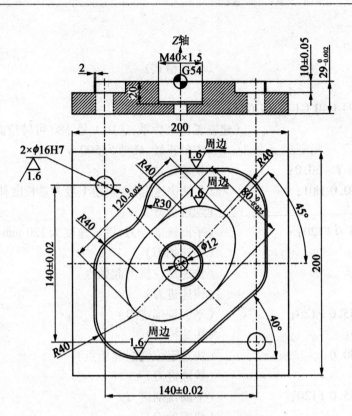

图 3.69　综合实例(一)

表 3.18　参数选择表

机床:数控铣床				加工参数			
序号	加工内容	刀具号	刀具类型	主轴转速 $S/(\text{r} \cdot \text{min}^{-1})$	进给速度 $F/(\text{mm} \cdot \text{min}^{-1})$	刀具补偿号 长度	半径
1	铣大平面	T1	面铣刀	800	100	H01	D01
2	粗铣轮廓外形	T1	面铣刀	800	100	H01	D01
3	精铣外轮廓外形周边	T2	立铣刀	350	40	H02	D02
4	钻 4×φ12 孔	T3	钻头	600	35	H03	D03
5	铣内轮廓 2 mm 厚的周边	T2	立铣刀	350	40	H02	D02
6	铣内轮廓椭圆的周边	T2	立铣刀	350	40	H02	D02
7	铣边角料	T2	立铣刀	350	40	H02	D02
8	钻 2×φ15.8 孔、扩 2×φ16 孔	T4	钻头	500	30	H04	
9	铰 2×φ16H7 孔	T5	铰刀	400	35	H05	
10	钻 φ32 孔、扩 φ40 孔	T6	钻头	150	30	H06	
11	铣螺纹底孔 φ38.5	T2	立铣刀	350	40	H02	D02
12	铣螺纹 M40×1.5	T7	内螺纹车刀	800	30	H07	

（6）加工程序。

主程序：

| % | （传输格式） |

O0061

N10 G54 G90 G94 G40 G17 G49 G21；

（建立工件坐标系，选用1号 φ80 可转位面铣刀）

N20 S500 M03；　　　　　　　　　（主轴正转，转速为 500 r/min）

N30 G00 X145.0 Y－50.0；　　　　　（快速定位）

N40 G00 G43 Z50.0 H01；　　　　　（Z 轴快速定位，调用1号刀具长度补偿）

N50 Z0.1 M07；　　　　　　　　　　（切削液开）

N60 G01 X－145.0 F120；　　　　　（平面铣削进刀，进给速度为 120 mm/min）

N70 G00 Z50.0；　　　　　　　　　（快速抬刀）

N80 X145.0 Y0；　　　　　　　　　（快速定位铣削起始点）

N90 Z0.1；　　　　　　　　　　　　（快速进刀）

N100 G01 X－145.0 F120；　　　　　（平面铣削进刀）

N110 G00 Z50.0；　　　　　　　　　（快速抬刀）

N120 X145.0 Y50.0；　　　　　　　（快速定位铣削起始点）

N130 Z0.1；　　　　　　　　　　　　（快速进刀）

N140 G01 X－145.0 F120；　　　　　（平面铣削进刀）

N150 G00 Z50.0；　　　　　　　　　（快速抬刀）

N160 S800 M03；　　　　　　　　　（主轴正转，转速为 800 r/min）

N170 G00 X145.0 Y－50.0；　　　　（快速定位铣削起始点）

N180 Z0.0；　　　　　　　　　　　　（快速进刀）

N190 G01 X－145.0 F120；　　　　　（平面铣削进刀）

N200 G00 Z50.0；　　　　　　　　　（快速抬刀）

N210 X145.0 Y0；　　　　　　　　　（快速定位铣削起始点）

N220 Z0.0；　　　　　　　　　　　　（快速进刀）

N230 G01 X－145.0 F120；　　　　　（平面铣削进刀）

N240 G00 Z50.0；　　　　　　　　　（快速抬刀）

N250 X145.0 Y50；　　　　　　　　（快速定位铣削起始点）

N260 Z0.0；　　　　　　　　　　　　（快速进刀）

N270 G01 X－145.0 F120；　　　　　（平面铣削进刀）

N280 G00 Z50.0；　　　　　　　　　（快速抬刀）

N290 S500 M03；　　　　　　　　　（主轴正转，转速为 500 r/min）

N300 G00 X180.0 Y0.0；　　　　　　（快速定位）

N310 Z－2.0；　　　　　　　　　　　（快速进刀）

N320 M98 P0001；　　　　　　　　　（调用子程序 O0001，粗铣整个外轮廓）

N330 G00 X180.0 Y0；　　　　　　　（快速定位）

N340 Z－4.0；　　　　　　　　　　　（快速进刀）

```
N350 M98 P0001；                （调用子程序 O0001,粗铣整个外轮廓）
N360 G00 X180.0 Y0.0；          （快速定位）
N370 Z - 6.0；                   （快速进刀）
N380 M98 P0001；                （调用子程序 O0001,粗铣整个外轮廓）
N390 G00 X180.0 Y0.0；          （快速定位）
N400 Z - 8.0；                   （快速进刀）
N410 M98 P0001；                （调用子程序 O0000,粗铣整个外轮廓）
N420 G00 X180.0 Y0.0；          （快速定位）
N430 Z - 9.9；                   （快速进刀）
N440 M98 P0001；                （调用子程序 O0001,粗铣整个外轮廓）
N450 S800 M03；                  （主轴正转,转速为 800 r/min）
N460 G00 X180.0  Y0.0；         （快速定位）
N470 Z - 10.0；                  （快速进刀）
N480 M98 P0001；                （调用子程序 O0001,粗铣整个外轮廓）
N490 M09；                       （切削液关）
N500 M05；                       （主轴暂停）
N510 M00；                       （程序暂停,手工换 2 号 φ16 立铣刀）
N520 S350 M03 G54；              （主轴正转,转速为 350 r/min）
N530 G00 G43 Z50 H02 M07；       （Z 轴快速定位,调用 2 号刀具长度补偿,切
                                  削液开）
N540 M98 P0002；                （调用子程序 O0002,铣削整个外轮廓）
N550 M09；                       （切削液关）
N560 M05；                       （主轴暂停）
N570 M00；                       （程序暂停,手工换 3 号 φ12 钻头）
N580 S600 M3 F35；               （主轴正转,转速为 600 r/min）
N590 G00 G54 X0.0 Y0.0；        （快速定位）
N600 G00 G43 Z50.0 H03；         （Z 轴快速定位,调用 3 号刀具长度补偿）
N610 M07；                       （切削液开）
N620 G98 G83 X0.0 Y0.0 Z - 35.0 R3；（钻孔循环定位钻孔(回到起始平面)）
N630 X70.0 Y - 70.0；            （定位钻孔位置点）
N640 X - 70.0 Y70.0；            （定位钻孔位置点）
N650 G80 G00 Z30.0；            （取消固定循环）
N660 G00 Z50.0；                 （快速抬刀）
N670 G98 G81 X63.0 T0.0 Z - 14.0 R3.0；  （钻孔循环定位钻孔(回到起始平面)）
N680 G80 G00 Z30.0；            （取消固定循环）
N690 M09；                       （切削液关）
N700 M05；                       （主轴暂停）
N710 M00；                       （程序暂停,手工换 2 号 φ16 立铣刀）
N720 S350 M03；                  （主轴正转,转速为 350 r/min）
```

N730 G00 G54 X0.0 Y0.0;　　　　　　（快速定位）

N740 G00 G43 250.0 H02;　　　　　　（快速进刀,调用 2 号刀具长度补偿）

N750 G00 X63.0 Y0.0 M07;　　　　　　（快速进给到起点,切削液开）

N760 Z2.0;　　　　　　　　　　　　（快速进刀）

N770 G01 Z - 4.0 F50;　　　　　　　（工进进刀）

N780 M98 P0003;　　　　　　　　　　（调用子程序 O0003,铣削整个内轮廓）

N790 G00 Z50.0;　　　　　　　　　　（快速抬刀）

N800 G00 X63.0 Y0.0;　　　　　　　（快速定位）

N810 Z2.0;　　　　　　　　　　　　（快速进刀）

N820 G01 Z - 8.0 F50;　　　　　　　（工进进刀）

N830 G98 P0003;　　　　　　　　　　（调用子程序 O0003,铣削整个内轮廓）

N840 G00 Z50.0;　　　　　　　　　　（快速抬刀）

N850 G00 X63.0 Y0.0;　　　　　　　（快速定位）

N860 Z2.0;　　　　　　　　　　　　（快速进刀）

N870 G01 Z - 10.0 F50;　　　　　　　（工进进刀）

N880 G98 P0003;　　　　　　　　　　（调用子程序 O0003,铣削整个内轮廓,通过
改变 D02 中的刀具半径值实现轮廓粗加工
和精加工）

N890 G00 Z50.0;　　　　　　　　　　（快速抬刀）

N900 G68 X0.0 Y0.0 R45.0;　　　　　（坐标旋转 45°）

N910 G00 X90.0 Y0.0;　　　　　　　（快速定位）

N920 Z2.0;　　　　　　　　　　　　（快速进刀）

N930 G01 Z - 4.0 F200;　　　　　　　（工进进刀）

N940 G98 P0004;　　　　　　　　　　（调用子程序 O0004,铣削型腔内部椭圆外形）

N950 G00 X90.0 Y0.0　　　　　　　　（快速定位）

N960 Z2.0;　　　　　　　　　　　　（快速进刀）

N970 G01 Z - 8.0 F00;　　　　　　　（工进进刀）

N980 G98 P0004;　　　　　　　　　　（调用子程序 O0004,铣削型腔内部椭圆外形）

N990 G00 X90.0 Y0.0;　　　　　　　（快速定位）

N1000 Z2.0;　　　　　　　　　　　　（快速进刀）

N1010 G01 Z - 10.0 F200;　　　　　　（工进进刀）

N1020 G98 P0004;　　　　　　　　　　（调用子程序 O0004,铣削型腔内部椭圆外形）

N1030 G00 Z50.0;　　　　　　　　　　（快速抬刀）

N1040 G69;　　　　　　　　　　　　（取消坐标旋转）

N1050 G00 X65.0 Y0.0;　　　　　　　（快速定位）

N1060 Z2.0;　　　　　　　　　　　　（快速进刀）

N1070 G01 Z - 5.0 F200;　　　　　　　（调用子程序 O0005,铣削型腔内部残余料）

N1090 G00 X65.0 Y0.0;　　　　　　　（快速定位）

N1100 Z2.0;　　　　　　　　　　　　（快速进刀）

N1110 G01 Z - 10.0 F200；　　　　　　　（工进进刀）

N1120 G98 P0005；　　　　　　　　　　（调用子程序 O0005，铣削型腔内部残余料）

N1130 M09；　　　　　　　　　　　　　（切削液关）

N1140 M05；　　　　　　　　　　　　　（主轴暂停）

N1150 M00；　　　　　　　　　　　　　（程序暂停，手工换 4 号 ϕ15.8 钻头）

N1160 S500 M03 F30；　　　　　　　　　（主轴正转，转速为 500 r/min，进给速度为
　　　　　　　　　　　　　　　　　　　30 mm/min）

N1170 G00 G54 X0.0 Y0.0；　　　　　　　（快速定位）

N1180 G00 G43 Z50.0 H04；　　　　　　　（快速进刀，调用 4 号刀具长度补偿）

N1190 M07；　　　　　　　　　　　　　（切削液开）

N1200 G98 G83 X70.0 Y - 70.0 Z - 35.0 R - 5.0 Q5；
　　　　　　　　　　　　　　　　　　　（钻孔循环定位钻孔（回到起始平面））

N1210 G00 X - 70.0 Y70.0；　　　　　　　（定位钻孔位置点）

N1220 G80 G00 Z30.0 M09；　　　　　　　（取消固定循环，切削液关）

N1230 M05；　　　　　　　　　　　　　（主轴暂停）

N1240 M00；　　　　　　　　　　　　　（程序暂停，手工换 5 号 ϕ16H7 铰刀）

N1250 S300 M03 F30；　　　　　　　　　（主轴正转，转速为 300 r/min，进给速度为
　　　　　　　　　　　　　　　　　　　30 mm/min）

Nl260 G00 G54 X0.0 Y0.0；　　　　　　　（快速定位）

N1270 G00 G43 Z50.0 H05 M08；（快速进刀，调用 5 号刀具长度补偿，切削液开）

N1280 G98 G85 X70.0 Y - 70.0 Z - 32.0 R - 5.0 Q5；
　　　　　　　　　　　　　　　　　　　（铰孔循环定位铰孔（回到起始平面））

N1290 G00 X - 70.0 Y70.0；　　　　　　　（定位铰孔位置点）

N1300 G80 G00 Z30.0 M09；　　　　　　　（取消固定循环，切削液关）

N1310 M05；　　　　　　　　　　　　　（主轴暂停）

N1320 M00；　　　　　　　　　　　　　（程序暂停，手工换 6 号 ϕ32 钻头）

N1330 S150 M03 F30；　　　　　　　　　（主轴正转，转速为 150 r/min）

N1340 G00 G54 X0.0 Y0.0；　　　　　　　（快速定位）

N1350 G00 G43 Z50.0 H06 M08；（快速进刀，调用 6 号刀具长度补偿，切削液开）

N1360 G98 G83 X0.0 Y0.0 Z - 25.0 R3.0 Q5；
　　　　　　　　　　　　　　　　　　　（钻孔循环定位钻孔（回到起始平面））

N1370 G80 G00 Z30.0 M09；　　　　　　　（取消固定循环，切削液关）

N1380 M05；　　　　　　　　　　　　　（主轴暂停）

N1390 M00；　　　　　　　　　　　　　（程序暂停，手工换 2 号 ϕ16 立铣刀）

N1400 S350 M03；　　　　　　　　　　　（主轴正转，转速为 350 r/min）

N1410 G00 G54 X0.0 Y0.0；　　　　　　　（快速定位）

N1420 G00 G43 Z50.0 H02；　　　　　　　（快速进刀，调用 2 号刀具长度补偿）

N1430 Z2.0 M07；　　　　　　　　　　　（快速进刀，切削液开）

N1440 G01 Z - 20.0 F500；　　　　　　　（进刀到 Z 轴切削深度）

N1450 G01 G42 X19.25 D02 F40；　　　（激活刀具半径右补偿进刀）

N1460 G02 I − 19.25 F50；　　　　　　　（顺时针方向圆弧铣削整圆，粗铣 φ38.5 内孔，改变 D02 中的半径值可实现）

N1470 G01 Z2.0 F200；　　　　　　　　（工进抬刀）

N1480 G01 G40 X0.0 F500 M09；　　　　（取消刀具半径补偿，切削液关）

N1490 M05；　　　　　　　　　　　　　　（主轴暂停）

N1500 M00；　　　　　　　　　　　　　　（程序暂停，手工换 7 号 M40 内螺纹车刀）

N1510 S800 M3；　　　　　　　　　　　　（主轴正转，转速为 800 r/min）

N1520 G00 G54 X0.0 Y0.0；　　　　　　　（快速定位）

N1530 G00 G43 Z50.0 H07 M0；　　　　　（快速进刀，调用 7 号刀具长度补偿）

N1540 G00 Z2.0；　　　　　　　　　　　　（快速下刀，切削液开）

N1550 X10.5；　　　　　　　　　　　　　　（快速定位；螺纹起点包括刀尖到刀杆中心的距离）

N1560 #100 = 0；　　　　　　　　　　　　（赋初值）

N1570 #101 = 1.5；　　　　　　　　　　　（螺距值）

N1580 #102 = 20；　　　　　　　　　　　　（螺纹孔的加工深度）

N1590 #103 = 0；　　　　　　　　　　　　（赋初值）

N1600 WHILE[#103LT# 102] D01；　　　（判别螺纹铣削深度是否到位，到位条件不满足则退出循环体）

N1610 #100 = # 100 +1；　　　　　　　　（增量值为螺距的个数）

N1620 #103 = # 100 ∗ #101；　　　　　　（计算得到已铣削螺纹深度）

N1630 G02 I − 10.5 Z[− #101] F60；　　（螺旋铣削螺纹）

N1640 END1　　　　　　　　　　　　　　　　（循环结束）

N1650 G01 X0.0 F500；　　　　　　　　　　（工进退刀）

N1660 G00 Z50.0 M09；　　　　　　　　　（快速退刀，切削液关）

N1670 M05；　　　　　　　　　　　　　　　（主轴停转）

N1680 M30；　　　　　　　　　　　　　　　（程序结束）

整个轮廓外形粗加工子程序（O0001）：

%；　　　　　　　　　　　　　　　　　　　（传输格式）

O0001

N5 G01 G42 X100.0 Y50.0 D01 F120；　　（激活刀具半径右补偿）

N10 X80.0；　　　　　　　　　　　　　　　（N10～N70 实现轮廓加工）

N15 G03 X40.0 Y90.0 R40.0；

N20 G01 X − 2.92；

N25 G03 X − 33.28 Y76.04 R40.0；

N30 G01 X − 70.37 Y32.79；

N35 G03 X − 80.0 Y6.75 R40.0；

N40 G01 Y − 40.0；

N45 G03 X − 40.0 Y − 80.0 R40.0；

N50 G01 X – 12.74；

N55 G03 X9.76 Y – 71.81 R35.0；

N60 G01 X67.5 Y – 23.36；

N65 G03 X80.0 Y3.45 R35；

N70 G01 Y50.0；

N75 G01 Z0.0 F500；　　　　　　（工进抬刀）

N80 G00 Z100.0；　　　　　　　（快进抬刀）

N85 G00 G40 X120.0 Y – 120.0；　　（取消刀具半径补偿,快速回退到起始点）

N90 M99；　　　　　　　　　　（子程序结束）

整个轮廓外形精加工子程序（O00002）：

%；　　　　　　　　　　　　（传输格式）

O00002

N5 G00 X120.0 Y0.0；　　　　　　（快速定位起点）

N10 Z2.0；　　　　　　　　　　（快速进刀）

N15 G01 Z – 10.0 F500；　　　　　（进刀到所需要的深度）

N20 G01 G42 X100.0 Y50.0 D02 F120；　（激活刀具半径右补偿）

N25 X80.0；　　　　　　　　　　（N25 ~ N85 实现轮廓加工）

N30 G03 X40.0 Y90.0 R40.0；

N35 G01 X – 2.92；

N40 G03 X – 41.25 Y61.43 R40.0；

N45 G02 X – 57.14 Y42.89 R30.0；

N50 G03 X – 80.0 Y6.75 R40.0；

N55 G01 Y – 40.0；

N60 G03 X – 40.0 Y – 80.0 R40.0；

N65 G01 X – 12.74；

N70 G03 X9.76 Y – 71.81 R35；

N75 G01 X67.5 Y – 23.36；

N80 G03 X80.0 Y3.45 R35；

N85 G01 Y50.0；

N90 G01 Z0.0 F500；　　　　　　（工进抬刀）

N95 G00 Z100.0；　　　　　　　（快进抬刀）

N100 G00 G40 X120.0 Y – 120.0；　（取消刀具半径补偿,快速回退到起始点）

N105 M99；　　　　　　　　　　（子程序结束）

内轮廓精加工子程序（O00003）：

%；　　　　　　　　　　　　（传输格式）

O00003

N5 G01 G41 X80.0 Y3.45　D02　F60；　（激活刀具半径左补偿）

N10 Y50.0；　　　　　　　　　（N10 ~ N65 实现轮廓加工）

N15 G03 X40.0 Y90.0 R40.0；

N20 G01 X − 2.92；

N25 G03 X − 41.25 Y61.43 R40.0；

N30 G02 X − 57.14 Y42.89 R30；

N35 G03 X − 80 Y6.75 R40.0；

N40 G01 Y − 40.0；

N45 G03 X − 40.0 Y − 80.0 R40.0；

N50 G01 X − 12.74；

N55 G03 X9.76 Y − 71.81 R35.0；

N60 G01 X67.5 Y − 23.36；

N65 G03 X80.0 Y3.45 R35.0；

N70 G01 Z0.0 F500；　　　　　　　　（工进抬刀）

N75 G00 Z100.0；　　　　　　　　　　（快进抬刀）

N80 G00 G40 X0.0 Y0.0；　　　　　　（取消刀具半径补偿，快速回退到起始点）

N85 M99；　　　　　　　　　　　　　　（子程序结束）

内轮廓椭圆周边加工子程序（O0004）：

%　　　　　　　　　　　　　　　　　　（传输格式）

O0004

N5 #100 = 68；　　　　　　　　　　　（定义椭圆长半轴长度需加上刀具半径）

N10 #101 = 48；　　　　　　　　　　　（定义椭圆短半轴长度需加上刀具半径）

N15 #102 = 0；　　　　　　　　　　　（定义椭圆切削起点）

N20 #103 = 360；　　　　　　　　　　（定义椭圆切削终点）

N25 #104 = 1；　　　　　　　　　　　（角度值每次减少 1°）

N30 WHILE[#102LE#103] D01；　　　（判断角度值是否已达到终点，当条件不满足时退出循环体）

N35 #105 = #100 × COS(#102)；　　　（计算椭圆圆周长半轴上的起点坐标）

N40 #106 = #101 × SIN(#102)；　　　（计算椭圆圆周短半轴上的起点坐标）

N45 G01 X[#105] Y[#106] F120；　　（进给到轮廓上的点）

N50 #102 = #102 + #104；　　　　　　（角度递增赋值）

N55 END1；　　　　　　　　　　　　　（循环体结束）

N60 G01 Z2.0 F200；　　　　　　　　　（工进抬刀）

N65 G00 Z100；　　　　　　　　　　　（快进抬刀）

N70 M99；　　　　　　　　　　　　　　（子程序结束）

型腔内边角残料加工子程序（O0005）：

%　　　　　　　　　　　　　　　　　　（传输格式）

O0005

N5 G01 X62.0 Y42.16　F80；　　　　　（N5～N50 切除残余边角料）

N10 Y52.0；

N15 X25.0 Y72.0；

N20 X5.0；

N25　X – 20.0　Y60.0;

N30　X – 25.0　Y50.0;

N35　G01　X – 51.0　Y25.0　F200;

N40　X – 62.0　Y0.0　F80;

N45　Y – 42.0;

N50　X – 40.0　Y – 63.0

N55　G01　Z2.0　F200;　　　　　　　（工进抬刀）

N60　G00　Z50.0;　　　　　　　　　　（快进抬刀）

N65　M99;　　　　　　　　　　　　　（子程序结束）

2. 综合实例（二）

（1）零件。如图 3.70 所示的零件为电子结构件。毛坯外形已加工完成,加工内容为铣内部型腔,镗 ϕ20 mm 孔,钻 6×ϕ8 mm 通孔、2×ϕ6 mm 深孔和 4×M4 螺纹孔。

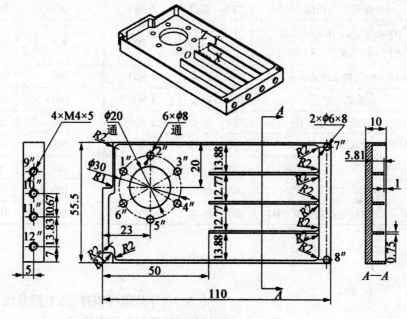

图 3.70　综合实例（二）

（2）工件装夹。毛坯用平口虎钳装夹在数控回转工作台上,以毛坯外形定位。

（3）工件坐标系。如图 3.70 所示,在工件上表面中心对称处。

（4）加工工序及刀具选择。

①粗铣工件内腔,选用 ϕ8 mm 立铣刀,T01 为 ϕ8 mm 立铣刀。

②精铣工件内腔,选用 ϕ4 mm 立铣刀,T02 为 ϕ4 mm 精加工铣刀。

③中心钻定心 1#~6#孔、ϕ20 mm 孔底孔和 7#~8#孔,选用 ϕ2.5 mm 中心钻,T08 为 ϕ2.5 mm 中心钻。

④钻 1#~6#孔和 ϕ20 mm 孔底孔,选用 ϕ8 mm 钻头,T03 为 ϕ8 mm 钻头。

⑤钻 7#~8#孔,选用 ϕ56 mm 钻头,T04 为 ϕ56 mm 钻头。

⑥扩 ϕ20 mm 孔底孔,选用 ϕ8 mm 钻头,T09 为 Φ8 mm 钻头。

⑦镗 ϕ20 mm 孔,选用 ϕ20 mm 镗刀,T07 为 ϕ20 mm 镗刀。

⑧数控回转工作台旋转 90°,中心钻定心 9#～12#孔,选用 T08。

⑨钻 9#～12#螺纹底孔,选用 ϕ3 mm 钻头,T05 为 ϕ3 mm 钻头。

⑩9#～12#螺纹底孔攻丝 4×M4,选用 M4 丝攻,T06 为丝攻。

(5)加工参数选择(见表 3.19)。

表 3.19　参数选择表

机床、数控铣床				加工参数			
序号	加工内容	刀具号	刀具类型	主轴转速 $S/(\text{r} \cdot \text{min}^{-1})$	进给速度 $F/(\text{mm} \cdot \text{min}^{-1})$	刀具补偿号	
						长度	半径
1	粗铣工件内腔	T01	立铣刀	1 000	250	H01	D01
2	精铣工件内腔	T02	铣刀	1 800	50	H02	D02
3	中心钻定心 1#～6#孔和 ϕ20 mm 孔底孔 7#～8#孔	T08	中心钻	1 200	60	H08	
4	钻 1#～6#孔和 ϕ20 mm 孔底孔	T03	钻头	1 800	100	H03	
5	钻 7#～8#孔	T04	钻头	1 800	100	H04	
6	扩 ϕ20 mm 孔底孔	T09	钻头	1 800	100	H09	
7	镗 ϕ20 mm 孔	T07	镗刀	500	50	H07	
8	中心钻定心 9#～12#孔	T08	中心钻	1 200	60	H08	
9	钻 9#～12#螺纹底孔	T05	钻头	1 800	100	H05	
10	9#～12#螺纹底孔攻丝 4×M4	T06	丝攻	200	20	H06	

(6)编程。

主程序:

% 　　　　　　　　　　(%:程序传输标识符号,不同系统或不同传输文件标识符号有所差异)

(MOULD123:CAVl); 　　(( ):括号内可加注程序名或零件号等注释)

N0020 T01 M06; 　　　(换 T01 号刀具,T01 号刀具为 ϕ8 mm 粗加工刀具)

N0030 T02; 　　　　　(T02 号刀具做好换刀准备)

N0040 S1000 M03; 　　(主轴旋转正转)

N0050 G0 G90 G54 X13.062 Y0.97 Z150.0; 　(刀具快速移动到 G54 工件坐标系的下刀点)

N0060 G43 Z50.0 H01 M08; 　(调用 T01 号刀具的长度补偿 H01,机床冷却液打开)

N0070 Z3.0; 　　　　　(刀具下降到工进进刀点)

N0080 G1 X0.0 Z－0.5 F250.0;　　　　（G1 是机床执行程序设定的进给速度，刀具
　　　　　　　　　　　　　　　　　以 F250 的进给速度切入工件）

N0090 X－23.556;　　　　　　　　（程序号 N0090～N0670 坐标点为 T01 号铣刀以跟随
　　　　　　　　　　　　　　　　　周边切削方式，从小圈（内）往大圈（外）切削的刀轨，
　　　　　　　　　　　　　　　　　完成型腔上口 0～－0.5 mm 深度内的余量加工）

N0100 X－26.293 Y4.022;

N0110 X－23.556 Y0.97;

N0120 G X－23.938 Y－0.97 I－26.664 J4.244;

N0130 G1 X－27.504 Y－3.625;

N0140 X－23.938 Y－0.97;

N0150 X23.22;

N0160 X26.166 Y－3.916;

N0170 X23.22 Y－0.97;

N0180 Y0.97;

N0190 X26.166 Y3.916;

N0200 X23.22 Y0.97;

N0210 X0.0;

N0220 Y8.17;

N0230 X－30.42;

N0240 X－33.366 Y11.116;

N0250 X－30.42 Y8.17;

N0260 Y5.214;

N0270 G2 X－30.946 Y0.679 I－19.8 J0.0;

N0280 X－33.42 Y－5.265 I－19.274 J4.535;

N0290 G1 Y－8.17;

N0300 X－36.366 Y－11.116;

N0310 X－33.42 Y－8.17;

N0320 X－23.938;

N0330 X30.42;

N0340 X33.366 Y－11.116;

N0350 X30.42 Y－8.17;

N0360 Y8.17;

N0370 X33.366 Y11.116;

N0380 X30.42 Y8.17;

N0390 X0.0;

N0400 Y15.37;

N0410 X－37.62;

N0420 X－40.566 Y18.316;

N0430 X－37.62 Y15.37;

N0440 Y5.214;

N0450 G2 X-40.62 Y-2.947 I-12.6 J0.0;

N0460 G1 Y-13.713;

N0470 G2 X-39.428 Y-15.37 I-9.6 J-8.161;

N0480 G1 X37.62;

N0490 X40.566 Y-18.316;

N0500 X37.62 Y-15.37;

N0510 Y15.37;

N0520 X40.566 Y18.316;

N0530 X37.62 Y15.37;

N0540 X0.0;

N0550 X8.726 Y12.37;

N0560 G3 X2.5 Y22.57 1-6.226 J3.2;

N0570 G1 X0.0;

N0580 X-44.82;

N0590 Y5.214;

N0600 G2 X-47.82 Y0.376 I-5.4 J0.0;

N0610 G1 Y-17.036;

N0620 G2 X-44.82 Y-21.874 I-2.4 J-4.838;

N0630 G1 Y-22.57;

N0640 X44.82;

N0650 Y22.57;

N0660 X-2.5;

N0670 G3 X-8.245 Y19.57 I0.0 J-7.0;

N0680 G0 Z50.0;　　　　　　　（完成跟随周边切削方式,刀具抬起,快速移动离开切削表面）

N0690 M05;　　　　　　　（主轴停止旋转）

N0700 M09;　　　　　　　（机床冷却液关闭）

N0710 G91 G28 Z0.0;　　　　（返回参考点）

N0720 T01 M06;　　　　　　（继续用T01号刀具）

N0730 S1000 M03;　　　　　　（主轴正转）

N0740 G0 G90 G54 X-25.749 Y4.57 Z150.0;

　　　　　　　　　　（刀具快速移动到G54工件坐标系的下刀点）

N0750 G43 Z50.0 H01 M08;　　（调用T01号刀具的长度补偿H01,机床冷却液打开）

N0760 G1 Z-3.0 F250;　　　　（工进进刀）

N0770 M98 P1000;　　　　　　（调用子程序;第一次调用子程序O1000,完成型腔的-0.5~-6.31 mm深度范围内的第一层余量加工）

N0780 G0 X – 25.749 Y4.57 Z150.0;　　（快速移动到下刀点）

N0790 Z0.0 M08;　　　　　　　　　　（机床冷却液打开）

N0800 G1 Z – 5.0 F250.0;　　　　　　（工进进刀）

N0810 M98 P1000;　　　　　　　　　（第二次调用子程序 O1000, 完成型腔的
　　　　　　　　　　　　　　　　　　 – 0.5 ~ – 6.31 mm 深度范围内的第二层余
　　　　　　　　　　　　　　　　　　 量加工）

N0820 G0 X – 25.749 Y4.57 Z150.0;　　（快速移动到下刀点）

N0830 Z – 3.31 M08;　　　　　　　　（机床冷却液打开）

N0840 G1 Z – 6.31 F250.0;　　　　　　（工进进刀）

N0850 M98 P1000;　　　　　　　　（第三次调用子程序 O1000, 完成型腔的 – 0.5 ~
　　　　　　　　　　　　　　　　 – 6.31 mm 深度范围内的第三层余量加工）

N0860 T02 M06;　　　　　　　（换 T02 号刀具, T02 号刀是 $\phi4$ mm 精加工刀具）

N0870 T03;　　　　　　　　　（T03 号刀具做好换刀准备）

N0880 S1800 M03;

N0890 G0 G90 G54 X8.245 Y21.77 Z150.0;
　　　　　　　　　　　　　　　　（刀具快速移动到 G54 工件坐标系的下刀点）

N0900 G43 Z50.0 H02 M08;
　　　　　　　　　　　　　（调用 T02 号刀具的长度补偿 H02, 机床冷却液打开）

N0910 Z3.0;　　　　　　　　　（刀具下降到工进进刀点）

N0920 Z2.0;　　　　　　　　　（刀具下降到工进进刀点）

N0930 G1 Z – 1.0 F50.0;　　　　（刀具以 F50 的进给速度切入工件）

N0940 G3 X2.5 Y24.77 I – 5.745　J – 4.0;
　　　　　　　　　　　　　　　　（顺序号 N0940 ~ N1050 坐标点为 T02 号铣
　　　　　　　　　　　　　　　　 刀以轮廓切削方式, 完成型腔上口 0 ~ 1 mm
　　　　　　　　　　　　　　　　 深度范围内的精加工）

N0950 G1 X0.0;

N0960 X – 47.02 F150.0;

N0970 Y5.214;

N0980 G2 X – 50.02 Y2.02 I – 3.2 J0.0;

N0990 G1 Y – 18.68;

N1000 G2 X – 47.02 Y – 21.874 I – 0.2 J – 3.194;

N1010 G1 Y – 24.77;

N1020 X47.02;

N1030 Y24.77;

N1040 X – 2.5;

N1050 G3 X – 8.245 Y21.77 I0.0 J – 7.0;

N1060 G0 Z50.0;　　　　　　　（完成轮廓切削方式, 刀具抬起, 快速移动离
　　　　　　　　　　　　　　　 开切削表面）

N1070 G0 X – 25.259 Y4.97;　　（刀具快速移动到下刀点）

N1080 Z – 3.81;

N1090 G1 Z – 6.81 F50;　　　　　　（刀具以 F50 的进给速度切入工件）

N1100 X – 27.221 F250.0;　　　　　（顺序号 N1100 ~ N2940 坐标点为 T02 号铣
刀以跟随周边切削方式，从小圈（内）往大圈
（外）切削的刀轨，完成型腔 – 1 ~ – 6.81 mm
深度范围内的精加工）

N1110 G2 X – 29.597 Y – 4.97 I – 22.999 J.244;

N1120 G1 X – 25.259;

N1130 G2 X – 25.755 Y – 0.345 I21.304 J4.625;

N1140 G1 Y0.345;

N1150 G2 X – 25.259 Y4.97 I21.8 J0.0;

N1160 G1 X – 23.5 Y4.588;

N1170 G2 X – 22.908 Y6.732 I19.545 J – 4.243;

N1180 G1 X – 22.92 Y6.77;

N1190 X – 25.259;

N1200 X – 29.02;

N1210 X – 30.493 Y8.243;

N1220 X – 29.02 Y6.77;

N1230 Y5.214;

N1240 G2 X – 31.211 Y – 4.173 I – 21.2 J0.0;

N1250 X – 32.02 Y – 5.658 I – 19.009 J9.387;

N1260 G1 Y – 6.77;

N1270 X – 33.493 Y – 8.243;

N1280 X – 32.02 Y – 6.77;

N1290 X – 29.597;

N1300 X – 25.259;

N1310 X – 22.92;

N1320 X – 22.908 Y – 6.733;

N1330 G2 X – 23.5 Y – 4.588 I18.953 J6.388;

N1340 X – 23.955 Y – 0.345 I19.545 J4.243;

N1350 G1 Y0.345;

N1360 G2 X – 23.5 Y4.588 I20.0 J0.0;

N1370 G1 X – 19.982 Y3.824;

N1380 G2 X – 19.06 Y6.732 I16.027 J – 3.479;

N1390 X – 20.123 Y10.37 I15.105 J6.388;

N1400 G1 X – 18.774 Y11.905;

N1410 X – 20.123 Y10.37;

N1420 X – 32.62;

N1430 X – 34.093 Y11.843;

N1440 X - 32.62 Y10.37;

N1450 Y5.214;

N1460 G2 X - 35.62 Y - 4.615 I - 17.6 J0.0;

N1470 G1 Y - 10.37;

N1480 X - 37.093 Y - 11.843;

N1490 X - 35.62 Y - 10.37;

N1500 X - 20.123;

N1510 X - 18.774 Y - 11.905;

N1520 X - 20.123 Y - 10.37;

N1530 G2 X - 19.06 Y - 6.733 I16.168 J - 2.75;

N1540 X - 20.355 Y - 0.345 I15.105 J6.388;

N1550 G1 Y.345;

N1560 G2 X - 19.982 Y3.824 I16.4 J0.0;

N1570 G1 X - 16.464 Y3.061;

N1580 G2 X - 15.047 Y6.732 I12.509 J - 2.716;

N1590 X - 16.755 Y13.12 I11.092 J6.388;

N1600 G1 Y13.87;

N1610 Y13.97;

N1620 X - 15.214 Y15.415;

N1630 X - 16.755 Y13.97;

N1640 X - 36.22;

N1650 X - 37.693 Y15.443;

N1660 X - 36.22 Y13.97;

N1670 Y5.214;

N1680 G2 X - 39.22 Y - 3.447 I - 14.0 J0.0;

N1690 G2 X - 38.664 Y - 13.97 I - 11.0 J - 8.661;

N1700 G1 X - 16.755;

N1710 X - 15.214 Y - 15.415;

N1720 X - 16.755 Y - 13.97;

N1730 Y - 13.87;

N1740 Y - 13.12;

N1750 G2 X - 15.047 Y - 6.733 I12.8 J0.0;

N1760 X - 16.755 Y - 0.345 I11.092 J6.388;

N1770 G1 Y0.345;

N1780 G2 X - 16.464 Y3.061 I12.8 J0.0;

N1790 G1 X - 12.946 Y2.297;

N1800 G2 X - 10.576 Y6.732 I8.991 J - 1.952;

N1810 G1 X - 8.419 Y6.733;

N1820 X - 10.576 Y6.732;

N1830 G2 X – 13. 155 Y13. 12 16. 621 J6. 388;

N1840 G1 Y13. 87;

N1850 G2 X – 12. 378 Y17. 57 I9. 2 J0. 0;

N1860 G1 X – 10. 285 Y18. 782;

N1870 X – 12. 378 Y17. 57;

N1880 X – 39. 82;

N1890 X – 41. 293 Y19. 043;

N1900 X – 39. 82 Y17. 57;

N1910 Y5. 214;

N1920 G2 X – 42. 82 Y – 2. 094 I – 10. 4 J0. 0;

N1930 G1 Y – 14. 566;

N1940 G2 X – 40. 752 Y – 17. 57 I – 7. 4 J – 7. 308;

N1950 G1 X – 12. 378;

N1960 X – 10. 285 Y – 18. 782;

N1970 X – 12. 378 Y – 17. 57;

N1980 G2 X – 13. 155 Y – 13. 87 18. 423 J3. 7;

N1990 G1 Y – 13. 12;

N2000 G2 X – 10. 576 Y – 6. 733 I9. 2 J0. 0;

N2010 G1 X – 8. 419;

N2020 X – 10. 576;

N2030 G2 X – 13. 155 Y – 0. 345 I6. 621 J6. 388;

N2040 G1 Y0. 345;

N2050 G2 X – 12. 946 Y2. 297 I9. 2 J0. 0;

N2060 G1 X – 9. 428 Y1. 533;

N2070 G2 X – 7. 985 Y4. 233 I5. 473 J – 1. 188;

N2080 X – 3. 955 Y5. 945 I4. 03 J – 3. 888;

N2090 G1 X43. 42;

N2100 X44. 893 Y4. 472;

N2110 X43. 42 Y5. 945;

N2120 Y7. 52;

N2130 X44. 893 Y8. 993;

N2140 X43. 42 Y7. 52;

N2150 X – 3. 955;

N2160 G2 X – 7. 985 Y9. 232 I0. 0 J5. 6;

N2170 X – 9. 555 Y13. 12 I4. 03 J3. 888;

N2180 G1 Y13. 87;

N2190 G2 X – 9. 082 Y16. 122 I5. 6 J0. 0;

N2200 X – 3. 955 Y19. 47 I5. 127 J – 2. 252;

N2210 G1 X43. 42;

N2220 X44.893 Y17.997；

N2230 X43.42 Y19.47；

N2240 Y21.17；

N2250 X44.893 Y22.643；

N2260 X43.42 Y21.17；

N2270 X－12.378；

N2280 X－43.42；

N2290 X－44.893 Y22 643；

N2300 X－43.42 Y21.17；

N2310 Y5.214；

N2320 G2 X－46.42 Y－0.425 I－6.8 J0.0；

N2330 G1 Y－16.235；

N2340 G2 X－43.457 Y－21.17 I－3.8 J－5.639；

N2350 G1 X－44.904 Y－22.657；

N2360 X－43.457 Y－21.17；

N2370 X－12.378；

N2380 X43.42；

N2390 X44.893 Y－22.643；

N2400 X43.42 Y－21.17；

N2410 Y－19.47；

N2420 X44.893 Y－17.997；

N2430 X43.42 Y－19.47；

N2440 X－3.955；

N2450 G2 X－9.082 Y－16.122 I0.0 J5.6；

N2460 X－9.555 Y－13.87 I5.127 J2.252；

N2470 G1 Y－13.12；

N2480 G2 X－7.985 Y－9.232 I5.6 J0.0；

N2490 X－3.955 Y－7.52 I4.03 J－3.888；

N2500 G1 X43.42；

N2510 X44.893 Y－8.993；

N2520 X43.42 Y－7.52；

N2530 Y－5.945；

N2540 X44.893 Y－4.472；

N2550 X43.42 Y－5.945；

N2560 X－3.955；

N2570 G2 X－7.985 Y－4.233 I0.0 J5.6；

N2580 X－9.555 Y－0.345 I4.03 J3.888；

N2590 G1 Y0.345；

N2600 G2 X－9.428 Y1.533 I5.6 J0.0；

N2610 G1 X－6.126 Y－11.212；

N2620 G3 X－5.496 Y－1.62 I－4.763 J5.13；

N2630 G2 X－5.955 Y－0.345 I1.541 J1.275；

N2640 G1 Y0.345；

N2650 G2 X－5.909 Y0.769 I2.0 J0.0；

N2660 X－3.955 Y2.345 I1.954 J－0.424；

N2670 G1 X47.02；

N2680 Y11.12；

N2690 X－3.955；

N2700 G2 X－5.955 Y13.12 I0.0 J2.0；

N2710 G1 Y13.87；

N2720 G2 X－3.955 Y15.87 I2.0 J0.0；

N2730 G1 X47.02；

N2740 Y24.77；

N2750 X－47.02；

N2760 Y5.214；

N2770 G2 X－50.02 Y2.02 I－3.2 J0.0；

N2780 G1 Y－18.68；

N2790 G2 X－47.02 Y－21.874 I－0.2 J－3.194；

N2800 G1 Y－24.77；

N2810 X47.02；

N2820 Y－15.87；

N2830 X－3.955；

N2840 G2 X－5.955 Y－13.87 I0.0 J2.0；

N2850 G1 Y－13.12；

N2860 G2 X－3.955 Y－11.12 I2.0 J0.0；

N2870 G1 X47.02；

N2880 Y－2.345；

N2890 X－3.955；

N2900 G2 X－5.955 Y－0.345 I0.0 J2.0；

N2910 G1 Y0.345；

N2920 G2 X－4.169 Y2.334 I2.0 J0.0；

N2930 G3 X1.223 Y5.93 I－0.747 J6.96；

N2940 G0 Z50；

N2950 M05；　　　　　　　　　（主轴停止）

N2960 M09；　　　　　　　　　（冷却液关闭）

N2970 G91　G28 Z0.0；　　　　（返回参考点）

N2980 T08 M06；　　　　　　　（换 T08 号刀具，T08 号刀具为中心钻）

N2990 T03；　　　　　　　　　（T03 号刀具做好换刀准备）

N3000 S1200 M03；　　　　　　　　（主轴正转）

N3010 G43 H08 Z50.0；　　　　　　（调用 T08 号刀具的长度补偿 H08）

N3020 G0 G90 G54 X－44.904 Y14.45 Z150.0；

　　　　　　　　　　　　　　　（刀具快速移动到 G54 工件坐标系的下刀点）

N3030 G82 X－44.904 Y14.45 Z－7.5 R3.0 P2000 F60；

　　　　　　　　　　　　　　　（调用钻孔循环指令，钻孔 1，返回 R 平面）

N3040 X－32.0 Y21.9；　　　　　　（钻孔 2，返回 R 平面）

N3050 X－19.096 Y14.45；　　　　　（钻孔 3，返回 R 平面）

N3060 Y－0.45；　　　　　　　　　（钻孔 4，返回 R 平面）

N3070 X－32.0 Y－7.9；　　　　　　（钻孔 5，返回 R 平面）

N3080 X－44.904 Y－0.45；　　　　　（钻孔 6，返回 R 平面）

N3090 X－32.0 Y7.0；　　　　　　　（钻 $\phi20$ mm 孔底孔，返回 R 平面）

N3100 X52.75 Y26.0 Z－2.5；　　　　（钻孔 7，返回 R 平面）

N3110 Y－26.0；　　　　　　　　　（钻孔 8，返回 R 平面）

N3120 G00 G80 Z5.0 M05；　　　　　（钻孔循环指令结束，主轴停止）

N3130 M09；　　　　　　　　　　　（冷却液关闭）

N3140 G91 G00 G28 Z0 G49；　　　　（返回参考点，取消刀具长度补偿）

N3150 T03 M06；　　　　　　　　　（换 T03 号刀具，T03 号刀具为钻头）

N3160 T04；　　　　　　　　　　　（T04 号刀具做好换刀准备）

N3170 S1800 M03；　　　　　　　　（主轴正转）

N3180 G0 G90 G54 X－44.904 Y14.45 Z150.0；

　　　　　　　　　　　　　　　（刀具快速移动到 G54 工件坐标系的下刀点）

N3190 G43 Z3.0 H03 M08；　　　　　（调用 T03 号刀具的长度补偿 H03）

N3200 G81 X－44.904 Y14.45 Z－10.5 R－3.81 F100；

　　　　　　　　　　　　　　　（调用钻孔循环指令，钻孔 1，返回 R 平面）

N3210 X－32.0 Y21.9；　　　　　　（钻孔 2，返回 R 平面）

N3220 X－19.096 Y14.45；　　　　　（钻孔 3，返回 R 平面）

N3230 Y－0.45；　　　　　　　　　（钻孔 4，返回 R 平面）

N3240 X－32.0 Y－7.9；　　　　　　（钻孔 5，返回 R 平面）

N3250 X－44.904 Y－0.45；　　　　　（钻孔 6，返回 R 平面）

N3260 X－32.0 Y7.0；　　　　　　　（钻 $\phi20$ mm 孔底孔，返回 R 平面）

N3270 G80；　　　　　　　　　　　（钻孔循环指令结束）

N3280 G0 Z30.0；　　　　　　　　　（刀具快速返回安全平面）

N3290 M05；　　　　　　　　　　　（主轴停止）

N3300 M09；　　　　　　　　　　　（冷却液关闭）

N3310 G91 G28 Z0.0；　　　　　　　（返回参考点）

N3320 T04 M06；　　　　　　　　　（换 T04 号刀具，T04 号刀具为钻头）

N3330 T09；　　　　　　　　　　　（T09 号刀具做好换刀准备）

N3340 S1800 M03;　　　　　　　（主轴正转）

N3350 G0 G90 G54 X52.75 Y26.0 Z150.0;

　　　　　　　　　　　　　　　（刀具快速移动到 G54 工件坐标系的下刀点）

N3360 G43 Z3.0 H04 M08;　　　　（调用 T04 号刀具的长度补偿 H04）

N3370 G83 X52.75 Y26.0 Z－11.341 R3.0 F100.0 Q2.0;

　　　　　　　　　　　　　　　（调用钻孔循环指令,钻孔 7,返回 R 平面）

N3380 Y－26.0;　　　　　　　　（钻孔 8,返回 R 平面）

N3390 G80;　　　　　　　　　　（钻孔循环指令结束）

N3400 G0 Z30.0;　　　　　　　　（刀具快速返回安全平面）

N3410 M05;　　　　　　　　　　（主轴停止）

N3420 M09;　　　　　　　　　　（冷却液关闭）

N3430 G91 G28 Z0.0;　　　　　　（返回参考点）

N3440 T09 M06;　　　　　　　　（换 T09 号刀具,T09 号刀具为钻头）

N3450 T07;　　　　　　　　　　（T07 号刀具做好换刀准备）

N3460 S500 M03;　　　　　　　　（主轴正转）

N3470 G0 G90 G54 X－32.0 Y7.0 Z100.0;

　　　　　　　　　　　　　　　（刀具快速移动到 G54 工件坐标系的下刀点）

N3480 G43 Z3.0 H09 M08;　　　　（调用 T09 号刀具的长度补偿 H09）

N3490 G76 X－32.0 Y7.0 Z－14.964 R－3.81 F100 Q2.0;

　　　　　　　　　　　　　　　（调用钻孔循环指令,扩 φ20 mm 孔底孔,返回 R 平面）

N3500 G80;　　　　　　　　　　（钻孔循环指令结束）

N3510 G0 Z30.0;　　　　　　　　（刀具快速返回安全平面）

N3520 M05;　　　　　　　　　　（主轴停止）

N3530 M09;　　　　　　　　　　（冷却液关闭）

N3540 G91 G28 Z0.0;　　　　　　（返回参考点）

N3550 T07 M06;　　　　　　　　（换 T07 号刀具,T07 号刀具为镗刀）

N3560 T05;　　　　　　　　　　（T05 号刀具做好换刀准备）

N3570 S1800 M03;　　　　　　　（主轴正转）

N3580 G0 G90 G54 X－32.0 Y7.0 Z100.0;

　　　　　　　　　　　　　　　（刀具快速移动到 G54 工件坐标系的下刀点）

N3590 G43 Z3.0 H09 M08;　　　　（调用 T09 号刀具的长度补偿 H09）

N3600 G83 X－32.0 Y7.0 Z－14.964 R－3.81 Q0.5 P0.4 F50.0;

　　　　　　　　　　　　　　　（镗孔）

N3610 G80;　　　　　　　　　　（镗孔循环指令结束）

N3620 G0 Z30.0;　　　　　　　　（刀具快速返回安全平面）

N3630 M05;　　　　　　　　　　（主轴停止）

N3640 M09;　　　　　　　　　　（冷却液关闭）

N3650 G91 G28 Z0.0；　　　　　　　（返回参考点）

N3660 T08 M06；　　　　　　　　　（换 T08 号刀具，T08 号刀具为中心钻）

N3670 T05；　　　　　　　　　　　（T05 号刀具做好换刀准备）

N3680 S1200 M03；　　　　　　　　（主轴正转）

N3690 G43 H08 Z50.0；　　　　　　（调用 T08 号刀具的长度补偿 H08）

N3700 G0 G90 G54 X57.975 Y20.25 B90.0；

　　　　　　　　　　　　　　　　　（工件在 G54 坐标系内旋转 90°）

N3710 G82 X49.807 Y20.25 Z – 5.7 R – 5.7 P2000 F60；

　　　　　　　　　　　　　　　　　（调用钻孔循环指令，钻孔 9，返回 R 平面）

N3720 Y6.75；　　　　　　　　　　（钻孔 10，返回 R 平面）

N3730 Y – 6.75；　　　　　　　　　（钻孔 11，返回 R 平面）

N3740 Y – 20.25；　　　　　　　　　（钻孔 12，返回 R 平面）

N3750 G80；　　　　　　　　　　　（钻孔循环指令结束）

N3760 G0 X80.0；　　　　　　　　　（刀具快速返回安全平面）

N3770 M05；　　　　　　　　　　　（主轴停止）

N3780 M09；　　　　　　　　　　　（冷却液关闭）

N3790 G91 G28 Z0.0；　　　　　　　（返回参考点）

N3800 T05 M06；　　　　　　　　　（换 T05 号刀具，T05 号刀具为钻头）

N3810 T06；　　　　　　　　　　　（T06 号刀具做好换刀准备）

N3820 S1500 M03；　　　　　　　　（主轴正转）

N3830 G0 G90 G54 X57.975 Y20.25；

　　　　　　　　　　　　　　　　　（刀具快速移动到 G54 工件坐标系的下刀点）

N3840 G43 Z – 5.7 H05 M08；　　　　（调用 T05 号刀具的长度补偿 H05）

N3850 G83 X49.807 Y20.25 Z – 5.7 R – 5.7 Q2.0 F150.0；

　　　　　　　　　　　　　　　　　（调用钻孔循环指令，钻孔 9，返回 R 平面）

N3860 Y6.75；　　　　　　　　　　（钻孔 10，返回 R 平面）

N3870 Y – 6.75；　　　　　　　　　（钻孔 11，返回 R 平面）

N3880 Y – 20.25；　　　　　　　　　（钻孔 12，返回 R 平面）

N3890 G80；　　　　　　　　　　　（钻孔循环指令结束）

N3900 G0 X80.0；　　　　　　　　　（刀具快速返回安全平面）

N3910 M05；　　　　　　　　　　　（主轴停止）

N3920 M09；　　　　　　　　　　　（冷却液关闭）

N3930 G91 G28 Z0.0；　　　　　　　（返回参考点）

N3940 T06 M06；　　　　　　　　　（换 T06 号刀具，T06 号刀具为丝攻）

N3950 T01；　　　　　　　　　　　（T01 号刀具做好换刀准备）

N3960 G94 M29 S200 M03；　　　　　（指定刚性攻丝方式）

N3970 G0 G90 G54 X57.975 Y20.25 B90.0；

　　　　　　　　　　　　　　　　　（工件在 G54 坐标系内旋转 90°）

N3980 G43 Z – 5.7 H06 M08；　　　　（调用 T06 号刀具的长度补偿 H06）

N3990 G84 X49.807 Y20.25 Z - 5.7 R - 5.7 F20.0;

        （调用刚性攻丝循环指令，孔 9 攻丝，返回 R 平面）

N4000 Y6.75;   （孔 10 攻丝，返回 R 平面）

N4010 Y - 6.75;   （孔 11 攻丝，返回 R 平面）

N4020 Y - 20.25;   （孔 12 攻丝，返回 R 平面）

N4030 G80;   （钻孔循环指令结束）

N4040 G0 X80.0;   （刀具快速返回安全平面）

N4050 M05;   （主轴停止）

N4060 M09;   （冷却液关闭）

N4070 G91 G28 Z0.0;   （返回参考点）

N4080 M30;   （程序结束）

子程序（上层内腔加工）

%   （传输格式）

O1000

N0760 X - 26.829;   （程序号 N0760 ~ N1710 坐标点为 T01 号铣刀以跟随周边切削方式，从小圈（内）往大圈（外）切削的刀轨，切削深度为 2 mm）

N0770 G2 X - 28.964 Y - 4.57 I - 23.391 J.644;

N0780 G1 X - 25.749;

N0790 G2 X - 26.155 Y - 0.345 I21.794 J4.225;

N0800 G1 Y0.345;

N0810 G2 X - 25.749 Y4.57 I22.2 J0.0;

N0820 G1 X - 22.215 Y3.885;

N0830 G2 X - 21.424 Y6.733 I18.26 J - 3.54;

N0840 X - 21.884 Y8.17 I17.469 J6.387;

N0850 G1 X - 19.322 Y11.302;

N0860 X - 21.884 Y8.17;

N0870 X - 30.42;

N0880 X - 33.366 Y11.116;

N0890 X - 30.42 Y8.17;

N0900 Y5.214;

N0910 G2 X - 32.234 Y - 3.065 I - 19.8 J0.0;

N0920 X - 33.42 Y - 5.265 I - 17.986 J8.279;

N0930 G1 Y - 8.17;

N0940 X - 36.366 Y - 11.116;

N0950 X - 33.42 Y - 8.17;

N0960 X - 28.964;

N0970 X - 21.884;

N0980 X - 19.322 Y - 11.302;

N0990 X - 21. 884 Y - 8. 17;

N1000 G2 X - 21. 424 Y - 6. 733 I17. 929 J - 4. 95;

N1010 X - 22. 555 Y - 0. 345 I17 469 J6. 388;

N1020 G1 Y0. 345;

N1030 G2 X - 22. 215 Y3. 885 I18. 6 J0. 0;

N1040 G1 X - 15. 147 Y2. 515;

N1050 G2 X - 13. 397 Y6. 733 I11. 192 J - 2. 17;

N1060 G1 X - 9. 3 Y6. 732;

N1070 X - 13. 397;

N1080 G2 X - 15. 355 Y13. 12 I9. 442 J6. 388;

N1090 G1 Y13. 87;

N1100 G2 X - 15. 256 Y15. 37 I11. 4 J0. 0;

N1110 G1 X - 11. 664 Y18. 062;

N1120 X - 15. 256 Y15. 37;

N1130 X - 37. 62;

N1140 X - 40. 566 Y18. 316;

N1150 X - 37. 62 Y15. 37;

N1160 Y5. 214;

N1170 G2 X - 40. 62 Y - 2. 947 I - 12. 6 J0. 0;

N1180 G1 Y - 13. 713;

N1190 G2 X - 39. 428 Y - 15. 37 I - 9. 6 J - 8. 161;

N1200 G1 X - 15. 256;

N1210 X - 11. 664 Y - 18 062;

N1220 X - 15. 256 Y - 15. 37;

N1230 G2 X - 15. 355 Y - 13. 87 I11. 301 J1. 5;

N1240 G1 Y - 13. 12;

N1250 G2 X - 13. 397 Y - 6. 733 I11. 4 J0. 0;

N1260 G1 X - 9. 3 Y - 6. 732;

N1270 X - 13. 397 Y - 6. 733;

N1280 G2 X - 15. 355 Y - 0. 345 9. 442 J6. 388;

N1290 G1 Y0. 345;

N1300 G2 X - 15. 147 Y2. 515 I11. 4 J0. 0;

N1310 G1 X - 16. 467 Y - 9. 809;

N1320 G3 X - 8. 035 Y - 1. 341 I1. 632 J6. 808;

N1330 G2 X - 8. 155 Y - 0. 345 I4. 08 J. 996;

N1340 G1 Y0. 345;

N1350 G2 X - 8. 078 Y1. 144 I4. 2 J0. 0;

N1360 X - 7. 434 Y2. 698 I4. 123 J - 0. 799;

N1370 X - 3. 955 Y4. 545 I3. 479 J - 2. 353;

N1380 G1 X44.82;
N1390 Y8.92;
N1400 X - 3.955;
N1410 G2 X - 7.434 Y10.767 I0.0 J4.2;
N1420 X - 8.155 Y13.12 I3.479 J2.353;
N1430 G1 Y13.87;
N1440 G2 X - 8.118 Y14.423 I4.2 J0.0;
N1450 X - 3.955 Y18.07 I4.163 J - 0.553;
N1460 G1 X44.82;
N1470 Y22.57;
N1480 X - 15.256;
N1490 X - 44.82;
N1500 Y5.214;
N1510 G2 X - 47.82 Y.376 I - 5.4 J0.0;
N1520 G1 Y - 17.036;
N1530 G2 X - 44.82 Y - 21.874 I - 2.4 J - 4.838;
N1540 G1 Y - 22.57;
N1550 X - 15.256;
N1560 X44.82;
N1570 Y - 18.07;
N1580 X - 3.955;
N1590 G2 X - 8.118 Y - 14.423 I0.0 J4.2;
N1600 X - 8.155 Y - 13.87 I4.163 J0.553;
N1610 G1 Y - 13.12;
N1620 G2 X - 7.434 Y - 10.767 I4.2 J0.0;
N1630 X - 3.955 Y - 8.92 I3.479 J - 2.353;
N1640 G1 X44.82;
N1650 Y - 4.545;
N1660 X - 3.955;
N1670 G2 X - 7.434 Y - 2.698 I0.0 J4.2;
N1680 X - 8.155 Y - 0.345 I3.479 J2.353;
N1690 G1 Y0.345;
N1700 G2 X6.921 Y3.319 I4.2 J0.0;
N1710 G3 X - 4.905 Y9.029 I - 4.943 J4.956;
N1720 G0 Z50.0;   （完成切削,快速离开加工表面）
N1730 M05;   （主轴停止旋转）
N1740 M09;   （冷却液关闭）
N1750 G91 G28 Z0.0;   （返回参考点）
N1760 M99;   （子程序结束）

第4章 模具电加工技术

电火花加工是利用电蚀原理,对工件进行加工的一种工艺方法。它既可以加工一般材料的工件,也可以加工用传统的切削方法难以加工的各种高熔点、高硬度、高强度、高韧性的金属材料及精度要求高的工件,因此特别适合模具零件的加工。电火花加工形式很多,其中以电火花成型加工(简称电火花加工)和电火花线切割加工(Wire cut Electrical Discharge Machining,WEDM)应用最为广泛。电火花成型加工主要用于形状复杂的型腔、凸模、凹模的加工,电火花线切割加工主要用于冲模、挤压模的加工。

4.1 电火花加工的基本原理与特点

4.1.1 电火花加工的基本原理

要想利用火花放电产生的电蚀现象对工件进行加工,必须具备以下基本条件。

(1)使火花放电为瞬时的脉冲性放电,并且脉冲放电的波形基本是单向的,如图4.1所示。

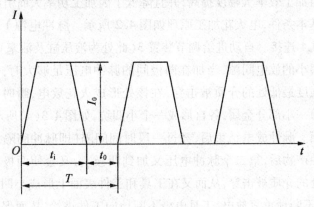

图4.1 脉冲电压波形 t_i 一脉

电压脉冲的持续时间 t_i 称为脉冲宽度(单位为 μs),在精加工时要选用较小的脉冲宽度,以提高加工精度和表面质量;在粗加工时应选用较大的脉冲宽度,以保证加工速度,但是不能过大,一般应小于 30 μs。这样可以使每一个放电局限在很小的范围内,使放电产生的热量来不及传导和扩散到加工表面以外的部位,防止将工件表面烧伤而导致无法加工。两个电压脉冲之间的间隔时间 t_0 称为脉冲间隔(单位为 μs),脉冲间隔的大小也应合理选用,如果脉冲间隔时间过短,会使绝缘介质来不及恢复绝缘状态,容易产生电弧放电,烧伤工件和工具;如果脉冲间隔时间过长,又会降低加工生产率。一个电压脉冲开始到下一个电压脉冲开始之间的时间 T 称为脉冲周期(单位为 μs),显然 $T = t_i + t_0$。

(2)脉冲放电要有足够的能量,也就是说放电通道要有很大的电流密度(一般为 $105 \sim 106\ A/cm^2$)。这样可以保证在火花放电时产生较高的温度,将工件表面的金属熔化或气化,以达到加工的目的。

(3)保证有合理的放电间隙。放电间隙是指利用火花放电进行加工时,工具表面和工件表面之间的距离,用 S 表示。放电间隙的大小与加工电压、加工介质等因素有关,一般在几微米到几百微米之间合理选用。放电间隙过大,会使工作电压不能击穿绝缘介质;而放电间隙过小,则形成短路,都将导致电极间电流为零,不能产生火花放电,从而不能对工件进行加工。

(4)火花放电必须在具有一定绝缘性能的液体介质中进行。绝缘介质的作用有四点:一是在达到要求的击穿电压之前,应保持电学上的非导电性,即起到绝缘作用;二是在达到击穿电压后,绝缘介质要尽可能地压缩放电通道的横截面积,从而提高单位面积上的电流强度;三是在放电完成后,迅速熄灭火花,使放电间隙消除电离从而恢复绝缘;四是要求介质具有较好的冷却作用,并能将电蚀产物从放电间隙中带走。

目前大多数电火花加工机床均采用煤油作为工作液。但是对大型复杂零件进行加工时,由于功率较大,可能会引起煤油着火,这时可以采用燃点较高的机油或者是煤油与机油的混合物等作为工作液。另外,新开发的水基工作液也逐渐应用在电火花加工中,这种工作液可使粗加工效率大幅度提高,并且降低了因加工功率大而引起着火的隐患。

综合以上的基本条件,电火花加工原理如图4.2所示。脉冲电源1的两个输出端分别与工件2和工具4连接。自动进给调节装置3(此处为液压缸及活塞)使工件与工具之间经常保持一个很小的放电间隙,当加在两极间的脉冲电压足够大时,便使两极放电间隙最小处或绝缘强度最低处的介质被击穿,在该处形成火花放电,瞬时达到高温使工具和工件表面都蚀掉一小部分金属,各自形成一个小凹坑,如图4.3(a)所示,表示单个脉冲放电后的电极表面。脉冲放电结束后,经过一段时间间隔(即脉冲间隔 t_0),使工作液恢复绝缘并清除电蚀产物后,第二个脉冲电压又加到两极上,又会使两极放电间隙最小处或绝缘强度最低处的介质被击穿,从而又在工具和工件表面上形成小凹坑。这样随着相当高的频率,连续不断地重复放电,工具电极不断地向工件进给,从而保持一定的放电间隙,就可将工具端面和横截面的形状复制在工件上,加工出具有所需形状的零件,整个加工表面将由无数个小凹坑所形成。如图4.3(b)所示为多次脉冲放电后的电极表面。

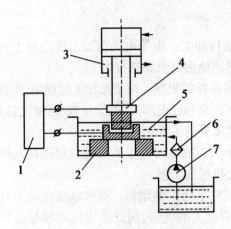

图 4.2　电火花加工原理图

1—脉冲电源；　2—工件；　3—自动进给调节装置；

4—工具；　5—工作液；　6—过滤器；　7—工作液泵

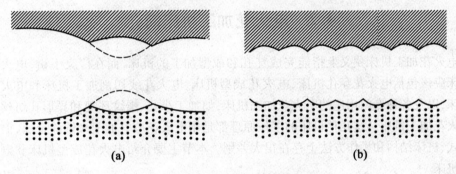

(a)　　　　　　　　　　　　　　　(b)

图 4.3　电火花加工表面局部放大图

4.1.2　电火花加工的特点

1. 电火花加工的优点

（1）能加工用切削的方法难以加工或无法加工的高硬度导电材料。

在电火花加工过程中，主要是靠电、热能进行加工，几乎与力学性能（硬度、强度等）无关。从而使工件的加工不受工具硬度、强度的限制，实现了用软质的材料（如石墨、铜等）加工硬质的材料（如淬火钢、硬质合金和超硬材料等）。

（2）便于加工细长、薄、脆性的零件和形状复杂的零件。在加工过程中，由于工具与工件没有直接接触，这样就使工具与工件之间没有机械加工的切削力，机械变形小，因此可以加工复杂形状的零件并进行微细加工。

（3）工件变形小，加工精度高。

目前，电火花加工的精度可达 0.01～0.05 mm，在精密光整加工时可小于 0.005 mm。

（4）易于实现加工过程的自动化。电火花加工主要利用电能进行加工，而电能、电参数较机械量更易于实现自动化控制。目前，我国电火花加工机床大多都是数字控制。

2. 电火花加工的缺点

(1)只能对导电材料进行加工。由于电火花加工所用的工具和工件必须都是导体，因此塑料、陶瓷等绝缘材料不能用电火花进行加工。

(2)加工精度受到电极损耗的限制。由于在加工过程中，工具电极同样会受到电、热的作用而被蚀除，特别是在尖角和底面部分，蚀除量较大，这又造成了电极损耗不均匀的现象，因此电火花加工的精度受到了限制。

(3)加工速度慢。由于火花放电时产生的热量只局限在电极表面，而且又很快被介质冷却，因此加工速度要比机械加工慢。

(4)最小圆角半径受到放电间隙的限制。虽然电火花加工具有一定的局限性，但与传统的切削加工相比仍具有巨大的优势，因此其应用领域日益扩大，目前已广泛应用于机械(特别是模具制造)、航空航天、电子、电器和仪器仪表等行业，用来解决难加工材料及复杂形状零件的加工问题。

4.2　电火花加工机床简介

电火花加工机床狭义上指能完成穿孔和成型加工的机床，而在广义上讲，电火花加工机床应该包括电火花穿孔机床、电火花成型机床、电火花线切割加工机床和电火花磨削机床，以及各种专门用途的电火花加工机床，如加工小孔、螺纹环规和异形孔纺丝板等的电火花加工机床。这几种机床的工作原理都是用电火花放电加工来蚀除金属，但在工艺形式、机床结构和操作方法上存在很大差别。本节主要介绍电火花成型机床和电火花穿孔机床。

4.2.1　电火花加工机床名称、型号与分类

我国早期生产的电火花加工机床按其用途可分为两类，一类是采用RC、RLC和电子管、闸流管脉冲电源，主要用于穿孔加工的电火花穿孔加工机床，被命名为D61系列(如D6125、D6140型等)；另一类是采用长脉冲电源，主要用于成型加工的电火花成型加工机床，被命名为D55系列(如D5540、D5570等)。从20世纪80年代开始，电火花加工机床大多采用晶体管脉冲电源，这样就使同一台电火花加工机床既能用作穿孔加工，也可用作成型加工。因此我国把电火花穿孔、成型加工机床命名为D71系列，统称为电火花成型加工机床，或简称为电火花加工机床，其型号表示如图4.4所示。

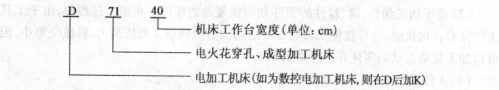

图4.4　电火花加工机床的表示方法

我国电火花加工机床的参数标准见表4.1。

表 4.1 电火花加工机床的参数标准

工作台	台面	宽度 B	/mm	200	250	320	400	500	630	800	1 000
		长度 A		320	400	500	630	800	100	1 250	1 600
	行程	横向 X		160		250		400		630	
		纵向 Y		200		320		500		800	
	最大承载质量/kg			50	100	200	400	800	1 500	3 000	6 000
	T 型槽	槽数		3			5			7	
		槽宽		10		12		14		18	
		槽间距		63		80		100		125	
主轴头	主轴连接板至工作台最大距离 H		/mm	300	400	500	600	700	800	900	1 000
	伺服进程 Z			80	100	125	150	180	200	250	300
	滑座行程 W			150	200	250	300	350	400	450	500
工具电极	最大质量/kg	I 型		20		50		100		250	
		II 型		25		100		200		500	
	连接尺寸										
工作液槽内壁	长度 d		/mm	400	500	630	800	1 000	1 250	1 600	2 000
	宽度 c		/mm	300	400	500	630	800	1 000	1 250	1 600
	高度 h			200	250	320	400	500	630	800	1 000

电火花加工机床和其他加工机床一样,有很多分类方法,具体介绍如下:

(1)按照机床的数控程度可分为:非数控(手动型)、单轴数控及多轴数控型等。

(2)按照机床的规格大小可分为:小型(工作台宽度小于 25 cm)、中型(工作台宽度为 25～63 cm)和大型(工作台宽度大于 63 cm)。

(3)按精度等级可分为:标准、精密和高精度电火花加工机床。

(4)按工具电极的伺服进给系统的类型可分为:液压进给、步进电动机进给、直流或交流伺服电动机进给驱动等类型。

(5)按应用范围可分为:通用机床、专用机床(如:航空叶片零件加工机床、螺纹加工机床和轮胎橡胶模加工机床等)。

(6)根据机床结构可分为:龙门式、滑枕式、悬臂式、框形立柱式和台式电火花加工机床,其中框形立柱式应用最为广泛。图 4.5(a)所示为龙门式大型电火花加工机床,工作台固定在床身上,主轴头可做横向坐标移动,根据加工的需要,可在机床的横梁上装设几个主轴头,以满足同时加工出几个型孔的需要。这种机床刚性好,可以做成大、中型电火花加工机床。图 4.5(b)所示为滑枕式电火花加工机床。它的主要特点是:工件安装在床身工作台上不动,两主轴头安装在 X、Y 两个滑枕上运动,这样可以避免重大的工件和油槽中煤油工作液在 X、Y 方向快速运动时产生很大的惯性力。其缺点是行程大时机床刚度变差,电极装夹找正也因油箱体积大而不太方便。随着机床工业的发展,模具行业对电火花加工机床的需求不断增加,电火花加工机床将朝着高精度、高稳定性和高自动化程度等方向发展。国外已经研制出带工具电极库能按程序自动更换电极的电火花加工中心。

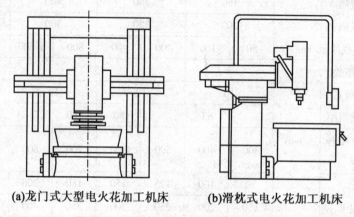

(a)龙门式大型电火花加工机床   (b)滑枕式电火花加工机床

图4.5　典型电火花加工机床结构示意图

4.2.2　电火花加工机床结构

电火花加工机床主要由机床主体、脉冲电源、自动进给调节系统和工作液净化及循环过滤系统几部分组成。

随着时代的进步,电加工事业的发展,尤其数控技术在电火花加工机床上的广泛使用,更显示出电火花加工在模具制造中的重要性。为了适应模具工业的需要,已经批量生产计算机三坐标数字控制的电火花加工机床,以及带工具电极库能按程序自动更换电极的电火花加工中心。

如图4.6(a)所示为立柱式电火花加工机床结构图,图4.6(b)所示为其外观图。

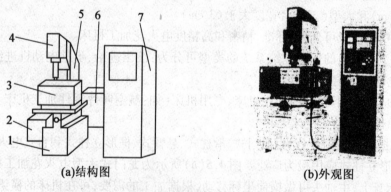

(a)结构图   (b)外观图

图4.6　立柱式电火花加工机床结构图及外观图

1—床身;2—液压油箱;3—工作液槽;4—主轴头;5—工作液箱;6—电源箱;7—控制柜

1. 机床主体

机床的主体部分主要包括主轴头、床身、立柱、工作台及工作液槽几部分。其作用主要是支撑、固定工件和工具电极,并通过传动机构实现工具电极相对于工件的进给运动。

2. 脉冲电源

脉冲电源的作用是把交流电转换成单向脉冲电源,以提供能量来蚀除金属。脉冲电源的输出端分别接电极和制件,在加工过程中,电源不断地向放电间隙输出脉冲电源。当电极与制件之间的间隙达到一定值时,工作液就会被击穿而形成脉冲火花放电,同时使制件材料被气化而蚀除。电极向制件不断进给,从而使制件被加工成所需形状。

脉冲电源对电火花加工的生产率、工件的表面质量、加工精度、加工过程中的稳定性以及工具电极损耗等技术经济指标有很大的影响。常用的有张弛式、闸流管式、电子管式、可控硅式和晶体管式脉冲电源,目前以晶体管式脉冲电源使用最广。

3. 自动进给调节系统

自动进给调节系统由自动调节器和自适应控制装置组成。其主要作用是在电火花加工过程中维持一定的火花放电间隙,保证加工过程正常、稳定地进行,主要体现在两个方面,一是在放电过程中,工具电极和工件电极不断被蚀除,造成两极间的放电间隙不断增大,当放电间隙过大时,则不会产生放电,此时自动进给调节装置将自动调节工具进行补偿进给,以维持所需的放电间隙;另一方面是当工具电极和工件电极距离太近或发生短路时,自动进给调节装置自动调节工具反向离开工件,再重新进给调节放电间隙。

如图 4.7 所示为步进电动机自动调节系统原理图。其工作原理是:检测环节对放电间隙进行检测后,输出一个反映放电间隙状态的电压信号。变频电路则将该信号加以放大,并转换成不同频率的脉冲,为环行分配器提供进给触发脉冲。同时,多谐振荡器发出恒频率的回退触发脉冲。根据放电间隙的物理状态,两种触发脉冲由判别电路选其中一种送至环形分配器,决定进给或回退。当两极间放电状态正常时,则判别电路通过单稳电路打开进给与门 1;当两极间放电状态异常(短路或形成有害的电弧)时,则判别电路通过单稳电路打开回退与门 2,分别驱动相对应的环形分配器的相序,使步进电极正向或反向转动,使主轴进给或退回。

近年来随着数控技术的发展,国内外的高档电火花加工机床均采用了高性能的直流或交流伺服电动机,并采用直接拖动丝杠的传动方式,再配以光电码盘、光栅和磁尺等作为位置检测环节,因而大大提高了机床的进给精度、功能和自动化程度。

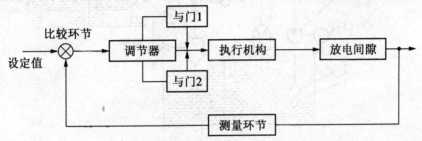

图 4.7　步进电动机自动调节系统原理图

4. 工作液净化及循环过滤系统

电火花加工用的工作液净化及循环过滤系统由储液箱、过滤器、泵和控制阀等部件组成。工作液循环的方式很多,主要有以下几种。

(1)非强迫循环。

工作液仅做简单循环,用清洁的工作液换脏的工作液。电蚀产物不能被强迫排除,仅应用在粗、中电火花标准加工时。

(2)强迫冲油。

将清洁的工作液强迫冲入放电间隙,工作液连同电蚀产物一起从电极侧面间隙中被排出,称为强迫冲油。这种方法排屑力强,但电蚀产物通过已加工区,排出时形成二次放电,容易形成大的放电间隙和斜度。此外,强迫冲油对主轴头的自动调节系统会产生干扰,过强的冲油会造成加工不稳定。如果工作液中带有气泡,进入加工区域将会发生爆裂而引起"放炮"现象,并伴随有强烈的振动,严重影响加工质量。

(3)强迫抽油。

将工作液连同电蚀产物经过放电间隙和工件待加工面强迫吸出,称为强迫抽油。这种排屑方式可以避免电蚀产物的二次放电,故加工精度高,但排屑力较小,不能用于粗加工。

强迫抽油工作液循环过滤系统如图4.8所示,工作过程主要为:冲油、抽油和补油三个过程。

当前我国常用的电火花加工的工作液是煤油,它的作用是在电火花加工之前保证工具与工件之间的间隙绝缘;在加工过程中,形成火花放电通道,并在放电结束后迅速恢复间隙的绝缘状态;对放电通道产生压缩作用;帮助电蚀产物的抛出和排除;冷却工具和工件等。

随着数字控制技术的发展,电火花加工机床已经数控化,并采用微机进行控制。机床功能更加完善,自动化程度大为提高,实现了电极和工件的自动定位、加工条件的自动转换、电极的自动交换、工作台的自动进给,以及平动头的多方向伺服控制等。低损耗电源、微精加工电源、适应控制技术和完善的夹具系统的采用,显著提高了加工速度、加工精度和加工稳定性,扩大了应用范围。电火花加工机床不仅向小型、精密和专用方向发展,而且向能加工汽车车身、大型冲压模的超大型方向发展。

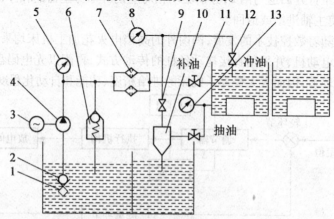

图4.8 工作液循环过滤系统

1—粗过滤器;2—单向阀;3—电动机;4—涡轮泵;5、8、13—压力表;6—安全阀;7—精过滤器;9—冲油选择阀;10—射流抽吸管;11—快速进油控制阀(补油);12—压力调节器

4.3 电火花加工工艺与实例

随着电火花加工工艺和机床的发展,电火花成型穿孔加工应用也日趋广泛,主要应用于冲压模具零件(包括凸凹模、卸料板和固定板等)、粉末冶金模具零件、挤压模具零件和各种型腔模具(包括锻模、压铸模和塑料模等)零件的制造上。

电火花穿孔加工中的小孔加工,由于孔径小,因此采用的加工工艺与其他穿孔加工有很多不同之处,一般单列出来。

4.3.1 电火花穿孔加工

用电火花方法加工通孔称为电火花穿孔加工,主要应用于加工那些用机械方法难以加工或无法加工的零件,例如硬质合金、淬火钢等硬度较大的金属材料和具有复杂形状的零件的通孔加工等。

冲裁模具在生产中应用较为广泛,但是由于冲裁模具具有形状复杂、硬度高和尺寸精度要求高等特点,因此用一般的机械加工方法加工是非常困难的,有时甚至无法用通用机床进行加工,而只能靠钳工进行加工,这样将增大劳动量,加工精度难以保证。采用电火花加工就能很好地解决上述困难。所以本节就以加工冲裁模具为例来进行讲解。

1. 电火花加工工艺方法

对于冲裁模具来说,冲裁凸模与凹模配合间隙的大小和均匀性,直接影响到冲裁产品的质量和模具的寿命。在电火花加工过程中,为了满足这一要求,常用的加工工艺方法有:直接电极法、混合电极法、修配凸模法和二次电极法。

由于电火花线切割加工技术的发展,加工冲模已主要采用线切割加工,但用电火花穿孔加工冲模比用电火花线切割更容易达到好的配合间隙、表面粗糙度和刃口斜度,因此,一些要求较高的冲模仍采用电火花穿孔加工工艺。

2. 电极设计

电极的精度直接影响电火花穿孔加工的精度,所以合理选择电极材料和确定电极尺寸就显得尤为重要了。

(1)电极材料的选择。

电极材料必须具有导电性能好、损耗小、造型容易、加工过程稳定、生产效率高、来源丰富和价格低廉等特点。生产中常用电极材料(石墨、黄铜、紫铜、铸铁、钢和铜钨合金)的性能见表4.2。选择时应根据加工对象、工艺方法和脉冲电源的类型等因素综合考虑。

表4.2　常用电极材料的性能

电极材料	电火花加工性能	机械加工性能	说明
石墨	加工稳定性较好,电极损耗小,抗高温、变形小、质量轻;但精加工时电极损耗大,加工光洁度低于紫铜电极,并容易脱落、掉渣;易拉弧烧伤	机械强度差,制造电极时粉尘较大,易崩	适用于穿孔加工和大型型腔模具加工
黄铜	加工稳定性较好,加工速度低于紫铜,电极损耗大	难以采用磨削加工,很少用机械方法加工	适用于简单形状的穿孔加工
紫铜	加工性能优异,电极损耗小	因材质软,易产生瑕疵,所以磨削加工困难	适用于穿孔加工和小型型腔模具加工
铜	加工稳定性差,电极损耗一般	机械加工性能优异	适用于穿孔加工
铸铁	加工稳定性一般,电极损耗中等	机械加工性能优异	适用于穿孔加工
铜钨合金	加工精度稳定性好,电极损耗小	切削或磨削时工具磨损较大,有一定的弯曲变形,价格昂贵	适用于精密穿孔加工和精密型腔模具加工
银钨合金	加工精度稳定性好,电极损耗小	切削或磨削时工具磨损较大,但弯曲变形较小,价格昂贵	适用于精密穿孔加工和精密型腔模具加工

（2）电极结构。

电火花加工用的工具电极一般可以分为整体式电极、镶拼式电极和组合式电极三种类型。

（3）电极尺寸。

电极的尺寸包括电极横截面尺寸和电极长度尺寸。

①电极横截面尺寸的计算。在加工凹模型孔时,电极横截面的轮廓2一般应比型孔1均匀地缩小一个放电间隙值,如图4.9所示。

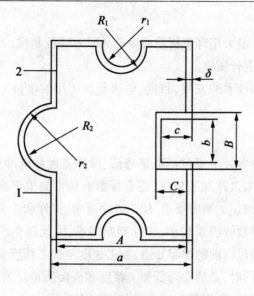

图 4.9　电极横截面尺寸的计算

A、B、C、R_1、R_2—电极横截面基本尺寸；a、b、r_1、r_2—型孔基本尺寸；δ—单边放电间隙

由图可知,存在以下三类尺寸:

尺寸增大的有:$R_1 = r + 2\delta$,$B = r + 2\delta$;

尺寸减小的有:$R_2 = r - 2\delta$,$A = r - 2\delta$;

尺寸不变的有:$C = c$。

②电极长度尺寸的计算。工具电极的长度 L 一般与加工深度、电极材料、加工方式和型孔复杂程度等因素有关,一般可以用下面的公式进行估算:

$$L = KH + H_1 + H_2 + (0.4 \sim 0.8)(n - 1)KH$$

式中,H 为电火花加工深度,mm;H_2 为电极夹持部分长度,mm;H_1 为当凹模下部挖空时,电极需要加长的长度,mm;n 为电极的使用次数;K 为与电极材料、加工方式和型孔复杂程度等因素有关的系数。

对于不同材料 K 值的经验数据为:紫铜($2 \sim 2.5$)、黄铜($3 \sim 3.5$)、石墨($1.7 \sim 2$)、铸铁($2.5 \sim 3$)、钢($3 \sim 3.5$)。电极材料损耗小、型孔简单、电极轮廓无尖角时,K 取小值;反之取大值。当电极损耗较大时,如加工硬质合金时,电极长度可以适当加长。

(4)电极的制造。

电火花穿孔加工用电极的长度尺寸一般无严格要求,而对其横截面尺寸要求则较高。对这类电极,一般先经过普通机械加工,然后再进行成型磨削。不易用磨削加工的材料,可在机械加工后,采用钳工精修的方法达到要求。

对于整体式电极(一般采用钢作为电极),如果模具的配合间隙较小,可用化学溶液侵蚀作为电极的部分,使电极部分的端面轮廓均匀地缩小,在加工时就可以选用较大的放电间隙了;如果模具的配合间隙较大,可用镀铜或镀锌的方法,均匀地增大作为电极部分的尺寸。

对于镶拼式电极一般采用环氧树脂或聚乙烯醇缩醛胶黏接,当黏合面积小不易粘牢时,可采用钎焊的方法进行固定。

随着电火花线切割技术的发展,目前,电火花加工用的电极一般都采用电火花线切割的方法制造。

3. 电参数的选择

电火花加工中的电参数主要包括电流峰值、脉冲宽度和脉冲间隔等,这些参数大小选择的好坏,不仅影响电火花加工精度,还直接影响加工的生产率和经济性。电参数的确定,主要取决于工件的加工精度要求、加工表面要求、工件和工具电极材料以及生产率等因素。由于影响电参数的因素较多,实际判断困难,因此在生产中主要是通过工艺实验的方法来确定的。通过以前的学习知道,加工速度与加工精度和表面质量是相互制约的,即提高加工速度的同时,必然会降低加工精度和表面质量。为了解决这一矛盾,电火花加工过程一般分为粗加工、半精加工和精加工三个阶段,每一个阶段电参数选择的原则都不同。三个阶段的加工电参数见表4.3。

表4.3　加工电参数

工序名称	脉冲宽度	电流峰值	加工精度	表面质量	生产率
粗加工	长(一般取 $20 \sim 60$ μs)	大	低	差(一般 $Ra = 6.3 \sim 3.2$ μm)	高
半精加工	较长(一般取 $6 \sim 20$ μs)	较大	较高	较好(一般 $Ra = 3.2 \sim 1.6$ μm)	较低
精加工	短(一般取 $2 \sim 6$ μs)	小	高	好(一般 $Ra \leqslant 1.6$ μm)	低

由表4.3可知,粗加工时在留有一定加工余量的前提下,尽量加大单个脉冲能量,来提高生产率;在半精加工和精加工时,则以保证精度和表面质量为目的,采用小的电流峰值、高的频率和短的脉冲宽度。这样既加快了加工速度、提高了生产率,又能获得较好的精度。

注意:在整个加工过程中,工具电极损耗对加工精度有影响。特别是粗加工时,脉冲能量大,工具电极损耗同样也会较大。这时就应该在加工之前很好地利用极性效应,或者在精加工时更换工具电极来提高加工精度。

4.3.2　电火花穿孔加工应用

如图4.10所示为中夹板落料凹模,工件材料为 Cr12 钢,配合间隙为 $0.08 \sim 0.10$ mm,热处理淬火硬度为 $62 \sim 64$ HRC。

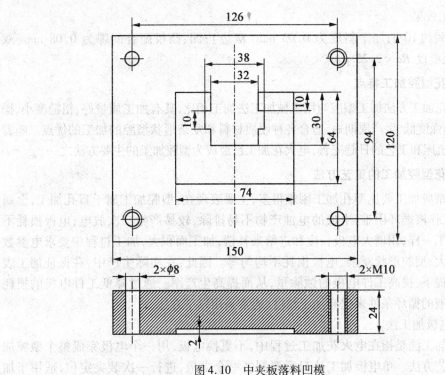

图4.10　中夹板落料凹模

1. 工艺方法、电极、电参数的确定

(1)电加工前的工艺路线。

在电火花加工前,应利用铣床、磨床等机械加工机床先把除凹模型孔以外的尺寸加工出来,并应用铣床对凹模型孔进行预加工,单面留电加工余量0.3~0.5 mm。然后进行热处理淬火,使硬度达到62~64 HRC。最后平磨上、下两平面。

(2)工具电极准备。

针对此模具的特点,可以利用凸模作为工具电极,采用"钢打钢"的方法进行加工。所以在进行电火花加工前,应先利用机械加工方法或利用电火花线切割的方法加工出凸模。

(3)电火花加工工艺方法。

利用凸模加工凹模时,要将凹模底面朝上进行加工,这样可以利用"二次放电"产生的加工斜度,作为凹模的漏料口,即通常所说的"反打正用"。

(4)工件的装夹、校正及安装固定。

首先将工具电极(即凸模)用电极夹柄紧固,校正后予以固定在主轴头上,然后将工件(凹模)放置在电火花加工机床的工作台上,调整工具电极与工件的位置,使两电极中心重合,保证加工孔口的位置精度,最后用压板将工件凹模压紧固定。

(5)加工工艺参数。

采用低压脉冲宽度2 μs,脉冲间隔20 μs;低压80 V,加工电流3.5 A;高压脉冲宽度5 μs,高压173 V,加工电流0.6 A;加工极性为负;下冲油方式;加工深度不小于30 mm。

(6)加工效果。

加工时间约 10 h；加工斜度为 0.03 mm（双边）；凹、凸模配合间隙为 0.08 mm（双边）；表面粗糙度 $Ra < 2.25$ μm。

2. 电火花型腔加工特点

用电火花加工方法加工型腔与用机械加工法加工相比，具有加工质量好、粗糙度小、操作简单、劳动强度低、生产周期短，适合各种硬质材料和复杂形状型腔的加工的优点。随着电火花加工机床和工艺的日趋完善，电火花加工已经成为型腔加工的主要方法之一。

3. 电火花型腔加工的工艺方法

电火花型腔加工要比型孔加工困难得多，主要表现在：型腔加工属于盲孔加工，金属蚀除量大，工作液循环困难，生成的电蚀产物不易排除，较易产生二次放电；电极损耗不能像型孔加工一样，用增大电极长度和进给来补偿；加工面积大，加工过程中要求电参数的调节范围大、型腔形状复杂、电极损耗不均匀等。因此，在实际生产中，在保证加工表面质量的前提下，提高工件电极的蚀除量，从而提高生产率。通过降低工件电极的损耗和改善工作液的循环条件来提高加工精度，通常采用以下方法。

（1）单电极加工法。

单电极加工法是指在电火花加工过程中，不更换电极，用一个电极完成整个型腔加工的一种工艺方法。单电极加工法只需要制造一个电极，进行一次装夹定位，适用于加工形状简单、精度要求不高的型腔；对于加工量较大的型腔模具，可以先用其他加工方法（例如机械加工方法）去除大量的加工余量，再用电火花的加工方法加工到精度要求，这样可以大大提高加工效率。

为了解决工具电极损耗对加工精度的影响以及提高加工效率，在生产中通常采用下面几种单电极加工法。

①电极平动法。在带有平动头的电火花加工机床上，可以通过工具电极做平面圆周运动来完成型腔的粗、半精、精加工。在加工过程中，先采用低损耗、高生产率的电参数对型腔进行粗加工，然后利用平动头做平面圆周运动，按照粗、半精、精的顺序逐级改变电参数。同时依次加大电极的平动量，以补偿前后两个加工规范之间型腔侧面放电间隙差和表面微观不平度差，实现型腔侧面仿形修光，完成整个型腔模具的加工，其原理如图4.11 所示。

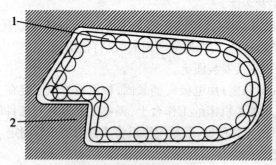

图 4.11　平动头加工原理图
1—工具电极；2—工件电极

采用平动法加工可以很好地改善排屑条件,方便电蚀产物的排除,减小二次放电产生的可能性。但是由于平动时,使电极上的每一个点都按平动头的偏心半径做圆周运动,因此难以加工出直角型腔模具。此外电极在粗加工中容易引起不平的表面龟裂状的积炭层,影响型腔的表面粗糙度。这时可以采用精度较高的重复定位夹具,将粗加工后的电极取下,经均匀修光后,再重复定位装夹,用平动头完成型腔的终加工,可消除上述缺陷。

②单电极摇动法。采用三轴联动的数控电火花加工机床时,可以利用工作台按一定轨迹做微量移动来修光侧面,这种方法被称为单电极摇动法。由于摇动是靠数控控制器产生的,因此具有灵活多样的模式,除了可以做圆形平动外,还可以做方形平动、十字形平动等,图 4.12 所示为方形平动加工原理图。这样就更能适应复杂形状的侧面修光的需要,也可以利用这种方法来加工尖角。这是一般平动头所无法做到的。

(2)多电极加工法。

多电极加工法是指在整个电火花加工过程中,采用多个形状相同、尺寸不同的电极依次更换加工同一个型腔,通过调节不同的电参数来实现型腔的粗、半精、精加工的一种加工方法。每一个电极都要对型腔的整个被加工表面进行加工,这样就可以将上一个电极的放电痕迹去掉。电极的多少主要取决于加工精度和表面质量的要求,如采用粗、半精、精加工工序,就可以选用三个电极进行加工。多电极加工原理图如图 4.13 所示,三个电极分别负责工件的粗、半精、精加工,其使用的电参数不同,放电间隙也不同,故电极的尺寸也不同。

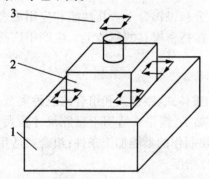

图 4.12　方形平动加工原理图
1—工件电极;2—工具电极;3—平动轨迹

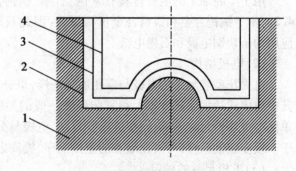

图 4.13　多电极加工原理图
1—工件;2—精加工后的型腔;
3—半精加工后的型腔;4—粗加工后的型腔

这种方法的优点是仿形精度高,特别适合带有尖角、窄缝多的型腔模具的加工。缺点是需要制造多个电极,并且对各个电极的一致性和制造精度都有很高的要求。另外,因为需要更换电极,所以必须确保更换工具电极时的重复定位精度,对机床和操作人员装夹、定位精度要求较高。因此主要适用于没有平动和摇动加工条件或多型腔模具和相同零件的加工场合。一般用两个电极进行粗、精加工就可满足要求,而当型腔模具的精度和表面质量要求很高时,采用三个或更多个工具电极进行加工。

(3)分解电极法。

分解电极法是根据型腔的几何形状,把工具电极分解为主型腔电极和副型腔电极,主、副型腔电极要分别制造和使用,是单电极平动法和多电极加工法的综合应用。如图4.14 所示即为分解电极法加工示意图。

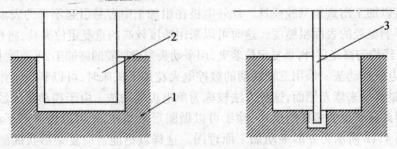

图 4.14 分解电极法加工示意图

1—工件;2—主型腔电极;3—副型腔电极

这种方法的优点是可以根据主、副型腔的不同加工要求,选择不同的电参数,有利于提高加工速度和加工质量,从而便于工具电极的制造和修整。缺点是同多电极加工法一样,需要制造多个电极,并且对电极的制造和定位精度要求很高。此法主要适用于尖角、窄缝、沉孔和深槽多的复杂型腔模具的加工。

4. 电极设计

(1)电极材料的选择。

用于型腔加工的电极材料有紫铜、石墨、铜钨合金和银钨合金。其性能和应用见表4.2。由于铜钨合金和银钨合金价格昂贵,因此只用在精密模具的制造上。生产中广泛应用的是紫铜电极和石墨电极。

(2)电极结构。

电火花型腔加工的电极与穿孔加工一样,也分为整体式、镶拼式和组合式三种类型。其中整体式适用于尺寸不大和复杂程度一般的型腔加工;镶拼式适用于型腔尺寸较大、单块电极坯料尺寸不够,或型腔形状复杂、电极易分块制作的型腔加工条件;组合式适用于一模多腔的条件,可简化型腔的定位工序、提高定位精度。

(3)电极尺寸的确定。

电火花型腔加工的电极尺寸包括水平尺寸、垂直尺寸和电极总高度尺寸。

① 水平尺寸的计算。与主轴头进给方向垂直的电极尺寸称为水平尺寸,可用下式确定:

$$a = A \pm K\delta$$

式中,a 为电极水平方向的尺寸,mm;A 为型腔图纸的名义尺寸,mm;δ 为电极的单面缩放量,mm;K 为与型腔尺寸注法有关的系数。

在公式中,型腔凸出部分较相对应的电极凹入部分的尺寸应放大,如图 4.15 中的 r_1、a_1 计算时应取"+"号;反之型腔凹入部分较电极凸出部分的尺寸应缩小,如图 4.15 中的 r_2、a_2 计算时应取" – "号。

K 值的选取原则是:当型腔尺寸以两加工表面为尺寸界限标注时,若蚀除方向相反,取 $K = 2$(如图 4.15 中的 A_2);若蚀除方向相同,取 $K = 0$(如图 4.15 中的 C)。当型腔尺寸以中心或非加工面为基准标注时,取 $K=1$(如图 4.15 中的 A_1);凡与型腔中心线之间的位置尺寸及角度尺寸相对应的电极尺寸不缩不放,取 $K=0$。

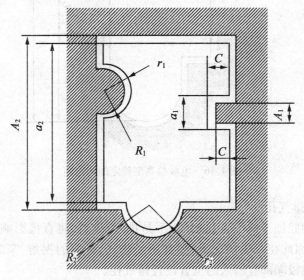

图 4.15　电极水平尺寸缩放示意图

电极的单面缩放量 δ 与电极的平动量、精加工最后一挡的单边放电间隙和精加工时电极侧面损耗有关,一般取 $0.7 \sim 0.9$ mm。也可用下式估算:

$$\delta = e + \delta_d - \delta_s$$

式中,e 为工具电极平动量,一般取 $0.5 \sim 0.6$ mm;δ_d 为精加工最后一挡的单边放电间隙。一般取 $0.02 \sim 0.03$ mm;δ_s 为精加工(平动)时电测面损耗(单边),一般不超过 0.1 mm,通常忽略不计。

②垂直尺寸的计算。与主轴头进给方向平行的电极尺寸称为垂直尺寸。一般情况下,型腔底部的抛光量很小,所以在计算垂直尺寸时,可以忽略不计。电极的垂直尺寸可用下式确定:

$$b = B \pm K_s$$

式中,b 为电极垂直方向的有效加工尺寸,mm;B 为型腔深度方向的尺寸,mm;K_s 为放电间隙与电极损耗要求电极端面的修正量之和,mm。

③电极总高度的确定。

当确定电极在垂直方向总高度 H 时,要考虑电火花加工工艺需要、同一电极使用的次数和装夹要求等因素。如图 4.16 所示为电极总高度确定的示意图。一般用下式确定:

$$H = b + L$$

式中,H 为电极在垂直方向的总高度,mm;b 为电极在垂直方向的有效加工尺寸,mm;L 为考虑加工结束时,为避免电极固定板和工件的电极相碰,同一电极能多次使用等因素而增加的高度,一般取 $5 \sim 20$ mm。

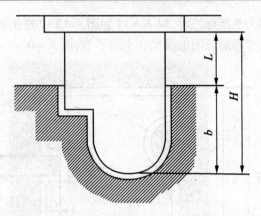

图 4.16　电极总高度确定的示意图

（4）冲油孔和排气孔。

由于电火花型腔加工属于盲孔加工，不易排气、排屑，将直接影响加工速度、加工稳定性和加工质量，因此在一般情况下，要在不易排气、排屑的拐角、窄缝处开冲油孔。在蚀除面积较大和电极端部有凹入的位置设置排气孔。

冲油孔和排气孔的直径，应不大于缩放量的两倍，一般设计为 $\phi1 \sim \phi2$ mm。孔径不宜过大，太大则加工后残留的凸起太大，不易清除。孔的数量一般以蚀除产物不产生堆积为宜。各孔间距一般取 20 ~ 40 mm。孔的位置尽量错开，这样可以减少"波纹"的形成。常用形式为如图 4.17 所示的冲油孔的电极和如图 4.18 所示的排气孔的电极。

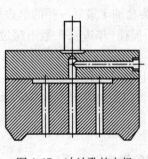

图 4.17　冲油孔的电极

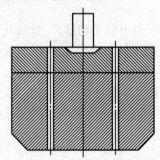

图 4.18　排气孔的电极

4.3.3　电火花小孔加工

电火花小孔加工与型腔加工相比，工具电极的横截面积小，容易变形，不易排屑和散热，电极损耗大。为了解决上述问题，小孔加工应选用刚性好、不易变形、加工稳定性好和损耗小的材料做电极，如钨丝、钼丝、黄铜丝和铜钨合金等。加工时还可以设置导向装置来防止工具电极弯曲变形。生产中常用的电火花小孔加工主要是高速电火花小孔加工和电火花小孔磨削。

1. 高速电火花小孔加工

高速电火花小孔加工的电极一般采用铜管，在管内通入高压水，高压水起到介质、冷却及快速将电蚀物排出的作用。由于在高压水的作用下能够快速将电蚀物从深小孔中排出,因此放电状态良好,加工效率高。加工孔为 $\phi 0.3 \sim \phi 3$ mm,最大深径比可达 200:1。

这类机床主要用于在淬火钢、不锈钢、硬质合金、铜和铝等各种导电材料上加工深小孔,如数控电火花线切割工件的穿丝孔、筛板上的群孔和飞机发动机叶片的散热孔,并能在工件的斜面、曲面上直接加工。

2. 电火花小孔磨削

电火花小孔磨削加工可在穿孔、成型机床上附加一套磨头来实现,使工具电极做旋转运动,工件也附加一旋转运动,则磨得的孔可更圆。小孔磨削时电极的运动形式一般有:工件自身的旋转运动、工件或工具电极的轴向往复运动及工件或工具电极的径向进给运动。

在小孔磨削时,工具电极与工件不直接接触,不存在机械力,不会产生因切削力而引起的变形。而在机械磨削中,因加工的孔小,所使用的磨削砂轮小,且砂轮轴细,在机械切削力作用下,极易产生变形、振动,故难于保证工件的加工精度和表面粗糙度。

4.4　线切割编程

线切割的基本工作原理是利用连续移动的细金属丝(称为线切割的电极丝,常用钼丝)作为电极,对工件进行脉冲火花放电蚀除金属,由计算机控制,配合一定的水基乳化液进行冷却排屑,将工件切割加工成型。线切割主要用于加工各种形状复杂和精密细小的工件,例如线切割可以加工冲裁模的凸模、凹模、凸凹模、固定板、卸料板等,及成型刀具、样板,线切割还可以加工各种微细孔槽、窄缝、任意曲线等。线切割有许多无可比拟的优点,比如,线切割具有加工余量小、加工精度高、生产周期短、制造成本低等突出优点,已在生产中获得广泛的应用。

线切割由坐标工作台($X、Y$)、运丝机构、丝架和床身四部分组成。$X、Y$ 坐标工作台用来装夹被加工的工件,控制台给 X 轴和 Y 轴执行机构发出进给信号,分别控制两个步进电动机,进行预定图形的加工。坐标工作台主要由拖板、导轨、丝杠运动副、齿轮传动机构四部分组成。

运丝机构主要用来带动电极丝按一定的线速度移动,并将电极整齐地绕在丝筒上。丝架的主要功用是电极丝在按给定线速度运动时,对电极丝起支撑作用,并使电极丝的工作部分与工作台平面保持一定的几何角度。

数控线切割编程与数控车床、铣床、加工中心的编程过程一样,也是按要加工的工件编制出控制系统能接受的指令。

4.4.1　线切割基本编程方法

目前,我国数控线切割机床常用的程序格式符合国际标准的 ISO 格式(G 代码)和我国自己开发的 3B、4B 格式。下面将重点介绍 ISO 格式(G 代码)编程,同时对 3B、4B 格式编程也做简单的介绍。

1. ISO 代码及其程序编制

目前,我国的数控线切割系统使用的指令代码与 ISO 基本一致。表 4.4 为数控线切割机床常用的指令代码。

表 4.4　数控线切割机床常用的指令代码

代码	功能	代码	功能
G00	快速点定位	G10	Y 轴镜像,X、Y 轴变换
G01	直线插补	G11	Y 轴镜像,X 轴镜像,X、Y 轴交换
G02	顺时针方向圆弧插补	G12	消除镜像
G03	逆时针方向圆弧插补	G40	取消间隙补偿
G05	X 轴镜像	G41	左偏间隙补偿,D 偏移量
G06	Y 轴镜像	G42	右偏间隙补偿,D 偏移量
G07	X、Y 轴交换	G50	消除锥度
G08	X 轴镜像,Y 轴镜像	G51	锥度左偏 A 角度值
G09	X 轴镜像,X、Y 轴交换	G52	锥度右偏 A 角度值
G54	加工坐标系 1	G91	相对坐标
G55	加工坐标系 2	G92	定起点
G56	加工坐标系 3	M00	程序暂停
G57	加工坐标系 4	M02	程序结束
G58	加工坐标系 5	M05	接触感知解除
G59	加工坐标系 6	M96	主程序调用文件程序
G80	接触感知	M97	主程序调用文件结束
G82	半程移动	W	下导轮中心到工作台的面高度
G84	微弱放电找正	H	工件厚度
G90	绝对坐标	S	工作台面到上导轮中心高度

(1)G00—快速点定位指令。

线切割机床在没有脉冲放电的情况下,以点定位控制方式快速移动到指定位置。它只是确定点的位置,而无运动轨迹要求且不能加工工件。

指令格式:G00 X ____ Y ____;

如图 4.19 所示。从起点 A 快速移动到指定点 B,其程序为"G00 X45000 Y75000;"。

(2)G01—直线插补指令。

直线插补指令是直线运动指令,是最基本的一种插补指令,可使机床加工任意斜率的直线轮廓或用直线逼近的曲线轮廓。线切割机床一般有 X、Y、U、V 四轴联动功能,即四坐标。

指令格式:G01 X ____ Y ____ U ____ V ____;

如图 4.20 所示,从起点 A 直线插补移动到指定点 B,其程序为"G01 X16000 Y20000;",U、V 坐标轴在加工锥度时使用。注意比较 G00 和 G01 的区别。

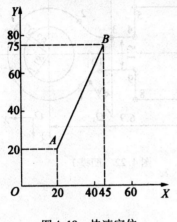

图 4.19 快速定位

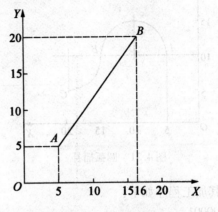

图 4.20 直线插补

(3) G02、G03—圆弧插补指令。

G02 为顺时针方向圆弧插补加工指令;G03 为逆时针方向圆弧插补加工指令。

指令格式:

G02 X ____ Y ____ I ____ J ____;

G03 X ____ Y ____ I ____ J ____;

式中,X、Y 为圆弧终点坐标;I、J 为圆心坐标和圆心相对圆弧起点的增量值,I 是 X 方向坐标值,J 是 Y 方向坐标值,其值不得省略。与正方向相同,取正值;反之取负值。

如图 4.21 所示,从起点 A 加工到指定点 B,再从点 B 加工到指定点 C,其程序为

……

N0110 G02 X15 Y10 I5 J0;

……

N0120 G03 X20 Y5 I5 J0;

(4) G92—定起点指令。

G92 指定电极丝当前位置在编程坐标系中的坐标值,一般情况将此坐标作为加工程序的起点。

指令格式:G92 X ____ Y ____;

如图 4.22 所示凹模,指定起点 O,假使不考虑电极丝直径和放电间隙,加工路线为 O →1→2→3→4→5→6→7→8→9→10→1→O。

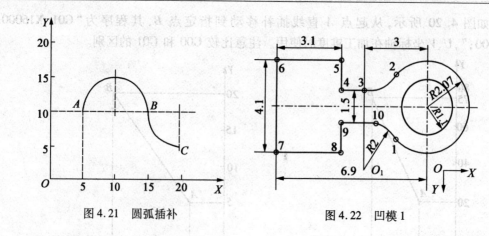

图 4.21　圆弧插补

图 4.22　凹模 1

其加工程序如下：

O00001

N010 G92 X0 Y0；

N020 X－1526 Y－1399；

N030 X－1526 Y1399 I1526 J1399；　　　（加工 1~2 段圆弧）

N040 X－3000 Y750 I－1474 J1351；　　　（加工 2~3 段圆弧）

N050 X－3800 Y750；　　　　　　　　　（加工 3~4 段直线）

N060 X3800 Y2050；　　　　　　　　　（加工 4~5 段直线）

N070 X－6900 Y2050；　　　　　　　　（加工 5~6 段直线）

N080 X－6900 Y－2050；　　　　　　　（加工 6~7 段直线）

N090 X－380 Y－2050；　　　　　　　　（加工 7~8 段直线）

N100 X－3800 Y－750；　　　　　　　　（加工 8~9 段直线）

N110 X－3000 Y－750；　　　　　　　　（加工 9~10 段直线）

N120 X－1526 Y－1399 I0 J－2000；　　　（加工 10~1 段圆弧）

N130 X0 Y0；　　　　　　　　　　　　（返回坐标系原点）

N140 M02；　　　　　　　　　　　　　（程序结束）

（5）G05、G06、G07、G08、G09、G10、G11、G12—镜像、交换加工指令。

模具零件上的图形有些是对称的，虽然也可以用前面介绍的基本指令编程，但很烦琐，不如用镜像、交换加工指令编程方便。镜像、交换加工指令单独成为一个程序段，在该程序段以下的程序段中，X、Y 坐标按照指定的关系式发生变化，直到出现取消镜像加工指令为止。

G05 为 X 轴镜像，关系式：X＝－X，如图 4.23 中的 AB 段曲线与 CB 段曲线。

G06 为 Y 轴镜像，关系式：Y＝－Y，如图 4.23 中的 AB 段曲线与 AD 段曲线。

G08 为 X 轴镜像，Y 轴镜像，关系式：X＝－X，Y＝－Y，即 G08＝G05＋G06，如图4.23 中的 AB 段曲线与 CD 段曲线。

G07 为 X、Y 轴交换，关系式：X＝Y，Y＝X，如图 4.24 所示。

G09 为 X 轴镜像，X、Y 轴交换，即 G09＝G05＋G07。

G10 为 Y 轴镜像，X、Y 轴交换，即 G10＝G06＋G07。

G11 为 X 轴镜像，Y 轴镜像，X、Y 轴交换，即 G11 = G05 + G06 + G07。

G12 为取消镜像，每个程序镜像后都要加上此指令，取消镜像后程序段的含义就与原程序相同了。

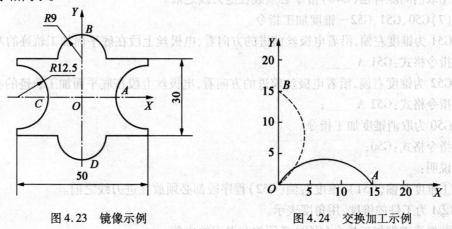

图 4.23　镜像示例　　　　　　　图 4.24　交换加工示例

(6) G41、G42、G40——间隙补偿指令。

如果没有间隙补偿功能，只能按电极丝中心点的运动轨迹尺寸编制加工程序，这就要求先根据工件轮廓尺寸及电极丝直径和放电间隙计算出电极丝中心的轨迹尺寸，因此计算量大、复杂，且加工凸模、凹模、卸料板时需重新计算电极丝中心点的轨迹尺寸，重新编制加工程序。采用间隙补偿指令后，凸模、凹模、卸料板、固定板等成套模具零件只需按工件尺寸编制一个加工程序，就可以完成加工，且是按工件尺寸编制加工程序，计算简单，对手工编程具有特别意义。

G41 为左偏间隙补偿，沿着电极丝前进的方向看，电极丝在工件的左边。

指令格式：G41 D ____；

G42 为右偏间隙补偿，沿着电极丝前进的方向看，电极丝在工件的右边。

指令格式：G42 D ____；

G40 为取消间隙补偿指令。

指令格式：G40；

说明：

① 左偏间隙补偿(G41)、右偏间隙补偿(G42)的确定必须沿着电极丝前进的方向看，如图 4.25 所示。

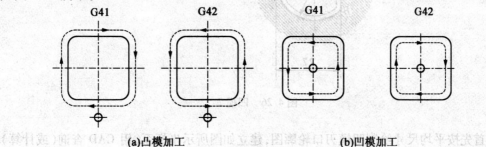

(a)凸模加工　　　　　　　　　　(b)凹模加工

图 4.25　G41、G42 的应用

②左偏间隙补偿(G41)、右偏间隙补偿(G42)程序段必须放在进刀线之前。

③D 为电极丝半径与放电间隙之和,单位为 μm。

④取消间隙补偿(G40)指令必须放在退刀线之前。

(7)G50、G51、G52—锥度加工指令。

G51 为锥度左偏,沿着电极丝前进的方向看,电极丝上段在底平面加工轨迹的左边。

指令格式:G51 A ____ ;

G52 为锥度右偏,沿着电极丝前进的方向看,电极丝上段在底平面加工轨迹的右边。

指令格式:G52 A ____ ;

G50 为取消锥度加工指令。

指令格式:G50;

说明:

①锥度左偏(G51)、锥度右偏(G52)程序段都必须放在进刀线之前。

②A 为工件的锥度,用角度表示。

③取消锥度加工指令(G50)必须放在退刀线之前。

④下导轮中心到工作台面的高度 W、工件的厚度 H、工作台面到上导轮中心的高度 S 需在使用 G51、G52 之前输入。

【例4.1】 如图4.26所示凹模,工件厚度 $H = 8$ mm,刃口锥度 $A = 15°$,下导轮中心到工作台面的高度 $W = 60$ mm,工作台面到上导轮中心的高度 $S = 100$ mm。用直径为 0.13 mm 的电极丝加工,取单边放电间隙为 0.01 mm。试编制凹模加工程序(图中标注尺寸为平均尺寸)。

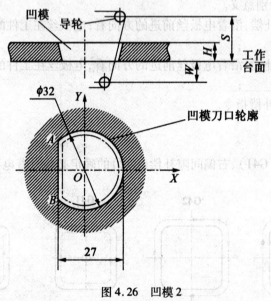

图4.26 凹模 2

首先按平均尺寸绘制凹模刃口轮廓图,建立如图所示坐标系,用 CAD 查询(或计算)求出各节点的坐标值 $A(-11.000, 11.619)$、$B(-11.000, -11.619)$;取 O 点为穿丝点,加工顺序为 $O \rightarrow A \rightarrow B \rightarrow A \rightarrow O$。考虑凹模间隙补偿 $R = 0.13/2 + 0.01 = 0.075(\text{mm})$。同

时要注意 G41 与 G42、G51 与 G52 之间的区别。加工程序如下：

O00002

N010 G90 G92 X0 Y0；

N020 W60000；

N030 H800

N040 S100000

N050 G51 A0.150；

N060 G42 D75；

N070 G01 X－11000 Y11619；

N080 G02 X－11000 J－11619 I11000 J－11619；

N090 G01 X－11000 Y11619；

N100 G50；

N110 G40；

N120 G01 X0 Y0；

N130 M02；

（8）G80、G82、G84—手工操作指令。

G80 为接触感知指令，使电极丝从现在的位置移动到接触工件，然后停止。

G82 为半程移动指令，使加工位置沿指定坐标轴返回一半的距离，即当前坐标系坐标值的一半。

G84 为微弱放电找正指令，通过微弱放电校正电极丝与工作台面垂直，在加工前一般要先进行校正。

2.3B 格式程序编程简介

前面介绍的国际通用的 ISO(G)代码，其优点是功能齐全、通用性强，是推广的重点。而我国独创的 3B 格式只能用于快走丝线切割，功能少、兼容性差，只能用相对坐标编程而不能用绝对坐标编程，但其针对性强，通俗易懂，且被我国绝大多数快走丝线切割机床生产厂采用。下面对 3B 格式进行介绍。

（1）程序格式。

3B 格式的程序没有间隙补偿功能，其程序格式见表 4.5。表中的 B 为分隔符号，它在程序单上起着把 X、Y 和 J 数值分隔开的作用。当程序输入控制器时，读入第一个 B 后的数值表示 X 坐标值，读入第二个 B 后的数值表示 Y 坐标值，读入第三个 B 后的数值表示计数长度 J 的值。

表 4.5 3B 程序格式

B	X	B	Y	B	J	G	Z
	X 坐标值		Y 坐标值		计数长度	计数方向	加工指令

加工圆弧时，程序中的 X、Y 必须是圆弧起点对圆心的坐标值。加工斜线时，程序中

的 X、Y 必须是该斜线段终点对其起点的坐标值,斜线段程序中的 X 值允许把它们同时缩小相同的比例,只要其比值保持不变即可,因为 X、Y 值只用来确定斜线的斜率,但 J 值不能缩小。对于与坐标轴重合的线段,在其程序中的 X 或 Y 值可不必写或全写为零。X、Y 坐标值只取其数值,不管正负。X、Y 坐标值都以 μm 为单位,1 μm 以下的按四舍五入计。

(2)计数方向 G 和计数长度 J。

①计数方向 G 及其选择。为保证所要加工的圆弧或线段长度满足要求,线切割机床是通过控制从起点到终点,某坐标轴进给的总长度来达到的。因此在计算机中设立了一个计数器 J 进行计数,即将加工该线段的某坐标轴进给总长度 J 数值,预先置入 J 计数器中。

加工时当被确定为计数长度的坐标,每进给一步,J 计数器就减 1,这样,当 J 计数器减到零时,则表示该圆弧或直线段已加工到终点。接下来该加工另一段圆弧或直线了。

加工斜线段时,必须用进给距离比较大的一个方向作为进给长度控制。若线段的终点为 $A(X,Y)$,当 $|Y| > |X|$ 时,计数方向取 G_Y;当 $|Y| < |X|$ 时,计数方向取 G_X。当确定计数方向时,可以 45° 为分界线,斜线在阴影区内时,取 G_Y;反之取 G_X。若斜线正好在 45° 线上时,可任意选取 G_X、G_Y,如图 4.27 所示。

加工圆弧时,其计数方向的选取应视圆弧终点的情况而定,从理论上来分析,应该是当加工圆弧达到终点时,走最后一步的是哪个坐标,就应选哪个坐标作为计数方向,这很麻烦,因此以 45° 线为界(图 4.28)。若圆弧坐标终点为 $B(X,Y)$,当 $|X| < |Y|$ 时,即终点在阴影区内,计数方向取 G_X;当 $|X_1| > |Y_1|$ 时,计数方向取 G_Y;当终点在 45° 线上时,可任意取 G_X、G_Y。

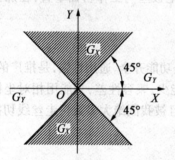

图 4.27　斜线段计数方向选择

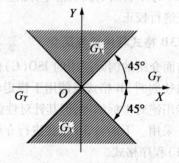

图 4.28　圆弧计数方向选择

②计数长度 J 的确定。当计数方向确定后,计数长度 J 应取计数方向从起点到终点移动的总距离,即圆弧后直线段在计数方向坐标轴上投影长度的总和。

对于斜线,如图 4.29(a)所示取 $J=X$,如图 4.29(b)所示取 $J=Y$ 即可。

对于圆弧,它可能跨越几个象限,图 4.30 所示的圆弧都是从 A 加工到 B。在图 4.30(a)中,计数方向为 G_X,$J=J_{X1}+J_{X2}$;在图 4.30(b)中,计数方向为 G_Y,$J=J_{Y1}+J_{Y2}+J_{Y3}$。

(3)加工指令 Z 是用来确定轨迹的形状、起点、终点所在坐标象限和加工方向的,它包括直线插补指令(L)和圆弧插补指令(R)两类。

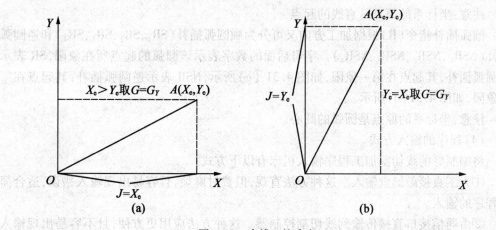

图 4.29 直线 J 的确定

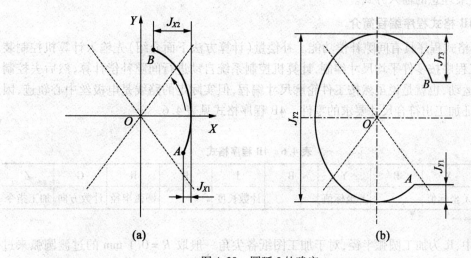

图 4.30 圆弧 J 的确定

直线插补指令（L_1、L_2、L_3、L_4）表示加工的直线终点分别在坐标系的第一、第二、第三、第四象限。如果加工的直线与坐标轴重合，根据进给方向来确定指令（L_1、L_2、L_3、L_4）。如图 4.31（a）、（b）所示。

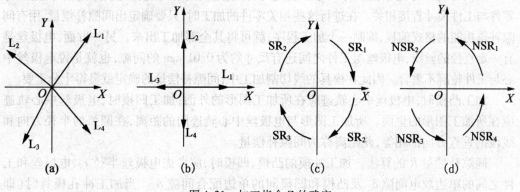

图 4.31 加工指令 Z 的确定

注意:坐标系的原点是直线的起点。

圆弧插补指令(R)根据加工方向又可分为顺圆弧插补(SR_1、SR_2、SR_3、SR_4)和逆圆弧插补(NSR_1、NSR_2、NSR_3、NSR_4)。字母后面的数字表示该圆弧的起点所在象限,SR 表示顺圆弧插补,其起点在第一象限,如图 4.31(c)所示,NSR 表示逆圆弧插补,其起点在第一象限,如图 4.31(d)所示。

注意:坐标系的原点是圆弧的圆心。

(4)程序的输入方式。

将编制好的线切割加工程序输入机床有以下方式:

①人工直接敲键盘输入。这种方法直观,但费时麻烦,且容易出现输入错误,适合简单程序的输入。

②由通信接口直接传输到线切割控制器。这种方法应用更方便,且不容易出现输入错误,是最理想的输入方式。

3.4B 格式程序编程简介

4B 格式程序具有间隙补偿功能。补偿量(计算方法下面介绍)先输入计算机控制装置,加工程序按零件平均尺寸编制,计算机控制系统自动进行间隙补偿计算,然后去控制机床的运动,也就是说虽然按工件轮廓尺寸编程,但实际走的路线是电极丝中心轨迹,因此可保证加工出符合尺寸要求的零件。4B 程序格式见表4.6。

表 4.6 4B 程序格式

B	X	B	Y	B	J	B	R	G	Z
	X 坐标值		Y 坐标值		计数长度		圆弧半径	计数方向	加工指令

表中,R 为加工圆弧半径,对于加工图纸各尖角一般取 $R=0.1$ mm 的过渡圆弧来过渡,这样在加工直线时,程序不变;加工圆弧时,计算机控制系统自动做补偿计算。

注意:4B 格式程序有多种间隙补偿格式,上面只介绍了其中最常用的一种形式。

4. 间隙补偿量的确定

模具零件尺寸是根据工件尺寸来确定的,特别是模具的凸模、凹模、卸料板、固定板等零件与工件尺寸直接相关。在进行这些相关零件的加工时,只要确定出间隙补偿量,用有间隙补偿功能的格式编程,编制一个加工程序,就可将其全部加工出来。另一方面,电极丝是有一定直径的丝线,电极丝与工件之间还有尺寸约为 0.01 mm 的间隙,也就是说电极丝中心与工件轮廓不重合。因此在模具的线切割加工中,间隙补偿量的确定就显得十分重要。

加工凸模时,电极丝中心轨迹应在所加工图形的外面;加工凹模时,电极丝中心轨迹应在所加工图形的里面。所加工图形与电极丝中心轨迹间的距离,在圆弧的半径方向和线段的垂直方向都相等,此距离称为间隙补偿量。

间隙补偿量 R 的算法。加工冲模的凸模、凹模时,应考虑电极丝半径 r_s、电极丝和工件之间的单边放电间隙 δ_d 及凸模和凹模间的单边配合间隙 δ_p。当加工冲孔模具时(即冲后要求保证工件孔的尺寸),凸模尺寸由工件的尺寸确定。因 δ_p 在凹模上扣除,故凸

模的间隙补偿量 $R = r_s + \delta_d$，凹模的间隙补偿量 $R = r_s + \delta_d - \delta_p$。当加工落料模时(即冲后要求保证冲下的工件尺寸)，凹模尺寸由工件的尺寸确定。因 δ_p 在凸模上扣除，故凸模的间隙补偿量 $R = r_s + \delta_d - \delta_p$，凹模的间隙补偿量 $R = r_s + \delta_d$。

5. 零件编程实例

(1)编凹模程序。

如图 4.32 所示落料模，取电极丝的直径为 $\phi 0.12$ mm，单边放电间隙为 0.01 mm，编制凹模的加工程序。

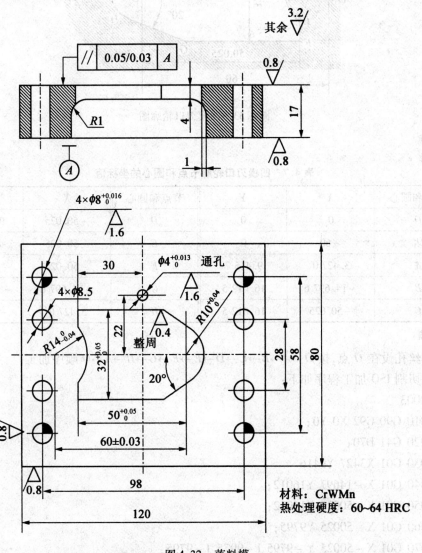

图 4.32　落料模

因该凹模具是落料模，冲下零件的尺寸由凹模决定，模具配合间隙在凸模上扣除，故凹模的间隙补偿量为 $R = r_s + \delta_d = 0.12/2 + 0.01 = 0.07 (\text{mm})$，即要求间隙补偿中的补偿量为 0.07 mm。

按平均尺寸用 CAD 工具绘制,以 O 为坐标原点建立坐标系,如图 4.33 所示,然后用 CAD 查询(或计算)凹模刃口轮廓节点和圆心的坐标值,列于表 4.7 中待用。

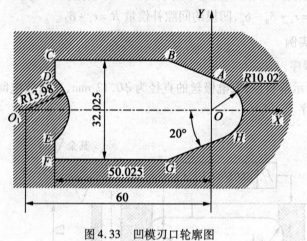

图 4.33　凹模刃口轮廓图

表 4.7　凹模刃口轮廓节点和圆心的坐标值

节点和圆心	X	Y	节点和圆心	X	Y
O	0	0	D	−50.025	9.794 9
O_1	−60	0	E	−50.025	−9.794 9
A	3.427 0	9.415 7	F	−50.025	−16.012 5
B	−14.697 6	16.012 5	G	−14.697 6	−16.012 5
C	−50.025	16.012 5	H	3.427 0	−9.415 7

穿丝孔设在 O 点,按 $O→A→B→C→D→E→F→G→H→A→O$ 顺序加工。

线切割 ISO 加工程序如下:

O00003

N010 G90 G92 X0 Y0;

N020 G41 D70;

N030 G01 X3427 Y9416

N040 G01 X − 14697 Y16012;

N050 G01 X − 50025 Y16012;

N060 G01 X − 50025 Y9795;

N070 G01 X − 50025 Y − 9795 I − 9975 J − 9795;

N080 G01 X − 50025 Y − 16013;

N090 G01 X − 14697 Y − 16013;

N100 G01 X3427 Y − 9416;

N110 G01 X3427 Y9416 I − 3427 J9416;

N120 G40；

N130 G01 X0 Y0；

N140 M02；

（2）编凸模程序。

与图 4.32 凹模所配凸模如图 4.34 所示，仍取电极丝的直径为 $\phi 0.12$ mm，单边放电间隙为 0.01 mm，凸模、凹模刃口的双面间隙为 0.03 mm，编制凸模线切割加工程序。

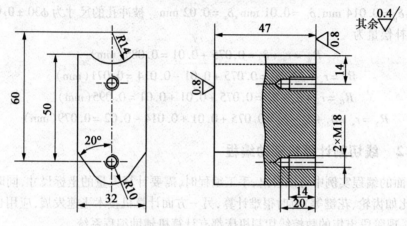

图 4.34　凸模

因为同样是落料模，模具配合间隙在凸模上扣除，故凸模的间隙补偿量为

$$R = r_s + \delta_d - \delta_p = 0.12/2 + 0.01 - 0.03/2 = 0.055(\text{mm})$$

选取切割路线与加工凹模相同，采用有间隙补偿功能的格式（ISO、4B）编程，除引入、退出程序段不同外，其余加工程序段完全相同。这里就不再列出。

（3）凸模、凹模、固定板及卸料板间隙补偿量的确定方法。

① 冲孔模具 R_T、R_W、R_G、R_X 的确定。冲孔模具中，冲孔的尺寸应等于零件图纸上孔的尺寸，这就要求冲头的尺寸应等于图纸上孔的尺寸。此时凸模和凹模之间的单边配合间隙 δ_p 应在凹模上扣除，即凹模的单边尺寸应加大 δ_p。故有 $R_T = r_s + \delta_d$，$R_W = r_s + \delta_d - \delta_p$ 凸模固定板的单边尺寸应比凸模小 δ_G（凸模与固定板之间的单边配合过盈量）。卸料板比凸模大，用 δ_x 表示凸模与卸料板之间的单边配合间隙。下面列出冲孔模具 R_T、R_W、R_G、R_X 的公式：

$$R_T = r_s + \delta_d；\quad R_W = r_s + \delta_d + \delta_P；\quad R_G = \delta_d + \delta_G；\quad R_X = r_s + \delta_d - \delta_x$$

再通过一个具体例子来说明：已知钼丝半径 $r_s = 0.075$ mm，单边放电间隙 $\delta_d = 0.01$ mm，$\delta_p = 0.014$ mm，$\delta_G = 0.01$ mm，$\delta_x = 0.02$ mm。被冲孔的尺寸为 $\phi 30 \pm 0.015$ mm。

各个补偿量为

$$R_T = r_s + \delta_d = 0.075 + 0.01 = 0.085(\text{mm})$$
$$R_W = r_s + \delta_d + \delta_p = 0.075 + 0.01 + 0.014 = 0.099(\text{mm})$$
$$R_G = r_s + \delta_d + \delta_G = 0.075 + 0.01 + 0.01 = 0.095(\text{mm})$$
$$R_X = r_s + \delta_d - \delta_x = 0.075 + 0.01 - 0.02 = 0.065(\text{mm})$$

② 落料模具 R_T、R_W、R_G、R_X 的确定。落料模具中，冲完孔后是废料，冲下来的板料才

是所要的零件,所以冲下来的板料的尺寸应等于该零件图纸上的尺寸。凸凹模之间的单边配合间隙 δ_p 应在凸模上扣除,即凸模的单边尺寸应减少 δ_p。凸模固定板的单边尺寸应比凸模小 δ_G(凸模与固定板之间的单边配合过盈量)。卸料板孔应比凸模大 δ_x。下面列出落料模具 R_T、R_W、R_G、R_X 的公式。

$$R_W = r_s + \delta_d; \quad R_T = r_s + \delta_d - \delta_p; \quad R_G = r_s + \delta_d + \delta_G; \quad R_X = r_s + \delta_d + \delta_p - \delta_x$$

再通过一个具体例子来说明:已知钼丝半径 $r_s = 0.075$ mm,单边放电间隙 $\delta_d = 0.01$ mm,$\delta_p = 0.014$ mm,$\delta_G = 0.01$ mm,$\delta_x = 0.02$ mm。被冲孔的尺寸为 $\phi 30 \pm 0.015$ mm。

各个补偿量为

$$R_W = r_s + \delta_d = 0.075 + 0.01 = 0.085 \text{(mm)}$$
$$R_T = r_s + \delta_d - \delta_p = 0.075 + 0.01 - 0.014 = 0.071 \text{(mm)}$$
$$R_G = r_s + \delta_d + \delta_G = 0.075 + 0.01 + 0.01 = 0.095 \text{(mm)}$$
$$R_X = r_s + \delta_d + \delta_p - \delta_x = 0.075 + 0.01 + 0.014 - 0.02 = 0.079 \text{(mm)}$$

4.4.2　线切割计算机辅助编程

从前面的编程实例中可以看出,手工编程时,需要计算大量的坐标尺寸,同时对于复杂零件(比如齿轮、花键等)有时很难计算,另一方面计算机技术飞速发展,应用也越来越多。因此,现阶段出售的数控线切割机床都有计算机辅助编程系统。

计算机辅助编程系统类型比较多,主要介绍以下两种。

(1)人机对话式语言输入。这种输入方式虽然易学,但使用时人需要根据微机的提问逐个输入几何参数,很麻烦,且需输入描述线切割路线的语句以及间隙补偿、旋转、对称等语句,要记忆的语句比较多,因此应用越来越少,比如 BCD 专用语言系统、哈尔滨工业大学研制的人机会话式系统都属此类。

(2)绘图式线切割自动编程系统,采用 CAD 方式输入,只需按被加工零件图纸上标注的尺寸在计算机上作图输入,不需数字计算即可完成自动编程,生成 3B(4B)或 ISO 代码的线切割程序。同时,能把生成的程序通过通信接口直接传输到线切割控制器中。正是由于这些优点,其应用越来越广。CAXA 线切割自动编程系统、YH 绘图式线切割自动编程系统及 MASTER 线切割自动编程系统都是典型的例子。

CAXA 线切割计算机辅助编程系统是面向线切割加工行业的计算机辅助编程软件,它可以为各种线切割机床提供快速、高效率的数控编程代码(G 代码及 3B、4B/R3B),极大地简化了编程人员的工作,对于用传统编程方式很难完成的复杂图形(比如齿轮、花键等),都可以用 CAXA 线切割计算机辅助编程系统来快速、准确地完成。同时此系统可实现跳步及锥度加工,可对生成的代码进行校验及加工仿真,可全面地满足 CAD/CAM 的要求。

4.5　典型模具零件的电加工

数控线切割机床的加工与操作是模具零件能达到加工要求最重要的一步,数控线切割机床的加工与操作主要包括:工件加工程序的编制、调试,工件的正确安装,电极丝位置的安装、调整。加工参数的合理选择,数控线切割机床的正确使用、维护等。这些都是必须掌握的知识。

4.5.1　线切割机床的操作

1. 编程步骤与要求

在分析零件图纸时,首先分析零件是否能在此电火花线切割机床上加工。零件尺寸太大、太小都可能不宜在线切割机床上加工。比如,厚度超过丝架跨距的零件;窄缝小于电极丝直径加放电间隙的工件。

其次要分析零件图纸上尺寸数据的合理性及完整性。用手工编制加工程序时,需要计算各节点坐标;用计算机辅助编程时,需要确定零件轮廓的所有几何元素,且需要合理及完整的尺寸,即确定的零件是准确的、唯一的,否则就无法进行编程。比如,直线与圆弧、圆弧与圆弧在图纸上相切,而根据给出的尺寸变成了相交或相离状态;有矛盾的多余尺寸或影响工艺安排的封闭尺寸。

在确定出工艺路线时,需要考虑到线切割加工一般是加工的最后工序,因此必须要合理地进行工艺处理,以使工件精度和表面质量达到要求。比如,工件在线切割机床上的定位面的选择加工,要求其基准面必须进行磨削加工。

线切割路线及起割点的位置的确定。如图 4.35 (a)所示的加工路线 $A→B→C→D→E→B→A$ 是错误的,因为当切割到 C 点时,主要连接部位被割离,余下的材料与夹持部分连接较少,刚性大大降低,而产生变形。图 4.35(b)所示的加工路线 $A→B→E→D→C→B→A$ 是可用的方案,因为材料与夹持部分连接,在加工最后阶段才被割去,可减少变形。因此,在一般情况下,将工件与夹持部分分割的线段放在切割总程序的末端。图 4.35 (c)所示的加工路线 $A→B→E→D→C→B→A$ 是最好的方案。因为电极丝不用从坯件外切入,起割点在坯件上预制的穿丝孔中,材料的变形小,工件的变形小,加工精度高。

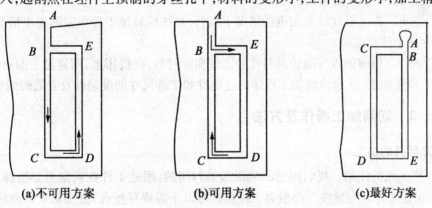

(a)不可用方案　　　(b)可用方案　　　(c)最好方案

图 4.35　线切割路线图

同时还应仔细考虑表面粗糙度、尺寸精度、配合间隙等的影响,以获得最佳的工艺效果。

2. 数学处理

(1)坐标系的选择。为了确定各节点的坐标值,根据工件的装夹和切割方向,应确定统一的坐标系。同时为简化计算,坐标原点和坐标轴应选择图形特殊点和图形对称轴线。

(2)补偿量 R 的计算。按选定的电极丝尺寸、放电间隙和凸模、凹模配合间隙计算出补偿量。R 的具体计算方法前面已介绍。

(3)有公差的尺寸处理。我们知道工程上的尺寸都是不可能绝对准确的,因此都带有公差。根据大量的统计表明,加工后的实际尺寸大部分是在公差带的中值附近,因此有公差的尺寸,应采用平均尺寸编程。平均尺寸的计算公式为

$$平均尺寸 = 基本尺寸 + (上偏差 + 下偏差)/2$$

(4)坐标值的计算。将工件的轮廓或电极丝中心轨迹分割成单一的直线和圆弧,应用数学知识或 CAD 作图求坐标值等方法,求出各点的坐标值。

3. 程序编制

根据加工工艺路线及各节点坐标值,编制出线切割程序段,然后再加上引入、导出程序段,就构成了完整的线切割加工程序。引入程序段是使电极丝从穿丝点到工件轮廓的程序;引出程序段是使电极丝从工件轮廓到退丝点的程序。

4. 程序检验

编制好的线切割加工程序,一般都要经过检验才能用于正式加工,特别是对于用手工编制的线切割加工程序,计算十分烦琐,难免会出现问题。数控系统大都提供程序检验的方法。

(1)画图检验(反读程序)。画图检验,就是将编制的线切割加工程序反读,检查程序是否存在错误语法,由程序得出图形是否正确。

(2)轨迹仿真。轨迹仿真也是将编制的线切割加工程序反读,检查程序是否正确,它比画图检验更快、形象更逼真。

(3)空走。在电极丝没有加电的情况下运行,总体检验加工程序实际加工情况,加工中是否存在干涉和碰撞。

(4)试切。用薄钢板等廉价材料代替工件实际材料,在机床上,用通过上面测试的线切割加工程序加工,从而检验加工程序的正确性和工件尺寸的准确性及必需的调整。

4.5.2 切削加工操作及方法

1. 穿丝孔的加工

(1)穿丝孔的作用。我们知道凹模图形是封闭的,因此工件在切割前必须加工出穿丝孔,以保证工件的完整性。凸模类工件虽然可以不需要穿丝孔,直接从工件外缘切入,但这样的话,在坯件材料切断时,会破坏材料内部应力的平衡状态,造成材料的变形,影响加工精度,严重时甚至造成断丝,使切割无法进行。当采用穿丝孔时,可以使工件坯料保持完整,从而减小形变造成的误差。

(2)穿丝孔的位置和直径。在切削凹模类工件时,穿丝孔最好设在凹形的中心位置。因为这既能准确确定穿丝孔的加工位置,又便于计算轨迹的坐标,但是这种方法切割的无用行程较长,因此只适合中、小尺寸的凹形工件的加工。大孔形凹形工件的加工,穿丝

孔可设在起割点附近,且可沿加工轨迹多设置几个,以便在断丝后就近穿丝,减小进刀行程。在切割凸模类工件时,穿丝孔应设在加工轮廓轨迹的拐角附近,这样可以减少穿丝孔对模具表面的影响或进行修磨。同理,穿丝孔的位置最好选在已知坐标点或便于运算的坐标点上,以简化有关轨迹的运算,如图 4.36 所示。穿丝孔的直径不宜太大或太小,以钻或镗孔工艺方便为宜,一般选在 1~8 mm 范围内,孔径选取整数较好。

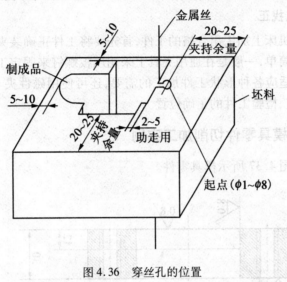

图 4.36　穿丝孔的位置

(3)穿丝孔的加工。由于许多穿丝孔要做加工基准,穿丝孔的位置精度和尺寸精度要等于或高于工件的精度。因此要求在较精密坐标工作台的机床上进行钻铰、钻镗等较精密的加工。当然有的穿丝孔要求不高,只需进行一般加工。

2. 工作液的选择

(1)工作液的配制方法及配制比例。

①工作液的配制方法。将一定比例的自来水注入乳化油,使工作液充分乳化,呈均匀的乳白色。天冷(在 0 ℃以下)时可先用少量开水冲入拌匀,再加冷水搅匀。

②工作液的配制比例。根据不同的加工工艺指标,一般在 5%~20% 范围内(乳化油 5%~20%,水 80%~95%),均按质量比配制。在要求不太严时,也可大致按体积比配制。

(2)工作液的使用。

①对要求切割速度高或大厚度的工件,浓度可适当小些,为 5%~8%,这样便于冲下蚀产物,加工比较稳定,且不易断丝。

②对加工表面粗糙度值较小和精度要求比较高的工件,浓度比可适当大些,为 10%~20%,这可使加工表面洁白均匀。

③对材料为 Cr12 钢的工件,工作液用蒸馏水配制,浓度稍小些,这样可减轻工件表面的黑白交叉条纹,使工件表面洁白均匀。

④新配制的工作液,使用约 2 天以后效果最好,继续使用 8~10 天后就易断丝,这是因为纯净的工作液不易形成放电通道,经过一段放电加工后,工作液中存在一些悬浮的

放电产物,容易形成放电通道,有较好的加工效果。但工作时间过长时,悬浮的加工屑太多,使间隙消电离能力变差,且容易发生二次放电,对放电加工不利,这时应及时更换工作液。

⑤加工时供液一定要充分,且使工作液要包住电极丝,这样才能使工作液顺利进入加工区,以达到稳定加工的效果。

3. 工件的装夹、找正

要想在线切割机床上加工出合格的工件,首先要将工件正确装夹。电火花线切割加工机床的夹具比较简单,一般是在通用夹具上采用压板螺钉来固定工件。为了减少装夹时间,提高生产率,适应各种形状工件加工的需要,还可使用磁性夹具、旋转夹具或专用夹具,同时还要调整、检验工件的正确位置。

4.5.3 典型模具零件切削加工实例

要求加工出如图 4.37 所示模具零件。

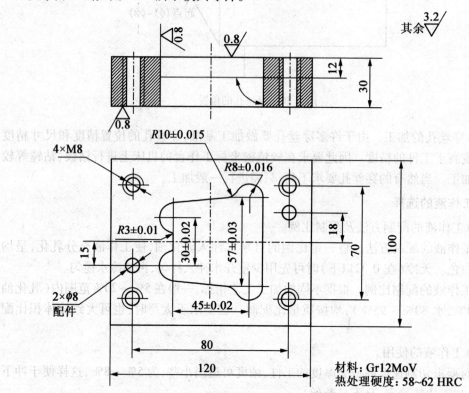

图 4.37 模具零件图

1. 模具零件及分析

此模具零件材料为 Cr12MoV,其可锻造性能、淬火性能好,同时热处理的变形较小,是制造模具的典型材料。零件无特殊的要求,符合进行线切割加工的要求。

2. 坯料的准备

在进行线切割加工前的全部加工工作均称为坯料的准备。主要包括以下内容：

（1）用要求的材料（Cr12MoV）锻造出工件所需形状的毛坯，并进行退火处理，以消除锻造内应力，改善加工性能。

（2）采用机械切削（铣削、磨削等）对毛坯各平面进行粗、精加工。

（3）确定并加工出各螺纹孔、销孔、穿丝孔等。

（4）如果凹模较大，需用机械切削加工的办法将型孔漏料部分去掉，这样线切割只有刃口高度，工作量大大减少；如果材料的淬透性差，可将型孔部分材料去掉，留 4 mm 左右的切割余量，以保证模具表面的硬度。

（5）按设计要求淬火，并进行最后磨削达到设计要求。

（6）对材料进行退磁处理。

3. 程序编制

因该模具是落料模，冲下零件的尺寸由凹模决定，模具配合间隙在凸模上扣除，故凹模的间隙补偿量为 $R = r_s + \delta_d = 0.15/2 + 0.01 = 0.085$（mm），即要求间隙补偿中补偿量为 0.085 mm。

按工件平均尺寸绘制凹模刃口轮廓图，并以 O 为坐标原点建立坐标系，如图 4.38 所示，用数学计算或 CAD 查询功能，求出节点坐标。

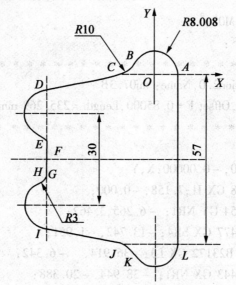

图 4.38 凹模刃口轮廓图

穿丝孔设在 O 点，按 $O \to A \to B \to C \to D \to E \to F \to G \to H \to I \to J \to K \to L \to A \to O$ 的顺序加工。

编制的 ISO 程序如下：

O0004

R8.008;

N010 T84 T86 G90 G92 X0 Y0；

N020 G41 D85；

N030 G01 X8008 Y0；

N040 G03 X – 7009 Y3873 I – 8008 J0；

N040 G03 X – 7009 Y3873 I – 8008　J0；

N050 G02 X – 13901 Y – 1117 I – 8753 J4836；

N060 G01 X – 36992 Y – 5492；

N070 G03 X – 39174 Y – 21205 I0 J – 8008；

N080 G02 X – 36992 Y – 24091 I – 818 J – 2886；

N090 G01 X – 36992 Y – 32909；

N100 G02 X – 39174 Y – 35795 I – 3000 J0；

N110 G03 X – 36992 Y – 51508 I2182 J – 7705；

N120 G01 X – 13901 Y – 55883；

N130 G02 X – 7009 Y – 60873 I – 1861 J – 9826；

N140 G03 X8008 Y – 57000 I7009 J3873；

N150 G01 X8008 Y0；

N160 G40；

N170 G01 X0 Y0；

N180　T85　T87　M02；

编制的 3B 程序如下：

+ eaux *

CAXAWEDM – Version2.0,Name：mj07.3B

Corner R = 0.00000,Offset F = 0.85000,Length = 235.269 mm

* *

O0005

Start Point = 0.00000, – 0.00000；X,Y；

N1：B7158 B0 B7158 GX I1；7.158, – 0.000；

N2：B7158 B0 B10854 GY NR1；– 6.265,3.462；

N3：B497 B5247 B7477 GX SR4；– 13.742, – 1.951；

N4：B23172 B4391 B23172 GX L3；– 36.914,　– 6.342；

N5：B78 B7158 B12443 GX NR1；– 38.944, – 20.388；

N6：B1049 B3704 B3704 GY SR1；– 36.143,　– 24.092；

N7：B1 B8817 B8817 GY L4；– 36.142, – 32.909；

N8：B3850 B0 B2801 GX SR4；– 38.943, – 36.613；

N9：B1951 B6887 B12443 GX NR2；– 36.914, – 50.657；

N10：B23172 B4391 B23172 GX L4；– 13.742, – 55.048；

N11：B2020 B10660 B5413 GY SR1；– 6.266, – 60.461；

N12：B6265 B3462 B10854 GY NR3；7.157, – 56.999；

N13:B1 B56999 B56999 GY L1;:7.158,-0.000;

N14:B7158 B0 B7158 GX L3;0.000,-0.000;

N15:DD;

4. 程序输入及编辑检验

将编制好的加工程序输入线切割机床。程序简单,可以用手工方式通过键盘直接输入线切割机床,最好的方法是用电缆通信的方式快速准确地输入。运行前面介绍的检验方法(反读程序仿真、空走、试切等)进行检验,以确保程序的正确性和合理性,保证加工操作是不损坏机床的,加工出来的工件满足要求。

5. 加工程序的执行

执行加工程序所需要的前提参数,比如,间隙补偿量 R 与凹凸模的信息,需在执行加工程序前输入,以保证加工的顺利进行。机床操作步骤、方法参看机床操作说明书或上节操作步骤内容。

6. 检验合格

工件加工完后,用规定的方法对其加工精度、表面质量及其他加工要求进行检验,以确定工件的合格性。

第5章 其他模具加工技术

先进模具制造工艺和特殊的模具加工方法是在传统模具制造工艺不断变化和发展的基础上逐步形成的一种模具制造技术,是模具制造业适应市场竞争的需要,也是高新技术产业和传统模具工艺高新技术化的结果。

5.1 特种模具加工技术

5.1.1 电解加工

1. 加工原理

电解加工是利用金属在电解液中电离时被溶解而使工件成型。如图 5.1 所示被加工工件 1 接直流电源阳极(正极),工具 2 接阴极(负极)。两极之间保持一定的间隙(0.1 ~ 1 mm),通电后电解液(NaCl 或 NaNO₃溶液)在一定的压力下(0.5 ~ 2.5 MPa)从两极的间隙间高速流过(5 ~ 50 m/s),由于电场的作用,阳极工件表面上的金属被电离溶解,溶解的金属正离子与溶解液中负离子结合,同时被电解液带走,直到阳极工件与阴极工具表面的形状相似为止。以加工钢材料为例,若采用的电解液为 NaCl,进行电解时,工件钢表面的铁原子失去电子成为铁的正离子 Fe^{2+} 进入电解液,并与电解液中的负离子 Cl^- 和$(OH)^-$发生下列化学反应:

$$Fe^{2+} + 2(OH) = Fe(OH)_2 \downarrow$$

$$Fe^{2+} + 2Cl^- = FeCl_2$$

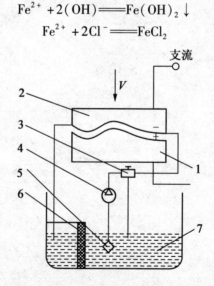

图 5.1 电解加工原理

1—工件;2—工具;3—调压阀;4—泵;5—过滤器;6—过滤网;7—电解网

经不断电解,工件表面上的铁原子不断被溶解,最终被加工成与工具规定一致的形状。如图 5.2 所示是工件未加工时工件与工具的情况,两者间的间隙是不均匀的。如5.3所示是加工完的情况,工件与工具表面形状相同,两者间的间隙是均匀的。

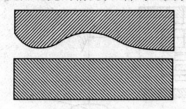 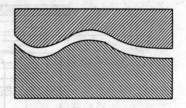

图 5.2　工件未加工时工件与工具的情况　　　　图 5.3　加工完的情况

2. 工艺特点及应用范围

电解加工的生产效率非常高,是电火花加工的 5 ~ 10 倍。适合加工形状复杂的模具型面和型腔。由于电解加工无切削力作用,故能获得较高的加工精度和表面质量。电解加工中,工件的尺寸误差可控制在 0.1 mm 之内,表面粗糙度 Ra 值可达 0.2 ~ 1.25 μm。工具电极无损耗,可长期使用。但是电解液需庞大的过滤循环装置,占地面积大;电解液对机床也有腐蚀,需采取周密的防腐措施。

5.1.2　激光加工

1. 加工原理

激光是一种辐射光,亮度极高,方向性、相干性和单色性好,通过光学系统可以将激光束聚集成直径为几十到几微米的极小光束,其能量密度可达 $10^8 \sim 10^{10}$ W/cm^2。当激光照射到工件表面时,激光能迅速地被工件吸收并转化为热能,产生方向性极强的冲击波,使被照射的工件表面材料瞬间熔化、气化去除。

激光加工设备由电源、激光发生器、光学系统和机械系统组成。其加工原理如图 5.4所示,激光发生器将电能转换为光能,形成激光束,经光学系统聚焦照射到工件的被加工表面进行加工。工件固定在工作台上,由数控系统控制和驱动。

2. 工艺特点及应用范围

激光加工能量密度极高,几乎可以加工任何材料,如硬质合金、陶瓷、石英、金刚石等硬脆材料。激光适合加工精密微细结构,特别适合加工精密微细孔。由于激光加工的过程中与工件不存在接触,没有冲击和磨损及加工变形等问题。激光还广泛地应用于切割、焊接和热处理等加工领域。

激光是一种局部瞬间熔化、气化的热加工方法,其影响因素很多,要达到预期的精度和表面质量需要反复实验,确定合理的加工参数。

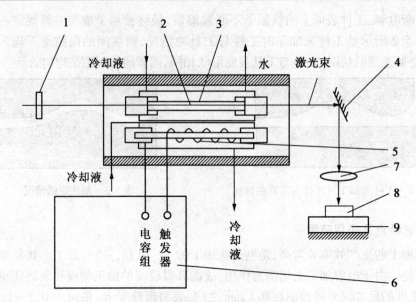

图 5.4　激光加工原理图

1—全反射镜;2—激光工作物质;3—玻璃套管;4—部分反射镜;5—氙灯;6—电源;7—聚焦镜;8—工件;9—数控工作台

5.1.3　超声波加工

1. 加工原理

超声波加工是利用工具端做超声频振动(频率超过 16 000 Hz),通过驱动工作液中的悬浮磨料撞击加工表面的加工方法。超声波工作原理如图 5.5 所示,加工时,在工具 6 和工件 1 之间送(放)入工作液(水或煤油)和微细磨料混合的悬浮液 2,并使工具在很小的作用力下轻轻压在工件 1 上。超声波发生器将工频交流电转换为超声频电振荡能量源,经转换器 4 转换成纵向振动,再经变幅杆把振幅放大到 0.05~0.1 mm,驱动工具端面做超声振动,迫使悬浮液中的磨料以很大的速度和加速度不断撞击、抛磨被加工表面,将被加工表面的材料粉碎成很细的微粒从工件表面脱落下来,并被悬浮液带走,逐步将工具的形状复印在工件上。

2. 工艺特点及应用范围

超声波加工是磨粒在超声振动作用下机械撞击、抛磨以及超声空化作用的综合结果,其中磨粒的撞击是主要的。超声波可以加工导电材料,也可以加工不导电材料和半导体材料。特别适合加工硬脆材料,如玻璃、陶瓷、石英、玛瑙、金刚石、宝石等,特别是不导电的非金属特硬脆材料;不适合加工韧性材料。为提高生产率,常采用与其他加工方法相结合的复合加工,如超声波切削、超声波磨削、超声波电解加工、超声波线切割等。

超声波加工机床结构简单,操作方便,但加工效率较低,工具消耗大。

制作工具的材料常用较软的黄铜或低碳钢,悬浮液中的磨料用碳化硼、碳化硅、氧化铝等,粗加工磨料的粒度为 200~400 目,精加工选用的粒度为 600~1 000 目。

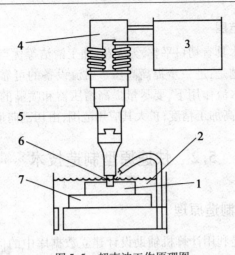

图 5.5　超声波工作原理图

1—工件;2—悬浮液;3—超声波发生器;4—转换器;5—变幅杆;6—工具;7—工作台

5.1.4　高压水射流切割加工

1. 加工原理

高压水射流切割技术是以水为载体携带压力能和动能,用高压水射流对材料进行切割的工艺方法。其工作原理如图 5.6 所示,水箱 1 中的水在水泵 2 的作用下进入蓄能器 3 中,往复压缩式增压器 11 在液压机构 10 的作用下,由控制器 4 对蓄能器 3 中的水加压到 3 000 ~ 1 000 MPa。具有高压的水流经水阀 5 进入直径为 0.1 ~ 0.6 mm 的蓝宝石喷嘴 6,以 2 ~ 3 倍的声速喷出,将压力能转换为动能,冲击被加工材料,如果冲击压力超过材料的强度,就可以将材料切断。如果在水中添加高硬度、粒度为 80 ~ 200 目的磨粒,则可以大大提高切割功效。

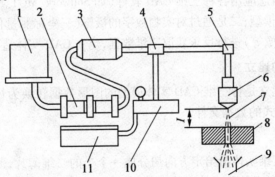

图 5.6　高压水射切割原理图

1—水箱;2—水泵;3—蓄能器;4—控制器;5—水阀;6—喷嘴;

7—射流;8—工件;9—排水器;10—液压机构;11—增压器

2. 工艺特点及应用范围

高压水射流切割技术具有切口平整、无火花、加工清洁等优点,可应用于各种材料的切割加工。应解决的问题是:进一步提高高压水射流设备的可靠性和使用寿命,特别是在高压高速带有磨料的水流作用下,要尽量提高增压器和喷嘴的寿命;提高数控装置自适应调整能力,进一步提高加工精度;扩大其应用范围,由切割向形状面加工发展。

5.2 快速原型制造技术

5.2.1 快速原型制造原理

快速原型制造技术是利用计算机辅助设计建立数据库中的信息来产生零件分层截面轮廓数据,然后在计算机控制下,按分层截面轮廓将材料逐层累积成型。它是将 CAD 技术、数控技术、材料科学、机械工程、电子技术和激光技术等集合于一体的综合技术,是继数控技术之后,在制造业领域的又一场技术革命。

快速原型制造技术可以快速制造任意复杂形状的零件,且无须刀具、夹具,在模具制造业中具有广泛的发展潜力。快速原型制造技术实现零件成型的过程如图 5.7 所示。

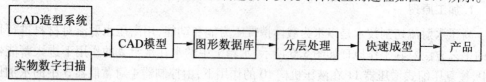

图 5.7　零件快速原型的制造过程

1. CAD 建模方法

一是将零件的概念应用各种三维 CAD 软件(如 Soliwork、MGT、Solidedge、UGII、Pro/e 等)创建成三维实体模型;二是通过对实物数字的摄影(三坐标测量仪、激光扫描仪、核磁共振图像仪、实体图像等)进行反求获取三维数据,建立 CAD 实体造型。

2. 图形数据库的建立

图形数据库的建立是将三维 CAD 实体模型的图形数据转换为快速成型系统可接受的 STL 或 IGES 等格式的数据文件。

3. 分层处理

分层处理是将三维实体沿给定方向切分成一个个的二维薄片,薄片的厚度由成型零件的制造精度决定,考虑计算机处理的速度和时间,分层厚度一般取 $0.05 \sim 0.5$ mm。

4. 快速成型

按照切片的轮廓和分层的厚度,用成型材料(片材、丝材、粉末、液体等)一层层地堆积成零件产品。

5.2.2　快速原型制造技术

1. 光敏固化法

光敏固化法(Stereo Lightgraphy Apparatus, SLA)又称立体印刷法和立体光刻法。如图 5.8 所示,激光紫外线通过透镜 2 和反射镜 3 反射到工作台 5 上,激光束在计算机的控制下,根据预定零件的分层轮廓对树脂槽中的液态表层光敏树脂 6 进行由点到线、由线到面的逐点扫描,扫描到的地方光敏树脂被固化,未扫描的地方是液态树脂。当一层树脂固化完成后,工作台 5 下降一个层片厚度的距离,刮板 7 在原先固化好的树脂层上重新覆盖一层液态光敏树脂,再进行下一层轮廓的扫描,新固化的一层牢固地黏结在前一层上,如此重复直到整个零件制造完毕。SLA 的工艺特点是原型精度高(公差为 ±0.1 mm)、材料利用率高,适合制造形状复杂的零件。但所需设备及原材料价格贵,光敏树脂一般有一定的毒性,不符合绿色制造要求。

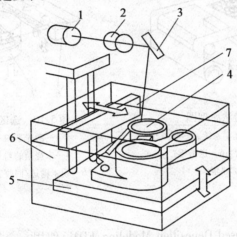

图 5.8　光敏固化法原理图

1—激光器;2—透镜;3—反射镜;4—原型零件;5—工作台;6—光敏树脂;7—刮板

2. 叠层制造法

叠层制造法(Laminated Object Manufacturing, LOM)是由与零件各分层截面形状和尺寸都相同的,背面带有黏胶的薄纸板、塑料板、金属板等箔材相互叠黏而成的零件原型。如图 5.9 所示,单面涂有热熔胶的纸卷套在送纸辊 6 上,并跨过工作台 5 与收纸辊 4 相连。激光发射装置在计算机的控制下,按零件分层截面轮廓数据切割该层切片轮廓,加热辊 8 滚压加热纸背面的热熔胶,并使这一层纸黏合在上一层纸板 7 上,工作台下降一个层片厚度距离,再进行下一层的黏合,直到整个零件原型完毕。

LOM 的工艺特点是成型材料便宜,形状及尺寸精度稳定(公差在 ±0.125 mm),无相变和应力,适合制造航空、汽车等行业中体积较大的零件。

3. 选区激光烧结法

选区激光烧结法(Selective Laser Sintering, SLS)是在一个充满惰性气体的加工室中,

用 CO_2 激光器将很薄的可熔性粉末一层一层地烧结成型,如图 5.10 所示,滚轮 8 将一层粉末均匀地铺在工作台上,并进行预热,然后在计算机的控制下,激光束按零件分层轮廓进行扫描烧结,从而生成零件原型的一个截面。同 SLA 工艺方法一样,每一层烧结都是在前一层的顶部进行的,这样,所烧结的当前层就能够与前一层牢固地黏结在一起。零件原型烧结完成后,可用刷子或压缩空气将未烧结的粉末去掉。

SLS 的工艺特点是:材料广泛,如石蜡粉、尼龙粉、塑料粉等低熔点的粉末材料,直接烧结熔点较高的金属粉或陶瓷粉的工艺正在研制中。选区激光烧结的层厚一般为 $0.125 \sim 0.5$ mm,制件的公差在 $\pm (0.125 \sim 0.4)$ mm。

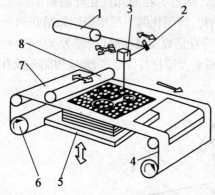 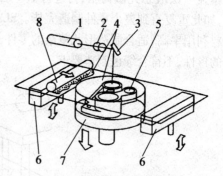

图 5.9 叠层制造法原理图

1—激光器;2—反射镜;3—光学系统;4—收纸辊;

6—光敏树脂;5—工作台;6—送纸辊;

7—纸板;8—加热辊

图 5.10 选区激光烧结法原理图

1—激光器;2—透镜;3—反射镜;

4—未烧结的粉末材料;5—工件原型;

6—粉末输送/回收装置;7—支撑台;8—滚轮

4.熔丝沉积成型法

熔丝沉积成型法(Fused Deposition Modeling,FDM)使用一个外观很像二维平面绘图仪的装置,只是绘图笔是一个挤压喷头。如图 5.11 所示,一束热熔塑料丝通过喷头时被加热后从喷头挤出,喷头按分层截面形状运动形成一层与切层截面同型的熔融材料,快速冷却固化,再沉积下一层,直到零件原型完毕。

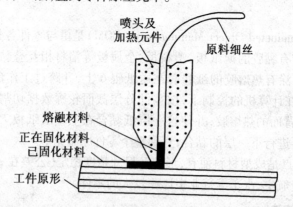

图 5.11 熔丝沉积成型法原理图

FDM 的工艺特点是设备简单,运行成本低,尺寸精度较高(误差在 ±0.2 mm),表面光洁性好。所用成型材料有 ABS 塑料、尼龙、石蜡等。

5.2.3　快速模具制造

快速模具制造(RaPid Tooung,RT)是指用快速成型工艺及相应的后续加工来快速制作模具。RT 是不同于传统机械加工模具的一种新方法、新工艺,它涉及以下两方面的功能:

(1)快速开发用于传统制造工艺的模具,如快速制作注塑模与铸造模。

(2)减少用模具成型工件所需的时间,缩短成型的循环周期,提高模具的生产效率,改善工件的品质。

快速模具制造(RT)技术与快速成型(RP)有密切的关系。RT 方法的出现与发展,在很大程度上取决于 RP 技术与新材料的发展,采用 RP 技术能直接或间接地快速制作模具,而 RT 技术又能促进、扩大 RP 的发展与应用。目前,RT 工艺仍处于开发阶段,还不十分成熟、完善,但是,在缩短产品的开发周期、降低成本、提高生产率与改善产品品质等方面已初见成效,并已经开始挑战传统的 CNC 机械加工方法。因为 RT 无须数控切削机床,无须专用刀具、夹具。利用 RT 技术制造模具特别适合注塑模和铸造模以及电火花加工机床的成型电极。

快速模具制造分间接制模和直接制模两大类。

1. 间接制模

首先利用快速原型技术制造模芯,再按模芯复制、制作或加工出模具。间接制模是制造软质模具的常用方法。如浇注法是以液态的硅橡胶或树脂作为模具基体的材料,以 RPM 原型体经表面处理和涂脱模剂后作为母模或模芯,在一定的工艺条件下就可制造软质模具。

如树脂浇注法,其制造过程是:首先用 RPM 制作模芯,并对模芯表面做喷涂脱模剂处理;将模芯放在可分模的树脂箱中,注入液态环氧树脂,待树脂凝固后,分模取出模芯,得到所需的模具。本方法适合注塑模、吸塑模等模具的快速制造。

另外还有精密铸造陶瓷法、金属熔射喷涂法、电铸法、蜡模法等间接快速模具制造方法。这些方法的基本原理是经 RPM 原型和浇注法制成软质模具后,再经特殊工艺将软质模具制成硬质模具。

金属熔射喷涂制模法是将快速原型与热喷涂、快速凝固等方法相结合的间接制模法。

其工艺是将熔融或半熔融的金属颗粒喷射到通过 SLA、SLS 或 LOM 方法制造的原型上,生成金属薄层,然后经处理除去原型后得到模具产品。金属熔射喷涂制模法以样模为标准,模具型腔尺寸、几何精度完全取决于样模,型腔表面及其精细花纹一次同时形成,故制模速度快,制造周期短,模具寿命长,成本低(仅为数控法加工钢模的 1/3 ~ 1/5)。模具表面光洁度好、工艺简单、设备要求低,比较适合于注射成型模、压铸模、板料压延的快速制造。下面以金属熔射喷涂制模法为例来说明 RT 间接制模工艺。

（1）模型准备。

模型可由许多材料制成，包括塑料、石膏、橡胶、木材等。首先建立三维模型，然后对其进行分层切片，并由快速成型机制作出样模。模型准备中最重要的是清理模型表面和涂抹脱模剂。

（2）金属喷涂模型。

脱模剂干燥后，选择最佳的喷涂参数后即可以开始喷涂金属，喷涂时应保证喷枪连续运动，防止涂层因过热而变形，涂层厚度一般可控制在 2～3 mm。

（3）制作模具框架。

如果模具在工作中要受到内压力或模具必须安装在成型机上工作，则模具必须有骨架结构且制成的骨架应带有填料。

（4）浇注模具的填充材料。

填充材料具有较高的热导率和较低的凝固收缩率以及较高的压强度和耐磨性能。选择的填充材料为环氧树脂与铝粉、铝颗粒等金属粉末的混合物。

（5）脱模及模具型腔表面抛光处理。

脱模后要把残留在金属涂层表面的脱模剂清洗干净，然后再根据不同的需要，对模具进行抛光等后期制作。

（6）组装试模。

①喷涂设备。金属电弧喷涂工作系统一般由喷涂电源、送丝机构、喷枪和压缩气体等系统组成。国产 XDP-5 型电弧喷涂设备工作稳定可靠，使用、维护方便，其基本参数如下：

电源电压：380 V；

额定输入容量：12 kVA；

额定电流：300 A；

压缩空气使用压力：0.6 MPa；

气消耗量：1.6～2 m³/min；

送丝速度：0～4.8 m/min。

②喷涂材料。用于电弧喷涂制模的材料，要求熔点低、收缩率低，具有较好的力学性能和较致密的涂层组织。目前市场提供的电弧喷涂用丝材有铝、锌、铜、镍、不锈钢、铝青铜、巴氏合金、复合丝等。其中钢、镍、铜等属于高熔点金属，在喷涂时涂层收缩率、热应力、孔隙率都比较大，涂层易开裂、翘曲、剥落。所以目前只有低熔点的锌、铝丝材适合于模具制造。

金属熔射喷涂制造的模具特别适合于注塑成型工艺中的聚氨酯零、部件的生产，广泛用于塑料加工中的塑成型、吹塑成型、结构发泡以及其他一些注塑成型等工艺中。如汽车驾驶盘、汽车仪表盘、坐垫、头部靠垫、汽车内饰顶棚等。

2. 直接制模

对于机械强度和热稳定性较好的 RPM 原型，可以直接用作模具。如利用 SLS 工艺技术得到的 RPM 原型，经高温熔化蒸发去掉其中的聚合物后，在高温下将低熔点的金属渗入可直接烧结成金属模具；再如采用 LOM 工艺技术制成的纸基 RPM 原型，强度较高，可耐 200 ℃ 的高温,经适当的表面处理,可直接用来做低熔点金属铸模具。

利用 RPM 原型直接制模周期短,节省资源,提高精度。但直接成型为金属模的技术和工艺尚不成熟。

5.3　模具高速加工技术

5.3.1　高速加工的概念和特征

1. 高速加工的概念

在 1931 年,德国科学家 Salomon 博士提出一个假想:一定的金属材料对应有一个临界的切削速度,在该临界切削速度以下其切削温度与切削速度成正比。在高于该临界速度下切削,其切削温度与切削速度成反比。这一假说经 60 多年的探索实践得以证实,并在 20 世纪 90 年代开始在工程实践中推广应用。

高速加工技术是指采用超硬材料的刀具、磨具,在保证加工精度和加工质量的前提下,用自动化高速切削设备,高速、高效切除材料的加工技术。高速切削是一个相对的概念,由于加工方式、加工材料不同,高速切削速度的范围也不同。在工程应用中,高速切削有以下几种含义:

(1)高速切削的切削速度。

高速切削的切削速度一般为常规速度的 5～10 倍。常用材料加工的高速切削速度范围:钢 500～2 000 m/min,铸铁 800～3 000 m/min,铜 900～5 000 m/min,铝合金 1 000～7 000 m/min。

(2)高速切削的进给速度。

高速切削的进给速度一般是常规速度的 4～6 倍。

(3)特殊的高速切削机床。

机床主轴转速在 10 000～100 000 r/min 或以上,主轴支撑轴承中径 d_m(单位:mm)与主轴转速 n(单位:r/min)的 $d_m n$ 值为(1.5～5.0)×10^6;机床进给速度在 40 m/min 以上。

(4)适应高速切削的刀具或磨具。

刀具或磨具要有高的强度、韧性和高温耐磨性。

2. 高速加工的特征

高速切削的优点是:

(1)切削力低。

由于切削速度切削区剪切角增大,剪切变形区变窄,切屑流出速度加快,使切削力比常规机床切削降低 30%～90%,刀具耐用度提高 65% 以上。

(2)热变形小。

高速切削时,90% 以上的切削热来不及传给工件就被高速流出的切屑带走,工件切削区温度上升不超过 3 ℃,特别适合加工易受热变形的细长或薄壁零件。

（3）材料去除率高。

高速切削时的切削速度和进给速度使单位时间内工件材料的切除率提高 3~5 倍，特别适合汽车、飞机、模具等制造。同时，高速切削可加工淬硬零件（可达 60 HRC），在一次装夹过程中可完成粗、半精及精加工工序；对复杂型面可直接加工达到零件的表面质量要求，这样，就可省略常规加工的电加工、手工修磨等工序，缩短了工艺路线，大大提高了加工的生产率。

（4）加工高精度。

高切削速度和高进给率，避开机床工艺系统的固有频率，使加工过程平稳，振动最小。同时高速切削时切削深度较小，加工速度高，切削力和热变形减小，加工的表面精度和质量高，可实现高精度、低粗糙度的加工。

（5）经济效益高。

对于常规加工方法难以加工的大型整体构件（如飞机的机翼骨架加工），壁厚小于 0.5 mm、量高小于 20 mm 的薄壁零件，高速加工技术具有显著的经济效益。综合高速加工所具有的精度高、质量好、工序简化等特点，经核算其综合经济效益显著提高。

由于高速切削是新技术，许多方面还有待于进一步改进。高速切削面临的问题有：

（1）高速切削机床的设计制造成本高，采用高速切削对切削的工艺系统具有很高的精度和稳定性要求，投资较大，中小企业难以应用。

（2）高速切削机床系统调试、维护维修技术要求高，维修成本大。

（3）高速切削需要特殊的工艺知识，专门的 CNC 系统与装置，数据处理和传输都要求具有很高的速度。

（4）高速加工中，由于极高的运动速度，难以实现紧急停车，一旦发生人为、硬件或软件错误都可能导致严重后果。

（5）高速加工技术的人才短缺，编程人员、操作人员必须经过系统培训、实习才能上岗。

5.3.2 高速加工技术的发展与应用

1. 高速切削的问题

自 1931 年德国 Salomon 博士提出高速切削的假说以来，经历了理论研究、实验探索、初步应用、推广应用等发展阶段，20 世纪 80 年代，发达工业国家开始投入大量人力、财力对高速加工及其相关技术进行系统的研制和开发，重点是大功率高速主轴系统的研制、高加（减）速度进给系统的研制、超硬超耐磨刀具材料的研制、切屑冷却处理系统的研制并在安全防护装置和高速高性能的 CNC 系统、检测系统等方面都有重大的技术突破，为高速加工技术的推广应用提供了条件。

目前，高速切削机床发展很快，美国、德国、瑞士等发达国家普遍在生产中使用的高速切削数控机床其主轴转速一般在 10 000~40 000 r/min，进给速度在 20~50 m/min。我国近几年也研制出了多种高速切削机床，如北京机床厂生产的 VRA400 立式加工中心，主轴转速达到 20 000 r/min，X、Y 向进给速度达到 48 m/min，Z 向进给速度达到 24 m/min。高速切削机床的主轴采用高速主轴单元，其特点是应用内置式集成交流伺服电动机结构,又称电主轴,其内部带有自冷却循环系统;支撑轴承多采用陶瓷混合轴承、气浮轴承、液体静压轴承等,进给系统多采用多线大导程滚珠丝杠或用直线电动机直接驱动,先进、高速的直线电动机具有较高的加、减速特性,正在逐步取代滚珠丝杠传动。目前直线电动机的进给速度可达到 180 m/min,加速度为 10g,定位精度达 0.2～0.05 μm,直线电动机消除机械传动误差和弹性变形,没有丝杠传动的反向间隙,为适应高速加工很高的运算速度和运算精度,以及满足高速加工复杂型面的要求,高速切削机床采用 32 位或 64 位的 CPU,并配有功能强大的 CNC 软件,CNC 控制装置具有前馈控制、钟形加(减)速、加(减)速预插补、精确矢量补偿等功能。采用全数字交流伺服电动机控制技术,具有很好的动力学特性,无漂移,可以保证极高的轮廓精度和高速进给加工要求。在高速切削机理研究方面,对高速切削过程中切屑形成的机理、切削力和切削热的变规律对加工精度、表面质量、加工效率的影响还在进一步的研究中。目前高速加工铝合金的研究已经得到较为成熟的结论,并广泛应用于铝合金的高速切削实践加工中,但对于黑金属及难加工材料的高速切削机理还处于探索阶段。

2. 高速加工技术的应用

高速加工技术模具制造是高速加工技术的主要受益者。采用高转速、高进给、低切削深度加工模具时,可以加工淬火硬度大于 60 HRC 的钢件,并可获得较佳的表面质量、较高的尺寸和形位精度,因此,可省略后续的电加工和手工修整等工序,高速加工技术在模具行业的应用,可以大大减少加工的准备时间、缩短工艺流程和加工时间,另外,在汽车、航空制造业中高速加工技术对于批量生产、超精细加工、复杂曲面加工、难加工材料的加工具有重要应用价值。如飞机的机翼骨架,采用整板铝合金毛坯直接进行高速切削加工而成,不再使用铆接工艺,不但能够降低工件的质量,保证零件工作的机械性能,这种整体制造方法还可以将加工效率提高七八倍,并使尺寸和表面精度完全达到技术要求。随着高速加工技术的不断成熟与发展,其应用领域将进一步扩大。

5.3.3　高速切削刀具

高速切削要解决的一个重要问题是刀具磨损。虽然高速切削时刀具与工件的接触时间、接触频率与普通加工不同。但是,高速加工时产生的离心力和振动对刀具的平衡性、安全性有直接影响。所以高速加工中刀具的设计和选择必须综合考虑磨损、刚度、强度、精度和安全等方面的因素。

1. 对高速切削刀具的基本要求

(1)满足刀具耐用度要求。

要满足刀具耐用度的要求,必须根据加工对象和条件选择刀具的材料、刀具刀尖的形状和结构,确定高速加工的切削用量、冷却方式、走刀路线等,保证刀具材料与工件材料相匹配。

(2)保证刀具使用的安全性。

刀具的强度、夹持的定位方式、刀片固定结构、刀具工作中的动平衡都是刀具安全可靠工作的基本因素。

2. 高速切削刀具的材料

（1）细晶粒硬质合金刀具。

硬质合金晶粒尺寸在 $0.2 \sim 1\ \mu m$ 的硬质合金刀具称为细晶粒硬质合金刀具。根据被加工材料选择钨钴类或钨钴钛类硬质合金。目前在一般性高速切削加工中仍主要采用细晶粒硬质合金刀具，为保证高速加工中刀具的动平衡，整体式硬质合金刀具要比机夹硬质合金刀具应用范围广。

（2）硬质合金涂层刀具。

刀具的基体采用硬质合金钢，具有较高的韧性和抗弯强度，而涂层材料具有高温耐磨性好的特点，所以涂层刀具适合高速切削。可使用的涂层材料有 TiCN、TiAlN、TiAlCN、CBN、Al_2O_3 等，更多的是采用多层复合的涂层，常用 $TiCN + Al_2O_3 + TiN$、$TiCN + Al_2O_3$、$TiN + Al_2O_3$ 等。目前使用物理气相沉积技术制造的 TiAlN 涂层刀具，以及最新发展的纳米涂层刀具对高速加工刀具的发展都起到了进一步的推动作用。

（3）金属陶瓷刀具。

与硬质合金涂层刀具比较，金属陶瓷刀具可承受更高的切削速度，与金属材料亲和力更小，热扩散磨损及高温硬度都优于硬质合金涂层刀具，但其韧性较差，适合高速加工合金钢和铸铁。金属陶瓷刀具主要有高耐磨性的 TiC 基金属陶瓷（$TiC + Ni$ 或 Mo）、高韧性的 TiC 基金属陶瓷（$TiC + TaC + WC + Co$）、增强型的 TiCN 基金属陶瓷（$TiCN + NbC$）等。

（4）陶瓷刀具。

陶瓷刀具有氧化铝陶瓷刀具、氮化硅陶瓷刀具和复合陶瓷刀具三大类。其特点是高硬度、高耐磨性、热稳定性好，以 Al_2O_3 基陶瓷应用最多，具有化学稳定性高、不易黏结，抗扩散磨损性强，但刀尖强度、抗断裂韧性和耐冲击性较低，适合高速加工钢件；Si_3N_4 基陶瓷刀具比 Al_2O_3 陶瓷刀具有较高的强度和抗断裂性、耐热冲击性，但化学稳定性不如 Al_2O_3 陶瓷刀具，适合高速加工铸铁；$Si_3N_4 + Al_2O_3$，复合陶瓷刀具具有高的强度和抗断裂韧性、高的抗氧化性和高的高温抗冲击性，适合于铸铁和镍合金钢的高速粗加工，但不适合钢的高速加工。

（5）聚晶金刚石刀具。

聚晶金刚石刀具硬度极高、耐磨性极强，导热性好，热膨胀系数和摩擦系数极低，特别适合高速加工难加工的材料和黏结性强的有色金属材料或非金属材料。聚晶金刚石晶粒越细越好。

（6）立方氮化硼刀具。

立方氮化硼刀具具有高硬度，良好的耐热性、导热性、高温化学稳定性，但强度稍低，含50% ~60%立方氮化硼的刀具适合高速精加工淬硬钢，含80% ~90%立方氮化硼的刀具，适合冷硬铸铁、镍基合金的高速加工，淬硬钢的粗加工和半精加工。

5.3.4　高速加工的数控编程

高速加工对数控编程的要求

与普通数控加工编程不同，高速加工数控编程必须考虑高速切削的特殊性和控制的复杂性。编程人员必须全面仔细考虑全部的加工策略,设定有效、精确、安全的刀具路径,保证预期的加工精度和表面质量。高速加工对编程的具体要求主要体现在:

(1)切削载荷保持恒定。

保持恒定的切削载荷对高速加工非常重要,也是高速加工的主要特征之一。要保证切削载荷恒定要考虑以下因素的影响:第一是保持金属切削层厚度的恒定,很明显分层加工要比仿形加工有利于保证材料去除量的恒定;第二是刀具切入工件的方式要平滑,采用螺旋线方向切入(图 5.12(a))或渐进切入(图 5.12(b))要比直接切入(图 5.12(c))好;第三是要保证刀具轨迹平滑过渡,不能有直角过渡,最好采用螺旋走刀方式,如图 5.12(d)所示。

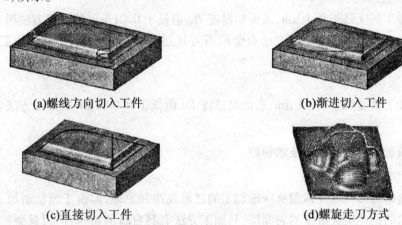

(a)螺线方向切入工件　　　　　　　　　　　(b)渐进切入工件

(c)直接切入工件　　　　　　　　　　　　(d)螺旋走刀方式

图 5.12　刀具切入工件方式

(2)保证工件的加工精度。

在高速切削加工中,为保证工件的加工精度和表面质量,要尽量减少刀具的切入次数,尽量采用螺旋走刀方式,避免分层走刀;过小的进给量往往会造成切削力的不稳定,会产生切削振动,影响工件表面的加工质量;进给量要均衡,采用较大的进给量可以保证加工表面质量的提高。

5.4　超精密模具数控加工技术

5.4.1　概述

1.超精密加工的含义

精密加工和超精密加工是一个相对的概念,随着时代的发展和技术的进步,今天的超精密加工可能在明天只能属于精密加工范围,但是,无论是精密加工还是超精密加工都已经成为当代全球制造业市场竞争的关键技术,尖端技术产品需要精密和超精密模具的制造。在现代条件下,如果按加工精度将模具加工分为普通加工、精密加工、超精密加工,其技术指标可以做如下划分:

（1）普通加工。

尺寸加工精度大于 1 μm、表面粗糙度 Ra 值在 0.1 μm 以上的加工方法属于普通加工范畴。大多数国家和企业都能掌握和普及应用普通加工技术,生产制造普通加工的加工设备。

（2）精密加工。

尺寸加工精度在 0.1～1 μm、表面粗糙度 Ra 值在 0.01～0.1 μm 的加工方法属于精密加工范畴。精密加工普遍应用的加工方法为金刚车、金刚镗、精密磨、研磨、珩磨等。精密加工在发达国家应用广泛,发展中国家的大型企业、重要企业也普遍应用。

（3）超精密加工。

尺寸加工精度低于 0.1 μm、表面粗糙度 Ra 值低于 0.01 μm 的加工方法属于超精密加工范畴。当今超精密加工的方法有金刚石刀具超精密车削、超精密磨削加工、超精密特种加工和复合加工。

（4）纳米加工。

尺寸加工精度低于 0.03 μm、表面粗糙度 Ra 值低于 0.005 μm 的加工方法属于纳米加工范畴。

2. 超精密加工所涉及的技术领域

（1）超精密加工原理。

虽然超精密加工也应该服从一般加工的普遍规律和原理,但由于超精密加工从被加工表面去除的是一层极微量的表面层,其加工方法有其自身的特殊性,刀具磨损、积屑瘤生成规律、加工参数等加工原理与一般加工也有所区别。

（2）超精密加工工具。

超精密加工的刀具、磨具及其制造技术,如金刚石刀具的制造与刃磨、超硬度砂轮的修整等都是超精密加工的关键技术。

（3）超精密加工机床。

超精密加工机床是实现超精密加工的平台,不仅要有微量伺服进给机构,其整体设备也要求有高精度、高刚度、高抗震性、高稳定性并具有高的自动化功能。

（4）超精密测量及补偿技术。

测量技术和测量装置必须与超精密加工的级别相一致,要具有实时在线测量和误差补偿功能。

（5）工作环境。

超精密加工对工作环境的稳定性有极高的要求,微小的变化都可能影响加工精度。因此,必须严格控制加工环境,如恒温室（环境温度要求 20 ℃ ±0.01 ℃）、空气净化、减振及隔振等恒定的物理条件。

5.4.2　超精密加工技术

当前超精密加工主要应用金刚石刀具超精密车（镗）技术,用于加工铜、铝等有色金属及其合金,加工光学玻璃、大理石、碳素纤维等非金属材料。

1. 超精密切削加工对刀具的要求

(1)极高硬度、高的耐用度和弹性模量,保证刀具具有很长的使用寿命。

(2)刀具刃口极其锋利,刃口半径 ρ 值极小,使切削厚度极薄(切削厚度小于 0.1 μm)。

(3)刀刃无缺陷,以实现光滑镜面加工。

(4)刀具材料与工件材料亲和性小,抗黏结性好,摩擦因数低,使加工表面的完整性特别好。

2. 金刚石刀具的性能特点

当前超精密切削主要使用天然大颗粒金刚石刀具,要求使用的天然单晶体金刚石无杂质、无缺陷。金刚石刀具的性能特点如下:

(1)提高的硬度可以达到 6 000 ~ 10 000 HV。

(2)刃口可以磨出极其锋利且无缺陷、刃口圆弧半径可小到纳米级。

(3)热化学性能相当稳定,导热性能好,与有色金属材料的摩擦因数很低,亲和力很小。

(4)刀刃强度高、耐磨性好、摩擦因数小,与铝的摩擦因数仅为 0.06 ~ 0.13。正常切削,刀具磨损极慢,耐用度极高。

虽然天然金刚石价格极高,但是,天然金刚石的确是理想的、尚不可替代的超精密切削的刀具材料。

3. 金刚石刀具切削的最小厚度

超精密切削的主要特点是极其微量的切削厚度,在超精密切削中最小切削厚度除与使用的超精密机床的性能、切削的技术和工作环境有关外,还与金刚石刀具刃口锋利度有直接的关系。实验研究表明:当刀具和被加工材料的摩擦因数 μ 一定时,最小极限切削厚度 h_{Dmin} 与刀具刃口半径成正比,如,当 $\mu = 0.12$ 时,$h_{Dmin} = 0.322\rho$;当 $\mu = 0.25$ 时,$h_{Dmin} = 0.249\rho$。可见要使最小切削厚度 $h_{Dmin} = 1$ nm 时,金刚石刀具的刃口半径应该达到 $\rho = 3 \sim 4$ nm。虽然发达国家研磨水平最高的金刚石刀具的刃口半径已经可以达到几纳米,但我国使用的金刚石刀具的刃口半径 ρ 在 0.2 ~ 0.5 μm。

5.4.3　超精密磨削加工技术

对于有色金属及其合金,用金刚石刀具进行超精密加工是一种十分有效的加工方法,但对于钢、铸铁等脆硬材料,当前采用精密或超精密磨削是主要的加工方法。超精密磨削是指尺寸加工精度能够达到或高于 0.1 μm、表面粗糙度 Ra 值低于 0.025 μm。超精密磨削分为砂轮磨削、砂带磨削、研磨、珩磨和抛光等加工方法,其中常用砂轮超精密磨削。

1. 超精密磨削砂轮选择

超精密磨削加工中的砂轮,其磨料采用金刚石或立方氮化硼,硬度极高。由于金刚石与铁族元素亲和性强,金刚石砂轮适合磨削脆硬性非金属材料、硬质合金、有色金属及其合金;立方氮化硼的热稳定性和化学惰性比金刚石好,对于硬而韧、高温、硬度高、热导

率低的钢铁材料,可以采用立方氮化硼砂轮进行超精密磨削。砂轮的结合剂形式有:

(1)树脂结合剂。

其特点是砂轮锋利性好,但磨粒的保持力小,耐磨性差。

(2)金属结合剂。

用青铜、电镀金属和铸铁纤维作为结合剂的砂轮特点是磨粒保持力大,耐磨性好。但自锐性差,砂轮修整困难。

(3)陶瓷结合剂。

常用硅酸钠作主要成分形成的玻璃质结合剂,其砂轮特点是硬度及耐磨性高,高温化学性能稳定,但脆硬性较大,抗冲击能力较差。

加工脆硬非金属材料,如玻璃、陶瓷等,应选择锋利性的金属结合剂金刚石砂轮;加工硬而韧的金属材料,应选择自锐性强的树脂结合剂的砂轮。

2. 超精密磨削砂轮的修整

超硬磨料砂轮修整是超精密磨削加工中的技术难题。砂轮修整包括修形和修锐两个过程,修形是保证砂轮保持一定的几何形状精度;修锐是使磨粒突出结合剂既定的高度,形成磨削中所需的切削刃,普通砂轮修形和修锐一般同步进行,而超精密加工的砂轮具有超高的硬度,修形和修锐要分先后两步进行。超硬磨料砂轮修整的方法有车削法、磨削法、喷射法、电解修锐法、电火花修整法等。

3. 超精密加工磨削速度及磨削波

金刚石砂轮的热稳定性低于 800 ℃,在高速磨削时超过热稳定温度,金刚石砂轮磨损急剧加快,所以金刚石砂轮的磨削速度不能太高,但磨削速度也不能太低,使磨削表面粗糙度值增加,一般速度在 12~30 m/s,具体可根据磨削方式、砂轮结合剂和冷却条件而定;一般陶瓷结合剂的金刚石砂轮可选择较高的磨削速度,金属结合剂砂轮磨削速度可选低些。相比金刚石砂轮,立方氮化硼砂轮的热稳定性要好得多,所以其磨削速度可达到80~100 m/s。

磨削液除具有润滑、冷却、清洗作用外,还有渗透、防锈、改善磨削性等功能。在超精密磨削加工中,磨削液的选择和使用方法对砂轮的使用寿命影响极大。磨削液分为油性和水溶性两大类,油性磨削液的主要成分是矿物油(煤油、轻质柴油等),润滑性能好;水溶性磨削液主要成分是水,冷却性能好,有乳化液、无机盐水溶液、化学合成液等。一般情况下,超精密磨削宜采用油性磨削液,特别是立方氮化硼砂轮不适宜采用水溶性磨削液,因为立方氮化硼砂轮容易与水发生水解化学反应。若为提高冷却效率必须采用水溶性磨削液时,则应添加减弱水解作用的添加剂。

参 考 文 献

[1]《实用数控加工技术》编委会. 实用数控加工技术[M]. 北京:兵器工业出版社,1995.

[2] 王贵明. 数控实用技术[M]. 北京:机械工业出版社,2001.

[3] 武友德. 模具数控加工[M]. 北京:机械工业出版社,2008.

[4] 刘雄伟. 数控机床操作与编程培训教材[M]. 北京:机械工业出版社,2001.

[5] 严爱珍. 机床数控原理与系统[M]. 北京:机械工业出版社,2004.

[6] 于春省. 数控机床编程及应用[M]. 北京:高等教育出版社,2001.

[7] 林奕鸿. 数控技术及其应用[M]. 北京:机械工业出版社,1999.

[8] 陈天祥. 数控加工技术及编程实例[M]. 北京:清华大学出版社,北京交通大学出版社,2005.

[9] 曹琰. 数控机床应用与维修[M]. 北京:电子工业出版社,1994.

[10] 王大雷. 计算机辅助设计及制造技术[M]. 北京:机械工业出版社,2005.

[11] 严烈. Mastercam8 模具设计超级宝典[M]. 北京:冶金工业出版社,2000.

[12] 何平. 数控加工中心操作与编程实例教程[M]. 北京:国防工业出版社,2005.

[13] 廖效果. 数控技术[M]. 武汉:湖北科学技术出版社,2000.

[14] 王隆大,汤文成,戴国洪. 先进制造技术[M]. 北京:机械工业出版社,2005.

[15] 郑红. 数控编程与操作[M]. 北京:北京大学出版社,2005.

[16] 谢小星. XAXA 数控加工造型·编程·通信[M]. 北京:北京航空航天大学出版社,2002.

[17] 熊光华. 数控机床[M]. 北京:机械工业出版社,2010.

[18] 于俊一. 机械制造技术基础[M]. 北京:机械工业出版社,2005.

[19] 宗志坚. CAD/CAM 技术[M]. 北京:机械工业出版社,2006.

[20] 刘心治. 冷冲压工艺及模具设计[M]. 重庆:重庆大学出版社,1995.

[21] 屈华昌. 塑料成型工艺与模具设计[M]. 北京:机械工业出版社,1995.

[22] 翁其金. 塑料模塑工艺与塑料模具设计[M]. 北京:机械工业出版社,2000.

[23] 周济,周红艳. 数控加工技术[M]. 北京:国防工业出版社,2002.

[24] 董红玉. 数控技术[M]. 北京:高等教育出版社,2004.

[25]《数控加工技师手册》编委会. 数控加工技师手册[M]. 北京:机械工业出版社,2005.

[26] 张超英,谢富春. 数控编程技术[M]. 北京:化学工业出版社,2004.

[27] 方沂. 数控机床编程与操作[M]. 北京:高等教育出版社,1999.

[28] 全国数控培训网络天津分中心. 数控原理[M]. 北京:机械工业出版社,2000.

[29] 斯密德. 数控编程手册[M]. 罗科学,陈勇钢,张从鹏,等译. 北京:化学工业出版社,

2005.

[30] 詹华西. 数控加工与编程[M]. 西安:西安电子科技大学出版社,2004.

[31] 华茂发. 数控机床加工工艺[M]. 北京:机械工业出版社,2002.

[32] 郭培全,玉红. 数控编程与应用[M]. 北京:机械工业出版社,2000.

[33] 宋小春,张木青. 数控车床编程与操作[M]. 广州:广东经济出版社,2002.